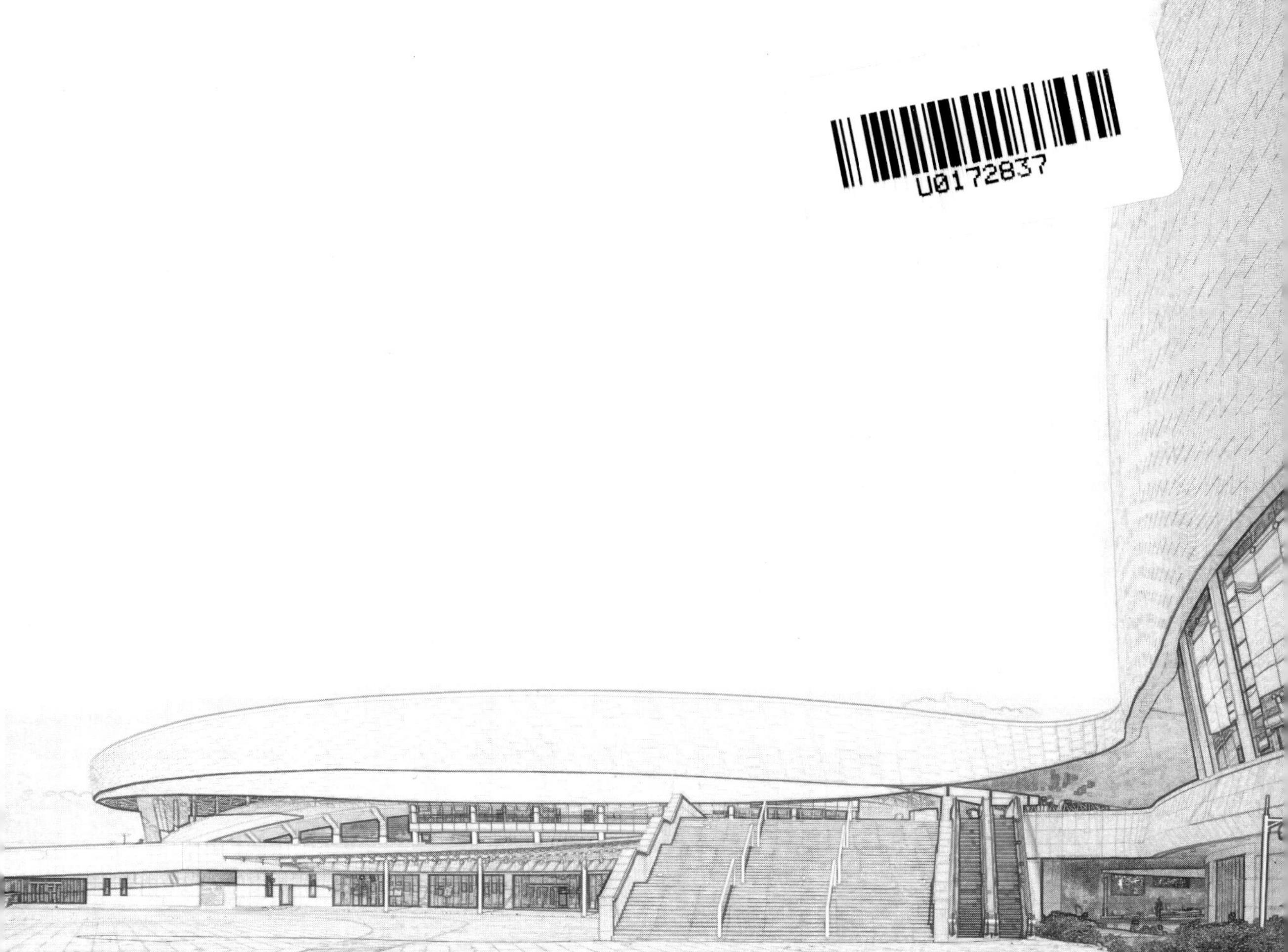

U0172837

当代中国体育建筑的建设历程与发展趋势

刘志军　著

中国建筑工业出版社

图书在版编目（CIP）数据

当代中国体育建筑的建设历程与发展趋势 / 刘志军著 . — 北京：中国建筑工业出版社，2021.6

ISBN 978-7-112-26239-7

Ⅰ . ①当⋯ Ⅱ . ①刘⋯ Ⅲ . ①体育建筑—建筑史—研究—中国 Ⅳ . ① TU245-092

中国版本图书馆 CIP 数据核字（2021）第 117367 号

增值服务阅读方法：

本书提供以下图片的彩色版，读者可使用手机 / 平板电脑扫描右侧二维码后免费阅读。

操作说明：扫描授权进入“书刊详情”页面，在“应用资源”下点击任一图号（如图 2-7-28），进入“课件详情”页面，内有以下图的图号。点击相应图号后，点击右上角红色“立即阅读”即可阅读相应图片彩色版。

图号：图 2-7-28，图 2-7-40 ~ 图 2-7-65，图 3-2-3，图 3-2-11，图 3-2-15，图 3-2-17，图 3-2-33 ~ 图 3-2-35，图 3-3-5，图 3-4-7 ~ 图 3-4-13，图 3-4-19 ~ 图 3-4-22，图 3-4-33，图 3-5-1，图 3-5-4 ~ 图 3-5-10，图 3-6-1 ~ 图 3-6-3，图 3-6-5 ~3-6-11，图 3-6-13 ~ 图 3-6-20，图 4-1-6，图 4-1-11，图 4-2-3，图 4-2-5，图 4-2-8，图 4-2-10 ~ 图 4-2-12，图 4-2-25，图 4-2-29，图 4-2-30，图 4-2-32，图 4-2-37，图 4-2-38，图 4-2-43 ~ 图 4-2-49，图 4-2-51 ~ 图 4-2-53，图 5-1-1 ~ 图 5-1-6，图 5-2-5，图 5-3-5 ~ 图 5-3-7，图 5-5-2，图 5-5-3，图 5-6-2，图 5-7-1，图 5-7-2，图 6-3-7 ~ 图 6-3-13，图 6-4-1 ~ 图 6-4-5

若有问题，请联系客服电话：4008-188-688。

责任编辑：李成成
责任校对：张　颖

封面照片：南京青奥体育公园

当代中国体育建筑的建设历程与发展趋势
刘志军　著

*

中国建筑工业出版社出版、发行（北京海淀三里河路 9 号）
各地新华书店、建筑书店经销
北京雅盈中佳图文设计公司制版
北京建筑工业印刷厂印刷

*

开本：787 毫米 × 1092 毫米　1/16　印张：$21\frac{3}{4}$　字数：397 千字
2021 年 6 月第一版　2021 年 6 月第一次印刷
定价：**99.00** 元（赠增值服务）
ISBN 978-7-112-26239-7
（37798）

版权所有　翻印必究
如有印装质量问题，可寄本社图书出版中心退换
（邮政编码 100037）

序

体育建筑是城市公共建筑的重要组成部分。早在公元前古希腊时期，就诞生了建筑史上占据重要地位的奥林匹亚城体育建筑群。在我国古代也建有球场、武厅、体育学堂等体育运动场所。

在新中国成立之前，我国体育建筑极度匮乏，能够满足大型体育赛事的更是少之又少。新中国成立之后，我国开始重视体育发展并兴建体育建筑，尤其是在2008年北京奥运会之后，中国体育场馆建设不断升级，促进了中国竞技体育的发展，掀起了全民健身的浪潮，更提升了中华民族的国际地位。

体育建筑具有投资成本高、建设周期长、占地面积大等特点，因此每一座体育建筑几乎都带着某个时代政治、经济、文化及技术背景的烙印。70年来，体育建筑的发展历程从侧面反映了我国社会发展的巨大成就和迈向现代化的进程，尤其是大型体育设施建设，它涉及城市的方方面面，可以拓展城市空间结构、完善城市基础设施、带动区域经济、促进城市副中心的形成，对城市发展有较大的推动作用。因此，系统性地梳理中国当代体育建筑的发展历程，不但可以揭示体育建筑的演变规律，研究其未来可能的发展趋势，对体育建筑的选址、策划、设计和运营也具有不错的指导价值。

刘志军是我的老友仲德崑教授的学生，10余年来我们多有接触。他长期深耕于体育建筑创作一线，由他主创的南京青奥体育中心体育馆，是目前国内最大的室内体育馆。

本书强调理论与实践相结合。以建筑学为基础，分析梳理体育、经济、政治等相关理论研究成果，并结合作者多年的实践经验，对我国体育建筑的发展具有很好的参考价值和现实意义。

孟建民

目　录

第一章

中国当代体育建筑发展概况

第一节　体育与体育的发展

体育，是一种复杂的社会文化现象，它以身体与智力活动为基本手段，根据人体生长发育、技能形成和机能提高等规律，是为提高全面发育水平、增强体质与提高运动能力、改善生活方式与提高生活质量而进行的一种有意识、有目的、有组织的社会活动。体育可分为大众体育、专业体育、学校体育等种类。

体育是人类社会发展到一定阶段的必然产物，是伴随着人类对自我尤其是对自我身体的认识逐步充分而逐渐发展起来的，是人类逐步摆脱愚昧、走向文明的一种途径和标志。

虽然我国体育历史悠久，但“体育”却是一个外来词，它最早见于20世纪初的清朝末年。当时，我国有大批留学生去日本求学，仅1901—1906年间，就有13000多人。其中，学体育的就有很多。回国后，他们将“体育”一词引进到中国。1904年，在湖北幼稚园开办章程中提到对幼儿进行全面教育时说：“保全身体之健旺，体育发达基地。”在1905年《湖南蒙养院教课说略》上也提到：“体育功夫，体操发达其表，乐歌发达其里。”1907年，清廷学部的奏折中也开始有“体育”这个词。辛亥革命以后，“体育”一词就逐渐运用开来。

1. 世界体育的发展

（1）古代体育

世界的体育发展历史非常悠久。体育的起源可以追溯到原始社会末期，远古体育的萌芽早在远古的渔猎时代。远古体育与原始人类的其他社会活动如劳动、教育、军事、娱乐、医疗卫生、宗教等有着密切的关系。原始体育在生活和劳动过程中萌生，例如打猎需要跑步和跳跃追赶猎物、需要投石或射箭猎杀猎物。在战争中，为了提高战斗技能，体育成为人们进行训练的重要手段。在宗教及礼仪活动中也出现了体育的雏形，如舞蹈、角力等。

体育在古希腊时代繁荣发展，温暖的气候条件也非常适宜户外活动。古希腊人除了热衷于政治、哲学、艺术和军事外，还酷爱体育竞赛和体育锻炼活动。古希腊的体育文化直接影响了以后欧洲各国体育文化的发展及现代体育的诞生。

古希腊体育文化注重体育健身和健心的教育功能，包含体育的人学本质，追求人的身心的美善，关注人的和谐发展。他们认为体育是人的生活方式和文化行为的一种，通过运动实现对人的尊严、身体的权利以及审美需要等的价值追求。

古希腊人把体育看作教育的重要组成和军事的必要基础，创立了著名的古代斯巴达教育体制和雅典教育体制。古希腊的体育运动项目很多，著名的五项运动包括赛跑、跳远、铁饼、标枪和摔跤，起源于斯巴达城邦。城邦为公民提供人身保护、生活物质、精神养料和政治自由，公民在战争、邦际竞争中自发为城邦赢得荣誉和胜利。

古希腊人在祭祀活动中诞生了辉煌的古代奥林匹克运动会，比赛项目有拳击、赛车、赛马、武装跑、短跑，非正式比赛项目有火炬赛跑、传令比赛、艺术比赛、举重、接力赛等。古代奥运会从公元前 776 年到公元 394 年，每 4 年举办一次，延续达千年之久，为人类体育的发展作出了贡献。

古希腊体育，已经以人体自身为对象，强调德、智、体、美的关系，强调对人体力量、技巧和健美的追求。体育本身已经形成了系统的训练模式，成为独立的社会活动，对世界体育影响巨大。

古罗马共和国建立之后，继承了古希腊的体育传统，并发展出更多的竞技体育项目，出现了内容和实质与古代奥运会相仿的体育活动，角斗是古罗马体育的一个重要组成部分。

古罗马人继承了希腊体育的某些元素，并在自己特殊的地理和人文环境下，更加注重体育的军事卫国的政治功能，传达出罗马人对勇气、胜利和征服的渴望，孕育并发展了角斗竞技这一决斗体育形式。体育异化为统治阶级的政治统治和贵族阶层世俗化的娱乐，被赋予其野蛮与嗜血、观赏与娱乐、政治与战争等文化特质，成为一种血腥竞技体育文化。

随着古罗马的衰败和基督教出现，公元 393 年，信仰基督教的古罗马皇帝狄奥多西一世彻底取缔了奥运会以及竞技场。古代奥运会延续 1169 年后，彻底中断。

中世纪欧洲进入黑暗的封建社会阶段，当时反对体育运动，人民群众被剥夺了接受体育教育和参加体育锻炼的权利，人民身体能力退化，加之不讲卫生，忽视防治疾病，造成流行病、传染病蔓延，民族体质日衰。只有统治阶级才有权从事体育活动，骑士体育是这一时期的主要形式。骑士作为庄园主的卫士，经常进行军事训练，如刺中目标、马上比赛、放鹰等。骑士教育的核心是骑马、游泳、投矛、刺剑、狩猎、弈棋和吟诗七技。

14、15 世纪，意大利兴起文艺复兴运动，欧洲的人文主义者开始高度赞颂古希腊的体育精神。英国的哲学家、教育家洛克明确地把教育分成体育、德育和智育三部分，并强调“健全之精神寓于健全之身体”。法国的启蒙思想家、哲学家、教育家和文学家卢梭主张在教育上要顺应儿童的本性，让其身心自由发展。

文艺复兴是新兴资产阶级反对封建思想禁锢而发起的一场伟大的思想解放运动。它推动了近代自然科学、文化艺术的发展，同时也产生了近代体育的萌芽。

（2）现代体育

现代体育，起源于19世纪末期。

19世纪，由于资本主义发展不平衡和民族主义倾向，欧洲各国之间接连发生战争。出于强国强民的需要，各国开始重视体育。

从19世纪初期到19世纪70年代，欧洲近代体育经过不断的探索，一直在发展，逐步形成了三大组成部分，即德国体操、瑞典体操和英国足球等户外运动。

欧洲各国先后成立了许多运动协会和组织，最有影响力的是现代奥林匹克运动的兴起与发展，大大促进了体育的发展和在世界范围内的普及。

“文艺复兴”对古希腊文化体育思想的高度赞美，引起了人们对古奥运会的向往。18世纪初，考古发掘了不少和古奥运会有关的珍贵文物和史料，使人们对古奥运会更加浓厚的兴趣。1883年，顾拜旦第一次提出举办奥运会的比赛，1896年在希腊首都雅典举行第一届现代奥林匹克运动会，出席开幕式的观众达8万人。古希腊奥运会在公元394年被禁止、沉睡了1000多年之后，于19世纪末期得到了恢复和发展。从此，奥运会成为世界性体育盛会，对我国以及其他各国的体育发展，都产生了深远影响。

第二次世界大战结束后，世界多个国家工业生产迅速恢复到战前水平，社会财富大量增加，人们有了更多的休闲时间，体育才真正成为社会生活不可缺少的一部分。

到了后工业时代，随着自动化与电子技术的广泛应用，生产力有了极大的提高，社会经济结构发生重大的变化，体育开始作为第三产业的一部分，表现出强劲的发展势头。

现在，体育日趋表演化、娱乐化、国际化、商业化。体育被赋予了更多的文化含义，成为社会文化的重要组成部分、民族文化的重要载体之一。奥运会、世界杯、洲际运动会等不同范围的运动会成为重要的社会活动，成为不同国家文化与经济交流发展的舞台。

2. 中国体育的发展

（1）古代体育

中国是世界五大文明古国之一，体育历史悠久。据《周礼》记载，我国最早的学校出现在公元前2700年的五帝时代，名为“成均”。那个时期，成人向儿童传授各种技能，体育教育的萌芽也开始出现。

夏、商、周、春秋历时一千六百年的奴隶社会中，由于战争频繁以及统治的需要，统治者重视军队的身体训练，刺激了军事武艺的发展。西周时期（约公元前1066—

前771年）对于武艺极为重视。据《礼记·月令》载“孟冬之月……天子乃命将帅讲武，习射、御、角力”。对于百姓习武，也有明确要求，即“三时务农，而一时讲武”（《国语·周语上》）。

春秋时期许多思想家都对体育活动非常重视，如孙武的《孙子兵法》中就有不少有关身体技能和训练的内容。孔子进行六艺教育，还主张学生进行郊游和游泳，他本身也爱好射箭、打猎、钓鱼和登山等体育活动。六艺即“礼、乐、射、御、书、数”，其中射和御带有明显的体育特征。乐和礼也包含体育的元素。围棋又名为“弈”，早在春秋时期已很流行。

战国时期是我国奴隶社会向封建社会过渡的时期，战争频繁，体育项目得到蓬勃发展，如射箭、举重、武艺、摔跤、田径、游泳等，都与军事训练关系密切。而且著名的运动项目蹋鞠，亦称蹴鞠，就始于战国时期。“鞠”是皮球，“以革为囊，实以毛发”。《史记·苏秦列传》记载：“临淄甚富而实，其民无不吹竽鼓瑟，弹琴击筑，斗鸡走狗六博蹋鞠者。”

汉代是我国封建社会发展的上升时期。宫廷和民间的娱乐性体育活动丰富多彩，项目有角抵（包括角力、摔跤）、舞蹈（蹋鞠舞等）以及秋千、舞龙、耍狮、高跷等活动，有的在后世发展成为竞技运动项目，有的至今仍是人们喜闻乐见的传统身体娱乐活动。汉代盛行的蹴鞠运动可以看作现代足球的雏形。汉代还出现了研究这项运动的专著，班固在写《汉书·艺文志》时，把《蹴鞠二十五篇》列为兵书，属于军事训练的兵技巧类，可惜后来失传了。这是我国最早的一部体育专业书籍，也是世界上第一部体育专业书籍。①

唐代是我国封建社会的鼎盛时期，隋唐体育的发展空前繁荣，体育活动范围广、规模大，马球是唐代社会广泛开展的运动项目，射猎、击剑也在上层社会流行。体育活动的发展还促进了体育场地和器材的改进，唐代出现了充气的足球和球门，用油料浇筑球场，并出现了一些新的传统体育项目，如击鞠。击鞠又称击球、打球，是骑在马或驴上用棍杖击球的一项游乐活动，类似现代的马球运动。同时，女子体育活动较前代有显著发展，球戏、弈棋、武艺、杂技、秋千等活动均有妇女参加，成为妇女生活中的组成部分。

宋元时期，随着手工业和商业的发展，形成许多大的城市，市民阶层壮大，角抵、马球、蹴鞠、武艺、棋类等体育活动在市民中广泛开展，体育日趋大众化、社会化，并出现大批专业的体育艺人，达到相当高的水平。当时流行的“捶丸”运动，与

① 周娟．蹴鞠二十五篇在后世文献中的分类及存佚考证[J]. 齐齐哈尔示范高等专科学校学报，2016（3）：24–25.

现代的高尔夫球运动十分相似。同时在尖锐的民族矛盾和阶级斗争中，军事武艺得到相当程度的发展，兵器种类增加，武艺多样化，民间武艺组织广泛发展。北宋时采取武举制，提倡富国强兵，对体育的发展起到了刺激作用。

明清时期处于封建社会的末期，统治者为了维护统治抵御入侵，沿袭了武举制，清代甚至文科考试也先考骑射。练兵制度也比较完整，在此时期，中国武术的发展又出现了一个新的高潮。

我国在5000年的漫长的历史发展过程中，创造了各类传统体育。据《中华民族传统体育志》[①]记载，目前发现、发掘民族传统体育项目，汉族301种，其他民族676种，共计977种。各民族流传下来的体育活动（包括本民族自己创造的，吸收其他民族及外国的有关内容而逐渐演化下来的体育），包括军事性的体育项目，如武艺（武术）、射箭、摔跤、蹴鞠（图1–1–1）、击鞠等；健身养生的体育活动如消肿舞、导引术、气功、养生术、五禽戏、小劳术、太极拳等；娱乐游戏性的体育如舞蹈、百戏、秋千等。益智性的体育如围棋、象棋、弹起、六博等；以及具有地域和民俗时令特点的民俗民间体育，如龙舟等。

图1–1–1　元钱选《钱舜蹴鞠图真迹》
（来源：上海博物馆.）

① 中国体育博物馆，国家体委文史工作委员会.中华民族传统体育志[M].南宁：广西民族出版社，1990：8.

我国古代体育由于受儒家思想的影响，循规守礼，偏重于修身保健，注重实用性和艺术性，缺乏竞争性和对抗性。

清中叶以后，中国封建社会走向衰落，政治腐败，民不聊生。清朝政府为了维护其统治，“禁民习武”，加上大量鸦片的输入，致使民族体质日衰，被外人辱为“东亚病夫”，体育也由此一蹶不振。

（2）近代体育

自1840年鸦片战争后，西洋体育开始传入中国，并与中国传统体育相结合，开启了中国体育的近代化进程。洋务运动时期，军队开始聘请外国人教练兵勇，北洋水师学堂开设西洋“体育课”。1876年，基督教青年会设有德、智、体三部，宣传体育运动。美国、英国等开办的教会学校，以课外活动的方式，开展了诸如田径、球类等新式体育活动。1903年，清政府颁布《奏定学堂章程》规定，各级各类学院均要开设“体操科”，体育教育迈入制度化轨道，体育排入课表，纳入考试范围。而康有为对我国近代体育的思想发展有着重要的贡献，他在《大同书》中认为，要成为新时代的人才，就必须接受新时代的教育。他以西方近代体育思想为借鉴，提出变革中国传统学校落后的教育模式，通过“德教、智教、体教”来培养全面发展的人，而体育是教育中不可缺少之物。其中，“倡导促进学校体育活动”和“呼吁开展女子体育活动”是康有为教育思想体系里最绚烂夺目的体育思想。

19世纪60年代，体操传入中国；19世纪末，田径传入中国；19世纪末，游泳开始在沿海省市开展。1896年，篮球经天津青年会体育部介绍到中国，1897年开始举办足球比赛。1885年网球、1887年棒垒球、1904年乒乓球、1905年排球相继传入中国。

我国最早创办的体育团体是1906年成立的上海“沪西士商体育会”，1914年成立华东各大学体育联合会。[①] 1905年徐锡麟创办的绍兴体育会。1909年夏季霍元甲创办第一个综合性民间体育组织——精武体育会。1908年，王季鲁、徐傅霖、徐一冰创建我国近代延续时间最长的私人学校——中国体操学校。1914年，徐一冰和王均卿主编的《体育杂志》创刊，1918年上海商务印书出版部希汾编写《中国体育史》。1918年商务印书馆摄制纪录片《东方六大学运动会》。

到民国时期，现代体育体制开始建立。1922年，颁布《壬戌学制》，学校体育课程基本成型。1924年成立中华全国体育协进会。1927年国民政府大学院成立“全国体育指导委员会”，这是国民政府建立的第一个体育咨询机构。1929年颁布《国民体育法》，建立“国术馆”等。学校体育开始着重培养新型的高层次体育人才，成立

① 李显国．我国近代体育竞赛表演市场发展研究[J]．北京：体育文化导刊，2014（4）：175-178.

体育专门学校，在大学开办体育系等。

1904年，上海交大与东吴大学、中西书院、圣约翰大学联合成立“中华大学联合运动会”。1904年10月13日，在武昌阅马场举行了号称“二万人之运动会”，参赛者均为军人。在宣统初年，湖北荆州、沙市也曾举行过类似的军人运动会，有自行车、拳击等西方运动项目。1907年，在南京举办“江南第一次联合运动会”，是当时全国范围内规模比较大且比较早的运动会。晚清及北洋政府时期，中国分别于1910年、1914年、1924年举办三届全国运动会。1910年是清宣统二年，在南京举办的全国学校区分队第一次同盟会，后被追认为第一届全国运动会，是中国近代大型运动会的先驱。国民政府分别于1930年、1933年、1935年、1948年举办全国运动会。全运会的举办，促进了体育竞赛人才的专门化和职业化，初步形成了国内竞技体育人才培养体系，开启了体育竞赛市场化、产业化道路的先河。

近代中国还开展了国际体育交流，从1913年至1934年，参加了10届远东运动会，竞赛项目有田径、游泳、足球、排球、篮球、棒球、网球七项。1932年，刘长春参加了第十届洛杉矶奥运会。从1932年至1948年，我国共参加了3届国际奥林匹克运动会。

3. 体育的分类

现代体育是一个复杂的系统，从某种意义上说，体育事业发展的规模和水平已是衡量一个国家、社会发展进步的一项重要标志，也成为国家间外交及文化交流的重要手段。现代体育由竞技体育、大众体育和学校体育三大部分组成。竞技体育、大众体育和学校体育更由各自若干的子系统组成。例如竞技体育包含运动员选材、运动训练、运动竞赛和竞技体育管理四个有机部分。大众体育包括体育健身、体育娱乐等。学校体育包括体育教学、体育锻炼、课外体育活动等内容。这些子系统还由更小的系统构成。

体育的主要类别：

（1）竞技体育

竞技体育又称为竞技运动，是体育的重要组成部分，它是为最大程度地发挥个人和集体的体能、体格、心理和运动能力等方面的潜力，以体育竞赛为主要特征，以创造优异运动成绩、夺取比赛优胜为主要目标的社会体育活动。竞技体育是一种制度化、体系化的竞争性体育活动，具有正式的历史记载和传说，以打败竞争对手来获取有形或无形的价值利益为目标，在正式组织起来的体育群体的成员或代表之间进行，强调通过竞赛来显示体力和智力，在对参加者的职责和位置作出明确界定的正式规则所设立的限度之内进行。

竞技体育的特点是：①具有高度技艺；②竞争性强；③按照严格统一的规则进行竞赛，成绩得到社会的承认。

竞技体育的项目种类很多，包括田径、游泳、足球、篮球、排球、网球、乒乓球、羽毛球、垒球、手球、水球、冰球、跳水、体操、举重、射击、击剑、摔跤、柔道、马术、自行车、赛艇、皮划艇、帆船、滑冰、滑雪等。从奥运会的角度，可以分为奥运会项目和非奥运会项目；从欣赏的角度，也可以分为直接对抗性项目如足 / 篮 / 排球、对比性项目如体操、花样滑冰、记录性项目如田径、举重、游泳。各国、各地区还有自己的特殊的民族传统项目，如中国武术、日本相扑、韩国空手道、东南亚地区的藤球、卡巴迪等。

（2）大众体育

大众体育是指广大群众在休闲时间中广泛开展的，以身体运动为主要手段、以提高健康水平、进行娱乐消遣为主要目的，在身心健全发展基础上，不断超越自我，促进社会物质精神文明进步的体育文化实践。

大众体育的特点是：①面向社会；②以娱乐为主；③有一定的规则，但不严格。

几乎所有的竞技体育项目都可作为大众体育的项目，但大众体育更加注重参与性和娱乐性，还包括一些群众喜闻乐见的项目，如健身操、轮滑、气功、散步、棋牌等。

（3）学校体育

学校体育是指在以学校教育为主的环境中，运用身体运动、卫生保健等手段，对受教育者施加影响，促进其身体健康发展的有目的、有计划、有组织的教学活动，属于教育范畴。

学校体育的特点是：①是学校教育的组成部分，具有教育功能；②面向不同年龄层次的学生；③有一定的教学要求。

第二节 体育建筑

体育是文化范畴的社会现象，运动是体育实践的主要手段。作为进入现代才真正意义上确立的“体育（physical education）”一词来说，体育建筑是其物质化后最为重要的载体之一，也是建筑的现代观念的重要体现。

体育的物质载体包括体育建筑和体育设施等。从概念上讲，体育建筑从属于体育设施，但有时候体育建筑的另一部分，甚至主要部分就是场地和设备设施，二者很难区分开来。

体育设施是指用于体育比赛、训练、教学以及群众健身活动的各种场地、场馆、建筑物、固定设施等。

体育建筑是用于体育教育、竞技运动、身体锻炼和体育娱乐等活动的建筑，包括建筑物和场地设施等。一般来说，体育建筑由比赛场地、运动员用房（休息、更衣、浴室、厕所等）和管理用房（办公、库房、设备等）三部分组成。

因此在本文中，体育设施指为体育竞赛、体育教学、体育娱乐、体育锻炼等体育活动所用的体育场地、室外设施以及体育器材等。体育建筑指为体育竞技、体育教学、体育娱乐和体育锻炼的活动所用的建筑物。有时二者界限模糊，则广义地将二者统称为体育建筑或体育场馆。

体育建筑作为物质载体，形象综合地反映出体育活动的文化内涵和社会心理，同时也以一种意义独特的文化形式存在于社会生活中。

体育建筑是体育运动的服务设施，其发展受到社会生产力、社会经济、科学技术水平、政治文化的影响，体育建筑的兴衰也是各历史时期政治经济是否兴旺发达以及国力强弱的标志。

体育建筑具有以下特点：①功能性，不同的功能类型赋予体育建筑文化多元、多义的功能属性。②技术性，体育建筑特别是大型体育场馆功能空间高效紧凑，在交通、通信、安全等方面具有超常的承受能力，常常成为表现最新技术手段、显示强大科技能力的场所，科技的发展为体育建筑的发展提供技术支持。③文化性，体育建筑是大众广泛参与、通过体育运动进行自我完善、自我发展的公共设施，具有丰富的文化特征和多重社会价值。④产业属性，体育建筑的产业属性是由它在国民经济和社会发展中的地位与作用决定的。因此，体育场馆成为衡量我国体育产业发展水平的一个重要指标，为我国体育场馆今后的发展定位和服务方向提供了政策依据。

1. 世界体育建筑的发展

（1）古代体育建筑

最早的体育建筑，源于古希腊的体育运动会。在古希腊时期就产生了一般意义上的体育建筑，体育建筑的主要类型——体育场的建筑形制已初步形成。

在两千多年前，希腊还是个城邦国家，城邦之间经常发生战争，希腊人要想不做奴隶并且在战争中取胜，唯一的办法就是把男子训练成能格斗的勇士。于是，加强体育锻炼就成了全民生活中不可缺少的重要部分。当时运动会的举行均与宗教纪念活动相联系，体育活动也在庙堂附近举行。有据可考的最早的古代奥运会，始于公元前766年，当时仅有一个比赛项目，即距离为192.27米的场地跑，伊利斯的科罗伊波斯赢得了冠军。这一记载是奥运会冠军名单的开始，也是奥运会时间计算的起点。

古希腊体育建筑群并没有刻意追求宏大的场面安排，大多非对称布置，体育建筑形态单纯，多采用方形构图。古希腊的体育建筑是公民民主的象征，设计理念是融于自然，以人性化的尺度构筑建筑。体育场多依山而建，利用山体作为看台，并和神庙建筑结合，是民主政体的表现。

古希腊奥林匹亚城，围绕宙斯神庙，布置有大量的体育设施，有一座可容纳4.5万人的体育场，西北侧还设有健身房、训练场、风雨跑道等。南面与之相邻的为帕拉斯塔拉竞技场，其中心的方院为摔跤、拳击场地。在古希腊时期，运动员是受人尊敬的，冠军是万人瞩目的英雄。所有运动员必须裸体参赛，以便检验人的体魄。夺魁者的雕像安放在神庙里，以示表彰。

完整意义上成熟的体育建筑诞生于古罗马。

古罗马共和国建立之后，出现了内容和实质与古代奥运会相仿的体育活动，但场面规模不及古代奥运会，运动员则变成了供贵族取乐的奴隶。角斗是古罗马体育的一个重要组成部分，目的在于激发鼓舞人民统御世界的好武斗性，如此便兴起了职业性的角斗战士。古罗马奴隶主勒令奴隶或战俘，或与猛兽相互搏斗，或彼此以死相拼。战车赛是罗马最古老的公共表演，场面惊心动魄。

古罗马最主要的体育建筑是竞技场。竞技场脱胎于剧场建筑，平面都为椭圆形或圆形，形成完全围合的建筑形态。观众席围合布置，烘托了主体竞技空间。底部设置服务设施。这种格局一直到现在都没有发生根本的改变。

古罗马建筑与古希腊体育建筑的设计思路存在很大的差异。古罗马竞技场是皇权的化身，设计理念是战胜自然，以结构显示超人的力量，以巨大的尺度使人产生渺小感。古罗马的竞技场，在设计上结构与功能、艺术高度结合、统一，充分表达竞技运动中的争斗与力的美感。结构体系是建筑中最具美感的部分，连续的墙面看似单调，却最大限度地突出了竞技场宏大、单纯的建筑体量。

现存最古老的古罗马时期的竞技建筑——庞贝露天竞技场，建于公元前80年，可容纳观众2万人。同时期还有可容纳5万人的弗莱文露天竞技场和法兰西的阿尔斯竞技场。目前保存最完整的罗马考罗索姆竞技场，建于公元69至81年，可容纳观众5万人。建筑呈椭圆形，长轴188米，短轴156米。内场长轴86米，短轴54米。建筑高 48.5 米。观众席共分为五个区，有 60 排，80 个疏散通道。它是罗马帝国时代的建筑代表作。

（2）现代体育建筑

随着文艺复兴，体育重新得到重视。1800 年，德国人弗路雅恩第一次倡导体操运动，建造了第一个欧洲风雨操场。

1896 年，由法国人顾拜旦倡议发起的第一届现代奥运会在雅典举行，现代意义上的体育建筑得以发展，尤其以奥林匹克运动建筑为标志。第一届雅典奥运会的主会场，雅典的大理石体育场是首届奥运会的主要运动场，它是在雅典古运动场的废墟上重建而成的，由德国人设计。受复古思想的影响，场地设一个弯曲长条“U”形跑道，与古罗马竞技场的形状和长度都十分相似，能容纳 7 万 ~8 万人。

1908 年第四届伦敦奥运会主场馆白城体育场，是实用主义的典型代表，它包括煤碴跑道，体操场，长 100 米、宽 15 米的游泳池，周长 666.66 米的自行车跑道，集合四种功能于一体的 7 万人的综合体育场。这种体育场在历届奥运会中，是唯一的，也是非常特别的一座。白城体育场第一次建造椭圆形看台，第一次采用钢骨架结构。

1920 年第七届比利时安特卫普奥运会，主场馆“贝绍特田园运动场”，第一次采用了周长为 400 米的跑道，由获得 1912 年奥运会重剑团体冠军队中的成员之一的建筑师博蒂涅设计。

1924 年第八届巴黎奥运会，主会场科龙运动场是新功能主义建筑风格的杰作，综合了结构主义、国际风格等建筑流派的特点。体育场看台的承重墙是朴实的涂灰泥的石建构造，没有附加任何装饰，具有始于 1929 年的“国际风格”，曲线的看台代表了结构主义，而大门设计又具有新古典主义的特点。

1932 年第十届洛杉矶奥运会，主会场洛杉矶纪念运动场，是世界上第一座可容纳十万名观众的体育场。

1936 年第十一届柏林奥运会，首次在城市郊区建设大型体育中心，包括 10 万座体育场、2 万座游泳池、体操馆、篮球馆，以及豪华的运动员村。从 1936 年柏林奥运会开始，每届奥运会前，在奥林匹亚的赫拉神庙遗址前都要举行庄重的点火仪式，并以火炬接力的形式传到主办城市。在奥运会期间，从开幕到闭幕，主会场要燃烧奥林匹克圣火。从此，圣火传递成为每一届奥运会必不可少的仪式。

20 世纪上半叶是现代体育建筑发展的起步阶段，欧洲各国大量兴建体育场馆。体育建筑的空间模式与建筑形制逐渐固定，舒适的座椅与雨棚被部分体育建筑所采用。由于这一时期在两次世界大战期间，许多体育建筑兼作演兵场，体育建筑就被赋予了较强的政治色彩。因此，很多体育设施在外立面装饰上受到折中主义的影响。

第二次世界大战结束后，体育建筑取得了巨大的发展，几乎遍及世界每一个城市。体育建筑的设计理念接受现代主义的精髓，提倡几何的抽象的建筑形态，强调功能主义，提倡建筑外形取决于使用功能的需要。同时，很多国家希望将体育建筑建成国家独立的象征，成为国家或者城市的代表，反映本国本地区的经济与技术的实力和文化特色。

随着现代结构科学和现代材料科学发展，结构能力越来越强，结构的多样性也增加了，建造更大跨度的体育馆已经不是问题。各国建造了大量的追求体量与宏伟、追求夸张表现尺度、追求高度与广度的体育建筑。人们不断追求体育建筑的体量和高度，把大型体育场馆视为经济、技术、文化的纪念碑。尤其是随着电子计算机技术的发展和广泛运用，人们可以计算复杂的结构体系，轻型高强度的材料让大型体育建筑的屋顶也变得更加轻盈。因此，在这段时间也出现了很多追求个性化的体育建筑。仿生学、形态学、类型学、新陈代谢理论为大空间体育建筑提供了理论基础。如日本建筑师丹下健三设计的代代木游泳馆，把新颖的悬索结构与建筑功能有机结合在一起，并体现了强烈的日本传统民族建筑风格。慕尼黑奥运会体育中心采用索网结构与透明的玻璃钢屋面，建筑层次多、起伏大，连续的帐篷式造型，充分体现了高科技时代的动感与轻盈。

进入21世纪，可持续发展是人类文明史上的又一次飞跃，从功能出发，强调人性、回归自然的理念开始逐渐受到重视。随着世界"全球化"日益加剧，建筑地域性也开始受到广泛关注，如何使现代建筑在满足功能、审美等一般需求的同时，又要结合当地条件体现地域性特征已成为不可忽视的问题。建筑的地域性则指建筑设计以满足或表现其所在地域的某些具体特征为基础，使建筑在此地域内具备归属感与认同感，并且相比其他地域内的建筑带有明显地方色彩的个性特征。地域性在建筑中的传承与表现主要体现在以下几方面：契合自然环境，尊重地域自然地形的特征，尽量避免人为破坏；合理利用物质资源，使用地域性建筑材料，注重继承和保护与此相应的建造技术和传统；展现文化特质，传达历史与时代精神，继承和保护地域传统中具有地域特征的建筑形式及空间模式。体育建筑作为具有某些地标性质的大空间公共建筑，成为各地区一道亮丽的风景线。因此，体育建筑如何适应当地气候、表达当地历史和人文，也成为设计需要考虑的问题（表1-2-1）。

历届奥运会比赛场馆　　表1-2-1

届次	年份	国家	城市	主场馆	性质	备注
一	1896	希腊	雅典	大理石体育场，7万座	重建	在雅典古体育场废墟上重建
二	1900	法国	巴黎	法国赛马俱乐部跑马场，500座	现有	

续表

届次	年份	国家	城市	主场馆	性质	备注
三	1904	美国	圣路易斯	乔治华盛顿大学圣路易斯分校运动场，2万座	现有	
四	1908	英国	伦敦	白城体育场，7万座	新建	
五	1912	瑞典	斯德哥尔摩	科罗列夫体育场，3.7万座	新建	跑道接近标准，首次使用电子计时和终端摄像
六	1916	德国	柏林	因第一次世界大战停办		
七	1920	比利时	安特卫普	贝绍特田园体育场，3万座	重建	标准400米跑道
八	1924	法国	巴黎	科布龙体育场，6万座	新建	泳池分泳道，新建奥运村
九	1928	荷兰	阿姆斯特丹	奥林匹克体育场，4万座	新建	修建圣火塔
十	1932	美国	洛杉矶	洛杉矶纪念运动场，10.5万座	新建	第一座可容纳10万名观众的体育场
十一	1936	德国	柏林	柏林奥运体育场，10万座。游泳池，2万座	新建	首次在城市郊区兴建大型体育中心
十二	1940	日本	东京	因第二次世界大战停办		
十三	1944	英国	伦敦	因第二次世界大战停办		
十四	1948	英国	伦敦	温布利体育场	现有	首次使用电视转播
十五	1952	芬兰	赫尔辛基	奥林匹克体育场，7万座	扩建	
十六	1956	澳大利亚	墨尔本	扩建奥林匹克体育场，10.4万座。新建游泳馆、田径场、自行车场等	扩建	
十七	1960	意大利	罗马	罗马奥林匹克运动场，10.5万座	改建	古罗马运动场与现代体育建筑融为一体
十八	1964	日本	东京	明治公园，奥林匹克体育场，10万座	扩建	
十九	1968	墨西哥	墨西哥城	大学城综合体育场，10万座	新建	第一次使用塑胶跑道，第一次使用彩色电视技术
二十	1972	联邦德国	慕尼黑	奥林匹克体育公园，体育场8万座	新建	
二十一	1976	加拿大	蒙特利尔	梅宗纳夫奥林匹克体育中心，主体育场7.2万座	新建	
二十二	1980	苏联	莫斯科	中央列宁体育场，10万座	新建	
二十三	1984	美国	洛杉矶	洛杉矶纪念体育场，9万座	改建	首次民间承办的奥运会
二十四	1988	韩国	汉城（今首尔）	汉城体育中心和奥林匹克公园，主体育场10万座	新建	
二十五	1992	西班牙	巴塞罗那	蒙维克体育场	扩建	
二十六	1996	美国	亚特兰大	奥林匹克体育场，8.3万座	新建	以方便、快捷为宗旨，绝大部分比赛集中在半径3公里的奥林匹克环内

续表

届次	年份	国家	城市	主场馆	性质	备注
二十七	2000	澳大利亚	悉尼	奥林匹克体育场，11 万座	新建	奥运会历史上最大的室外体育场，“绿色奥运会”
二十八	2004	希腊	雅典	奥林匹克综合体育场，5.5 万座	新建	
二十九	2008	中国	北京	奥林匹克公园，主体育场——“鸟巢”，9.1 万座	新建	
三十	2012	英国	伦敦	主体育场“伦敦碗”，8 万座	新建	
三十一	2016	巴西	里约热内卢	马拉卡纳体育场，7.4 万座	现有	
三十二	2020	日本	东京	新国立竞技场，8 万座	新建	因新冠疫情延迟

2. 中国体育建筑的发展

（1）古代体育建筑

中国古代体育建筑主要由军事训练、体育竞技、消闲娱乐、文化教育等体育活动的场地和设施组成。[①]

围猎射箭是军事训练的传统项目，早在先秦时期就已出现，需要修建围猎场和射箭场。《周礼·夏官·大司马》记载“中冬，教大阅，前期，群史戒泉庶，修战法，虞人菜所田之野，为表；百步则一，为三表，又五十步为一表，田之日，司马建旗于后表之中……遂以狩田，以旌为左右和之门，群吏各帅其车徒”。清代的北京南苑、热河西围、木兰围场都是习武练兵的重要军事训练场所。

最早的较为正式的体育场应该是“鞠城”，鞠即如今足球的雏形，是先秦时便流行开来的一项体育运动。到了汉代，由于皇家、贵族的喜爱，蹴鞠快速发展，相应的比赛场地也发展了起来。在距今 2500 年左右，我国就有了蹴鞠运动和相应的蹴鞠场地，《史记》和《汉书》都有在军营中修建蹴鞠场地和进行蹴鞠比赛的记载。西晋陆机《鞠歌行序》称：“汉宫门有含章鞠室、灵芝鞠室。”汉人所作《蹴鞠》分为二十五篇，其中的“域说篇”专门谈鞠城，此书后来失传。东汉李尤《鞠城铭》中说：“圆鞠方墙，仿象阴阳，法月衡对，二六相当”，可以窥见鞠城的大致风貌。宋代甚至出现全天候球场。宋岳珂《桯史》卷二“隆兴按鞠”记载，宋孝宗赵眘在宫中球场打球时，“虽风雨亦张油帟，布沙除地”。

马球运动，也称“击鞠”“击球”，最早出现于东汉末年，盛行于唐宋时期，并开

① 王少宁，毋江波.《空间与文化视野下的我国古代体育建筑研究》[J]. 体育文化导刊，2018（3）：129–133.

始有一定规范的专用马球运动场地。球场三面砌有矮墙，另一面筑楼、亭等看台建筑，如唐代长安宫城内球场亭、大明宫含光殿球场、麟德殿前球场，宋代大明殿、元代常武殿、明代东苑球场[①]。公元 8 世纪初，唐中宗时期，刘餗《隋唐嘉话》记载，“景龙中，妃主家竞为奢侈，驸马杨慎交、武崇训至油洒地以筑球场”，使得场地不易扬尘。公元 10 世纪初唐哀帝时期，还出现了灯光球场。

唐宋时期，还出现了大型水上运动建筑“水殿”，用于观赏龙舟比赛（图 1–2–1）。

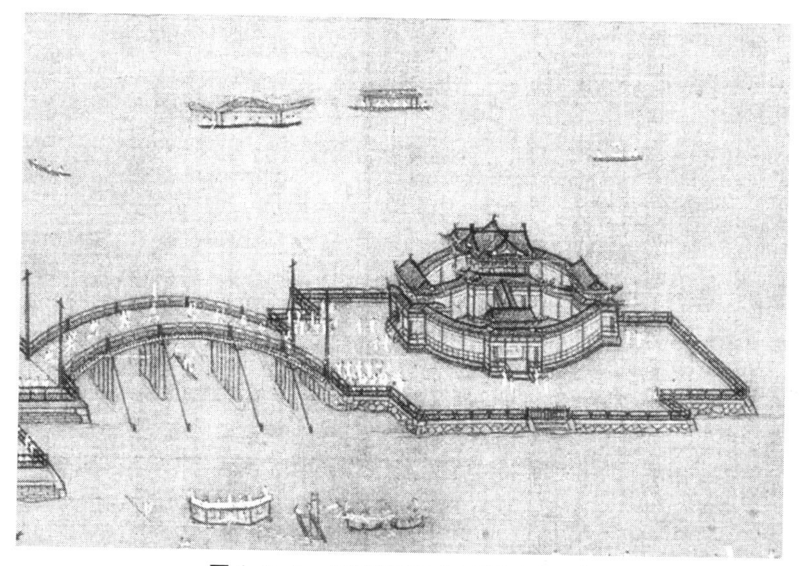

图 1–2–1　北宋张择端《金明池争标图》
（来源：天津博物馆 .）

宋、元、明时期流行捶丸，是用捶杆徒步击球的运动，其实是从马球一步步演化而来，和现代高尔夫球很相似。元代最早论述这项活动的专著《丸经》记载，进行捶丸游戏的场地一般有地形变化，在场地上挖一些球窝，在球窝旁插彩旗作为标记。在场地上划出一尺（约 0.3 米）见方的平底，清除瓦片、杂草作为球基，第一击必须将球放在基内击出。

北宋时期随着城市经济的繁荣，出现瓦勾栏，是戏剧和百戏的表演场所，也是体育竞技和表演的场所。不少勾棚可容纳千人[②]，称之为“象棚”，达到了现代体育馆的规模。宋代相扑运动在宫廷和民间普遍开展，南宋时期的护国寺等建有专门的相扑比赛场地。

但是我国古代体育活动，受到儒家中庸思想的影响，竞争性对抗性较低，专用器

① 周新民 . 我国古代体育建筑研究 [J]. 体育文化导刊，2015（2）：166–168.
② 孟元老 . 东京梦华录：卷之八 [M]. 北京：中国商业出版社，1982.

材少，许多器材没有脱离兵器或祭祀用品的原型，如刀枪剑棒等。因此，对体育建筑的专业性要求也低，专门的体育场地也很少，大多因地制宜利用自然场地，具有不规范性和随意性。

（2）近现代体育建筑

我国近代体育始于鸦片战争以后，晚清洋务运动在开办的各种新式军事学堂中，从日本和欧洲引入了军事体操、团体体操、器械体操以及篮排球和田径运动，修建了简易的篮球排球场和田径场，统治者出于军事目的，修建了演武厅。

随着近现代体育的引入，我国也开始兴建各类体育设施。1848 年，上海租界已经出现了室内保龄球和室内墙手球运动，1850 年，上海修建跑马场（图 1–2–2），有类似现代体育场的看台。1887 年，广州建成我国第一个室内游泳池——沙面游泳池。1898 年武昌博学书院开辟了两个足球场，汉口青年会设有体育部，建造篮球房和健身房等体育设施，对进行体育锻炼的学生和会员一般不收费。1905 年，武汉建成西商赛马俱乐部。1907 年，上海兴建虹口游泳池。

1913 年，黑龙江满洲里建成体育馆，仅 400 观众席，这可能是我国近代最早的体育馆。[①]1915 年筹建的上海公共体育场，是近代我国第一个由中国人自己建造的公共体育场。[②] 据史料记载：1915 年 10 月，江苏省公署要求各县筹建公共体育场。上海县教育会长吴馨主持修建，假斜桥北堍公墓地 26 亩余，耗资 22260.40 元，1917 年 3 月

图 1–2–2　上海跑马场看台
（作者自绘.）

① 张鲁雅. 中华体育之最 [M]. 北京：人民出版社，1990：352.
② 夏东元，等. 二十世纪上海大博览 [M]. 上海：文汇出版社，2001：27–28.

1917 年建成时

1928 年翻修后

图 1-2-3 上海县公共体育场

30 日落成。设有办公楼、健身房、足球场、网球场、室内篮球场、排球场，还有 300 米煤屑跑道圈，定名“上海公共体育场”（图 1-2-3）[①]。

但由于经济贫困，文化落后，新中国成立前我国的体育运动发展一直十分缓慢，体育建筑也十分缺乏。1915 年和 1921 年的两届全国运动会都是借用上海虹口花园，临时搭建比赛场地和看台。

1912—1937 年抗日战争爆发前，体育建筑才有了一段发展比较迅速的时期，主要体育建筑类型包括公共体育建筑、学校体育建筑、租界体育建筑、体育公园、国术馆、体育学校等。大多集中在上海、南京、北京、天津、武汉、广州等经济较为发达的城市（表 1-2-2、表 1-2-3）。

1931 年开始建设的南京中央体育场，由关颂声、杨廷宝设计，是民国时期中国最大的体育场，也是亚洲规模最大的运动场，包括田径场、国术场、篮球场、游泳池、棒球场及网球场、足球场、跑马场等。田径场可容纳观众 35000 余人，是当时远东地区最大的运动场。1933 年顺利承办第五届全国运动会（图 1-2-4）。

始建于 1934 年 8 月的上海江湾体育中心（江湾体育场），由中国著名建筑师董大酉设计，包括可容纳 42000 名观众的体育场、可容纳 3500 名观众的体育馆和可容纳 2500 名观众的游泳馆。江湾体育场是民国时期 1935 年第六届全运会的举办场地（图 1-2-5、图 1-2-6）。

---

① 上海图书馆 . 老上海风情录（四）体坛回眸卷 [M]. 上海：上海文化出版社，1998：143. 作者改绘 .

民国时期主要的公共体育建筑[①] 表1-2-2

序号	建筑名称	所在地	始修建年	现址现状
1	上海市公共体育场	上海	1915 年	沪南体育场
2	广东省运动场	广州	1916 年	广东省人民体育场
3	天津民园体育场	天津	1926 年	天津体育公园、体育博物馆
4	西侨青年会	上海	1928 年	上海体育大厦
5	中央体育场	南京	1931 年	南京体育学院运动场
6	青岛第一体育场	青岛	1932 年	青岛天泰体育场
7	天津回力球球馆	天津	1933 年	马可波罗俱乐部
8	上海体育场	上海	1934 年	上海江湾体育场
9	北平公共体育场	北京	1936 年	先农坛体育场

民国时期主要的大学体育建筑[②] 表1-2-3

序号	建筑名称	所在地	始修建年	现址现状
1	清华大学体育馆	北京	1916 年	清华大学西体育馆
2	沪江大学体育馆	上海	1917 年	上海理工大学大学生活动中心
3	圣约翰大学体育馆	上海	1918 年	华东政法大学体育馆
4	燕京大学华氏体育馆	北京	1920 年	北京大学体育馆
5	燕京大学鲍氏体育馆	北京	1927 年	北京大学第二体育馆
6	中央大学体育馆	南京	1922 年	东南大学体育馆
7	上海交通大学体育馆	上海	1925 年	上海交通大学体育馆
8	东北大学体育馆	沈阳	1928 年	荒废
9	武汉大学体育馆	武汉	1935 年	武汉大学体育馆
10	东吴大学体育馆	苏州	1936 年	苏州大学博物馆
11	中山大学体育场	广州	1936 年	华南理工大学电影院

上海江湾体育馆，是我国最早的大型室内体育馆。

到 1936 年，全国有供民众日常锻炼使用的公共体育场 2863 个。

新中国成立以来，尤其是改革开放之后，我国的体育事业取得令人瞩目的成就，作为体育活动之用的体育建筑也得到了长足发展，并具有鲜明的时代特征。从 1949 年至 1978 年十一届三中全会，我国体育事业始终是在计划经济的体制下运行和发展。在改革开放之后，中国体育事业发展体制由计划经济逐步过渡到市场经济。不同的经济体制所带来的体育发展政策、体育文化发展方向、体育建筑设计思路以及体育建筑技术发展程度的变化，给这一时期的体育建筑设计带来了巨大的变化。

① 何超，施翔 . 中国近代体育建筑研究 [J]. 体育文化导刊，2017（10）：174-177.

② 同①.

图 1-2-4 南京中央体育场现状

图 1-2-5 上海江湾体育场现状 1

图 1-2-6 上海江湾体育馆现状 2

3. 体育建筑的分类

体育建筑（设施）种类很多，按照第六次全国体育场地普查统计口径，82 种主要体育场地类型包括体育场、田径场、田径房（馆）、小运动场、体育馆、游泳馆、跳水馆、室外游泳池、室外跳水池、综合房（馆）、篮球房（馆）、排球房（馆）、手球房（馆）、体操房（馆）、羽毛球房（馆）、乒乓球房（馆）、武术房（馆）、摔跤柔道拳击跆拳道空手道房（馆）、举重房（馆）、击剑房（馆）、健身房（馆）、棋牌房（室）、保龄球房（馆）、台球房（馆）、沙狐球房（馆）、室内五人制足球场、网球房（馆）、室内曲棍球场、室内射箭场、室内马术场、室内冰球场、室内速滑场、室内冰壶场、室内轮滑场、壁球馆、门球房（馆）、足球场、室外五人制足球场、室外七人制足球场、篮球场、三人制篮球场、排球场、沙滩排球场、室外手球场、沙滩手球场、橄榄球场、室外网球场、室外曲棍球场、羽毛球场、乒乓球场、棒垒球场、室外射箭场、室外轮滑场、板球场、木球场、地掷球场、室外门球场、室外人工冰球场、室外人工速滑场、室外人工冰壶场、摩托车赛车场、汽车赛车场、卡丁车赛车场、自行车赛车场、自行车赛车馆、小轮车赛车场、室外马术场、射击房（馆）、室外射击场、水上运动场、海上运动场、天然游泳场、航空运动机场、室内滑雪场、室外人工滑雪场、高尔夫球场、室外人工攀岩场、攀岩馆、登山步道、城市健身步道、全民健身路径和户外活动营地等。

体育建筑的类型很多，分类的方法也很多。根据体育建筑所承担的运动项目对空间的需要，可分为室内场馆和室外场地；根据体育建筑的用途，可分为专用型体育建筑和综合性体育建筑；根据体育建筑的使用性质，可分为竞技体育设施、大众体育测试和学校体育设施。

（1）按使用性质分类

竞技体育建筑，主要为体育比赛场馆。这类体育建筑是严格按照国际奥运会和世界各单项体育协会制定的竞赛规则对场地、器材的要求建设的体育场馆，供各种比赛使用，一般有看台和必要的辅助设施。竞技体育建筑如果按照运动类型，以田径类运动项目划分，有体育场、训练场、室内田径馆等；以球类运动项目划分，有综合体育馆、乒乓球馆、综合球类馆、练习馆、室外篮排球场、网球场、足球场、高尔夫球场、棒球场、垒球场、曲棍球场、橄榄球场等；以体操运动项目划分，有体操馆、武术训练馆、健身房等；以水上运动项目划分，则有游泳池、游泳馆、室外游泳场、水上运动场等；以冰雪运动项目划分，有冰球馆、速滑馆、室内滑雪馆、滑雪场、雪橇场等。

用于竞技比赛的体育建筑，可根据能承办竞赛的级别，分为特级、甲级、乙级、丙级。特级用于举办亚运会、奥运会等世界级和洲际比赛。甲级用于举办全国性和单项国际比赛，乙级用于举办地区性和全国单项比赛，丙级用于举办地方性、群众性运动会。

用于竞技比赛的体育建筑，可根据观众席规模分为小型、中型、大型和特大型。

随着竞技体育高度发展，为了举办大型的综合性运动会，把各种体育场馆、运动员和工作人员用房、新闻中心、记者村等集中建设。通常把这种集中修建的综合性体育设施的所在地称为体育中心、运动中心、体育公园等。我国的体育中心一般具有体育场、体育馆、游泳馆这三个主要体育设施。

大众体育建筑主要用于满足大众健身休闲娱乐，包括健身场、健身馆、健身中心、体育俱乐部、体育公园、健身路径等。

学校体育建筑，主要功能为训练和体育教学，包括体育场、体育馆、游泳馆、游泳池、室外运动场地、风雨操场、健身房等。

（2）《体育建筑设计规范》的分类

《体育建筑设计规范》对体育建筑做如下规定：

2.0.1　体育建筑 sports building

作为体育竞技、体育教学、体育娱乐和体育锻炼等活动之用。

2.0.2　体育设施 sports facilities

作为体育竞技、体育教学、体育娱乐和体育锻炼等活动的体育建筑、场地、室外设施以及体育器材等的总称。

2.0.3　体育场 stadium

具有可供体育比赛和其他表演用的宽敞的室外场地同时为大量观众提供座席的建筑物。

2.0.4　体育馆 sports hall

配备有专门设备而供能够进行球类、室内田径、冰上运动、体操（技巧）、武术、拳击、击剑、举重、摔跤、柔道等单项或多项室内竞技比赛和训练的体育建筑。主要由比赛和练习场地、看台和辅助用房及设施组成。体育馆根据比赛场地的功能可分为综合体育馆和专项体育馆；不设观众看台及相应用房的体育馆也可称训练房。

2.0.5　游泳设施 natatorial facilities

能够进行游泳、跳水、水球和花样游泳等室内外比赛和练习的建筑和设施。室外的称作游泳池（场），室内的称作游泳馆（房），主要由比赛池和练习池、看台、辅助用房及设施组成。

（3）本书的分类

本书根据体育建筑的空间性质和内部功能，结合大众的习惯认知，把常见的体育建筑分为：

①体育场类建筑

这一类体育建筑，由可用于比赛和表演的宽敞的室外场地、具有一定规模的观众席以及辅助用房组成。比较常见的体育场室外场地包括400米跑道（中心含足球场）、田径跑道。正式比赛场地应包括径赛用的周长400米的标准环形跑道、标准足球场和各项田赛场地。除直道外侧可布置跳跃项目的场地外，其他均应布置在环形跑道内侧。观众席规模可分为特大型（6万座以上）、大型（4万～6万座）、中型（2万～4万座）、小型（2万座以下）。

除内场为标准田径场的体育场外，内场为足球场、橄榄球场、网球场等的体育建筑，均可归到这一类。

②体育馆类建筑

体育馆是指能满足在室内进行体育比赛、体育训练的建筑，主要由比赛和练习场地、看台、辅助用房组成。体育馆比赛场地根据大小一般分别以满足篮球、手球、搭台体操这三种比赛的场地要求设计。看台规模分为特大型（1万座以上）、大型（6000~10000座）、中型（3000~6000座）、小型（3000座以下）。

体育馆类建筑种类多样，功能布局灵活，可用于举办篮球、排球、手球、乒乓球、羽毛球、体操、冰球等比赛和训练。

③游泳馆（池）类建筑

游泳馆是指用于进行游泳、花样游泳、水球、跳水等水上运动项目的室内场馆，可以设看台，也可以不设看台。

用于进行游泳、花样游泳、水球、跳水等水上运动项目的露天、半露天室外设施，被称作游泳池。

④健身馆类建筑

这类体育建筑是指不以比赛为目的，以满足人们增强力量、柔韧性、增加耐力、提高协调、控制身体各部分的能力，从而使人民身体强健为目的的室内体育建筑，一般不设观众看台。

健身馆的功能多种多样，除篮球、羽毛球、乒乓球等竞技类项目外，还可包括瑜伽、健身房、舞蹈等健身类项目。

⑤室外运动场地

指作为体育竞技、体育教学、体育娱乐和体育锻炼等活动的室外运动场地和设施，常见的有室外田径训练场、篮球场、网球场、羽毛球场、足球场等。

我国还富有中国特色的全民健身场地及健身路径，遍布城乡各地，包括公园、城市街道、小区等，极大地方便了人民群众参加体育运动，这在世界上也是独一无二的。

⑥其他运动设施

由于体育运动设施种类繁多，以上几类并不能完全涵盖，其他运动设施例如有射击、轮滑、小轮车、沙滩排球；水上运动项目皮划艇、帆船；冰雪项目的滑雪；公路项目的马拉松、自行车等，不一一列举。

⑦体育中心

体育中心是由一组体育建筑、场地设施、附属配套构成的综合体育设施，往往规模较大。在我国，很多城市为未来承办大型运动会而建设的大型体育中心，往往被称为奥林匹克体育中心，简称奥体中心。

有时候，体育中心和公园结合在一起，可称作体育公园，或者奥林匹克公园。

体育中心按功能可分为综合性体育中心、竞技比赛为主体育中心、大众体育为主体育中心、学校体育中心。按项目类型可分为综合体育中心和专项体育中心，专项体育中心常见的有网球中心、足球中心、田径中心、水上运动中心等。

在推动现代化城镇建设、实现城乡一体化发展的过程中，还出现了体育小镇，是集运动休闲、文化、健康、旅游、养老、教育培训等多种功能于一体的空间区域、全民健身发展平台和体育产业基地。

体育建筑的类型很多，大型体育中心、大型比赛场馆因其功能复杂、技术要求高、投资巨大等原因，最能代表体育建筑的特点。本书考虑到体育建筑的多样性，样本多数选择大型体育场馆。

第三节　中国当代体育事业的发展

1949 年以前，我国的竞技体育水平相对低下，曾出现过三次参加奥运会没有任何项目进入决赛的情况。

从 1949 年新中国成立至今，我国体育事业全面发展，竞技体育取得历史性跨越。

1949 年 10 月，中华人民共和国中央人民政府刚刚成立，就组织召开了“全国体育工作者代表大会”，提出了建设“民族的、科学的、大众的”新体育的号召。1951 年，中央人民政府政务院发出了《关于改善各级学校学生健康状况的决定》；同年 11 月，中华全国体育总会公布推行第一套广播体操。1952 年 6 月 10 日，毛泽东同志发表了“发展体育运动，增强人民体质”的题词，为我国体育发展奠定了重要的思想基础。随后中华全国体育总会和中央人民政府体育运动委员会相继成立，体育基础设施建设和队伍建设得到大力加强，体育得到广泛普及和显著提高，逐渐摆脱了旧中国体育的落后面貌。

1952 年 8 月，新中国体育代表团第一次参加第 15 届芬兰赫尔辛基奥运会。

1953 年 11 月 8 日至 12 日，第一个全国性的民族形式体育表演和竞赛大会在天津举办，来自全国各地的观众约 12 万人次观看了竞赛。

1956 年 6 月 7 日，上海陕西南路体育馆，中苏举重友谊比赛中，20 岁的广东小伙子陈镜开，以 133 公斤的挺举，创造了中国体育史上第一个世界纪录。中国从此开始了向世界体育顶峰迈进的路程。

1959 年 9 月 13 日至 10 月 3 日，新中国第一届全国运动会在北京举行。参赛的有各省、市、自治区、中国人民解放军等 29 个单位共计 10658 人，设 36 个比赛项目和 6 个表演项目。

1959 年 4 月 5 日，从香港回到内地、年仅 21 岁的运动员容国团，在德国多特蒙德举行的第 25 届世界乒乓球锦标赛中，夺得了男子单打冠军，这是中国体育史上的第一个世界冠军。

1960 年 5 月 25 日 4 时 20 分，中国登山运动员王富洲、贡布、屈银华首次登上了海拔 8848.13 米的世界最高峰——珠穆朗玛峰，这也是人类历史上首次成功地从珠峰北路攀上顶峰。

新中国体育的发展也并非一帆风顺，由于国际奥委会等国际体育组织内少数势力顽固坚持反华立场，我国于 1958 年被迫中断了与国际奥委会等国际体育组织的联系。1966—1976 年“文化大革命”期间，体育事业发展受到严重影响。“文化大革命”结束后，体育事业走上正确发展道路。

1979 年，我国恢复了在国际奥委会的合法席位。1980 年，我国首次组队参加冬季奥运会。

1981 年 11 月 16 日，第三届女排世界杯赛，在日本大阪体育馆里中国队沉着应战，迎来了最后的对手日本队，并以不败的战绩，赢得了中国三大球中的第一个世界冠军。此后，中国女排屡战屡胜，创造了“五连冠”的奇迹。

1984 年 7 月，中国派出强大阵容来到美国洛杉矶，参加了在这里举行的第 23 届奥林匹克运动会。7 月 29 日，中国射击选手许海峰在男子自选手枪慢射的比赛中，以 566 环的成绩夺得了这个项目的冠军，这不仅是本届奥运会的首枚金牌，也是中国人在奥运会上获得的第一枚金牌。当国际奥委会主席萨马兰奇将金牌佩戴在许海峰胸前时，他激动地宣布：“这是中国体育史上最伟大的一天。”中国取得了奥运金牌榜上“零”的突破。

2000 年悉尼夏季奥运会，中国首次进入奥运会金牌榜前三名，金牌总数位居第三，取得了历史性突破。

2004 年，刘翔在雅典奥运会上以 12 秒 91 的成绩夺得 110 米栏冠军；2006 年，在瑞士洛桑田径超级大奖赛中，刘翔以 12 秒 88 打破了世界纪录。

2008 年，北京成功举办了第 29 届夏季奥运会，实现了中华民族的百年梦想，中国代表团取得了 51 枚金牌、100 枚奖牌的优异成绩，第一次名列奥运会金牌榜首，创造了中国体育代表团参加奥运会以来的最好成绩（表 1–3–1）。

我国参加历届奥运会获得奖牌数　　表1–3–1

奥运会届次	时间和举办城市	国家	金牌数	银牌数	铜牌数	总奖牌数	世界排名
第 23 届	1984 年（洛杉矶）	中国	15	8	9	32	第四名
第 24 届	1988 年（汉城，今首尔）	中国	5	11	12	28	第十一名
第 25 届	1992 年（巴塞罗那）	中国	16	22	16	54	第四名
第 26 届	1996 年（雅典）	中国	16	22	12	50	第四名
第 27 届	2000 年（悉尼）	中国	28	16	15	59	第三名
第 28 届	2004 年（亚特兰大）	中国	32	17	14	63	第二名
第 29 届	2008 年（北京）	中国	51	21	28	100	第一名
第 30 届	2012 年（伦敦）	中国	38	27	23	88	第二名
第 31 届	2016 年（里约热内卢）	中国	26	18	26	70	第三名

2011 年，在法国网球公开赛中，中国选手李娜获得单打冠军，成为首位夺得大满贯单打冠军的亚洲球员。

公开统计数据显示，截至 2011 年底，中国健儿在各类国际赛事中，共获得世界冠军 2671 个，创造世界纪录 1236 次，形成了乒乓球、跳水、体操、羽毛球、举重等优势项目。

2014 年 8 月 16 日，2014 年南京青年奥运会开幕。这是中国首次举办的青年奥运会，也是中国第二次举办的奥运赛事。

2015 年 7 月 31 日，北京获得 2022 年冬季奥林匹克运动会举办权。随着 2022 年冬奥会的临近，北京将成为世界上首座“双奥之城”。

重大体育赛事对体育的发展具有举足轻重的影响。回望新中国成立以来近七十年的发展历程，自 1959 年开始至今一共十二届中华人民共和国全国运动会，1990 年的北京亚运会与 2010 年的广州亚运会，以及 2008 年的北京奥运会，将是本书主要研究的体育建筑发展阶段性标志（表 1–3–2）。

从表 1–3–2 中可以看出，在 2001 年第九届全运会以及在此之前，中国的全运会主要举办城市为北京、上海和广州三个地方。到了 2001 年初，国务院办公厅正式发

我国历届全运会及奥运会主要场馆统计表 表1-3-2

举办年份	赛事名称	地点	主要体育场馆
1959 年	第一届全运会	北京市	北京工人体育场
1965 年	第二届全运会	北京市	北京工人体育场
1975 年	第三届全运会	北京市	北京工人体育场
1979 年	第四届全运会	北京市	北京工人体育场
1983 年	第五届全运会	上海市	上海江湾体育场
1987 年	第六届全运会	广州市	广州天河体育中心
1990 年	第十一届亚运会	北京市	北京工人体育场
1993 年	第七届全运会	北京市	北京工人体育场
1997 年	第八届全运会	上海市	上海八万人体育场
2001 年	第九届全运会	广东省广州市	广东奥林匹克体育中心
2005 年	第十届全运会	江苏省南京市	南京奥体中心
2008 年	第二十九届夏季奥运会	北京市	北京奥林匹克体育公园
2009 年	第十一届全运会	济南市	济南奥体中心
2010 年	第十六届亚运会	广州市	广州奥体中心
2013 年	第十二届全运会	辽宁省沈阳市	沈阳奥体中心
2014 年	第二届青年奥运会	江苏省南京市	南京奥体中心、青奥体育公园

布了《关于取消全国运动会由北京、上海、广州轮流举办限制的函》，第十届全运会的接力棒递交到江苏省手中。

随着经济发展、社会进步和人民生活水平的不断提高，体育日益成为人民群众生活的一部分，在经济社会生活中发挥着越来越重要的影响和促进作用。根据国家体育总局统计，到 2015 年，全国经常参加体育锻炼的总人数已接近 4 亿，城乡居民达到《国民体质测定标准》合格以上的人数比例接近 90%。以马拉松赛事为例，截至 2016 年底，注册马拉松赛事覆盖了全国 30 个省、市、自治区的 133 个城市，参赛人数超过 280 万人，常年参加跑步运动总人数超过 1000 万。冰雪运动、山地户外运动、航空运动、水上运动等一系列发展规划，让体育产业有了更多的发力点；“体育 +”为各地发展特色体育产业提供了更多方向和思路；特色体育小镇的兴起不仅是促进新型城镇化的重要举措，更承载了发展区域经济、促进脱贫攻坚、体育供给侧改革的重任。

从 20 世纪 80 年代开始，我国体育在管理体制、群众体育管理制度、训练和竞赛制度等方面进行了一系列改革，逐步探索形成了与社会主义市场经济体制相适应的体育体制和运行机制。体育战线不断深化对体育发展规律的认识，积极开创体育事业发展的新局面，使群众体育、竞技体育、体育产业等各个方面都得到了突飞猛进的发展，探索出一条适合中国国情的中国特色社会主义体育发展道路，为新时期体育事业的全面、协调、可持续发展奠定了坚实基础。

与此同时，我国积极参与国际体育交往，已成为国际体坛的一支重要力量。目前我国共有 259 人在世界和亚洲体育组织担任 409 个职务，任秘书长以上职务的 230 个，先后有 34 人获得奥林匹克勋章。

第四节　中国当代体育建筑的发展

新中国成立之前，我国体育建筑极度匮乏，全国各类体育设施只有 2855 个，而其中能够用于大型体育赛事的更是少之又少，无法满足开展体育运动的需要。

新中国成立后，我国一直重视发展体育和兴建体育建筑。70 多年来，体育建筑的发展历程，从一个重要侧面反映了我国建筑业发展的巨大成就和迈向现代化的进程。1949 年，我国大部分体育场馆只是简陋的砂石体育场。改革开放后，随着社会经济的快速腾飞，各省逐步建成了省级体育中心，这个可以简单理解成“举省之力”，接着各地级市陆续建成市一级体育中心。到今天，全国基本上各县也都建设了“两菜一汤”（体育馆、体育场、游泳馆）。同时，城市体育设施逐步社区化，乡镇（街道）一级的体育设施也开始建设。中国体育场馆建设经过 70 年的变迁不断升级，促进了中国竞技体育的发展，掀起了全民健身的浪潮，更提升了中华民族的国际地位。

1. 全国体育场地普查

我国自 1974 年首次开展体育场地普查工作以来，1983 年进行了第二次普查，1988 年进行了第三次阶段性普查，1995 年进行了第四次普查，2004 年进行了第五次普查，2013 年进行了第六次普查。

（1）1974 年，第一次普查

1974 年我国进行了第一次全国性体育场地普查，这是我国历史上首次进行大规模体育场地普查工作。

通过第一次全国体育场地普查，截止到 1974 年底，我国的各类体育场地（馆）总数为 25488 个。其中，体育场 152 个；体育馆 113 个；游泳池 1604 个；室内游泳池

74个；灯光球场17620个；篮、排球房284个；体操房155个；射击房129个；乒乓球房928个；足球场2833个；运动场1435个；田径房9个；游泳场95个；网球场35个；举重房12个；滑冰场3个；羽毛球场7个。

按系统划分：体委系统：4141个；工矿系统：8969个；农村：3277个；学校系统：4603个；解放军系统：3095个；其他系统：1403个。

在拥有各类体育场馆数量排在前三名的是解放军（3095个）、广东（2608个）、广西（2299个）。拥有体育场数量前三名的为吉林、解放军各15个，辽宁11个，北京、广东各10个。

（2）1983年，第二次普查

第二次全国体育场地普查工作于1983年进行，普查的标准时点为1982年12月31日。

1983年普查结果：全国共有各种体育场地415011个。其中：体育场315个，体育馆191个，游泳馆13个，室内游泳池110个，室外游泳池2043个，有固定看台灯光球场4016个，田径房20个，篮球房404个，排球房131个，小运动场25634个，篮球场327366个，排球场40342个。

数量较多的场地为篮球场，占78.88%，排球场占9.72%，小运动场占6.18%。1949年至1982年，全国体育场地年平均增长速度为13.7%，体委系统年平均增长速度为12.1%。

全国体育场地分布为：原体委系统9959个，占2.4%；工矿系统39655个，占9.56%；农村人民公社18727个，占4.52%；学校系统294475个，占70.95%；解放军系统21900个，占5.28%；铁路系统1444个，占0.35%；其他28851个，占6.95%。

（3）1995年，第四次普查

截至1995年末，我国共有符合标准的各类体育场地615693个，占地面积10.7亿平方米。其中建筑面积7.07亿平方米，体育场地面积7.8亿平方米，累计投资额约372亿元人民币。

普查登记的共计有48种类型，其中：体育场、体育馆、游泳跳水馆2121个，占全国体育场地总数的0.34%；室内游泳池、室内网球场、射击场、人工冰球场人工速滑馆及各类训练房为23333个，占全国体育场地总数的3.79%；运动场、小运动场（非标准）为58664个，占全国体育场地总数的9.53%；篮、排、门球场地516451个，占全国体育场地总数的83.88%；其他各项训练场地15124个，占全国体育场地总数的2.4%。

以1995年年底全国总人口12.1121亿计算，每万人拥有体育场地5个，人均面积0.65平方米，人均投入体育场地建设金额31.06元。

在全国范围内、体育场地数量最多的是广东省，有 42111 个，占全国体育场地数的 7.13%。最少的是西藏，有体育场地 253 个，占全国体育场地数的 0.04%。在全国的体育场地中，分布于城市市区的有 168521 个，占全部体育场地的 28.55%。

（4）2004 年，第五次普查

截止到 2003 年 12 月 31 日，我国各系统、各行业、各种所有制形式（不含港澳台地区）共有符合第五次全国体育场地普查要求的各类体育场地 850080 个，其中标准体育场地 547178 个，非标准体育场地 302902 个，占地面积为 22.5 亿平方米，建筑面积为 7527.2 万平方米，场地面积为 13.3 亿平方米。历年累计投入体育场地建设资金 1914.5 亿元，其中：财政拨款为 667.7 亿元，占投资总额的 34.9%，单位自筹为 1032.6 亿元，占投资总额的 53.9%。以 2003 年底全国总人口 129227 万人（不含港澳台地区）计算，平均每万人拥有体育场地 6.58 个，人均体育场地面积为 1.03 平方米，人均投入体育场地建设资金为 148.15 元。

850080 个体育场地中，标准体育场地有 547178 个，占全国体育场地总数的 64.4%。标准体育场地占地面积 15.3 亿平方米，占全国体育场地总占地面积的 67.7%；标准体育场地建筑面积 6416.3 万平方米，占全国体育场地总建筑面积的 85.2%；标准体育场地面积 11.1 亿平方米，占全国体育场地总场地面积的 85.2%。历年累计投入标准体育场地的建设资金为 1642.8 亿元，占全国体育场地历年建设总投入的 85.8%。

此次共普查了 64 种标准体育场地。其中，体育场、体育馆、游泳馆、跳水馆等大型体育场馆共 5680 个，占标准体育场地总数的 1.0%，占全国体育场地总数的 0.69%；室内游泳池、综合房（馆）和篮球房（馆）等室内体育场地共 55678 个，占标准体育场地总数的 10.2%，占全国体育场地总数的 6.5%；室外游泳池、室外网球场和足球场等室外体育场地共 485818 个，占标准体育场地总数的 88.8%，占全国体育场地总数的 57.1%。在室外体育场地中篮球场、小运动场和排球场共 436278 个，占标准体育场地总数的 79.7%。

体育系统有 18481 个，占全国体育场地总数的 2.2%；教育系统有 558044 个，占全国体育场地总数的 65.6%；新疆生产建设兵团有 3394 个，占全国体育场地总数的 0.4%；解放军系统有 7174 个，占全国体育场地总数的 0.8%；武警系统有 12850 个，占全国体育场地总数的 1.5%；铁路系统有 14544 个，占全国体育场地总数的 1.7%；其他系统有 235593 个，占全国体育场地总数的 27.7%。在教育系统中高等院校有 28741 个，占全国体育场地总数的 3.4%；中等专业学校和中级技术学校有 18427 个，占全国体育场地总数的 2.2%；中小学有 500370 个，占全国体育场地总数的 58.9%；其他有 10506 个，占全国体育场地总数的 1.2%。

体育场地（不含新疆生产建设兵团、解放军系统、武警系统和铁路系统）中，分布在校园的有 549654 个，占全国体育场地总数的 67.7%；分布在机关企事业单位楼院内的有 75033 个，占全国体育场地总数的 9.2%，其他依次为：乡（镇）村 66446 个，占 8.18%；居住小区 39477 个，占 4.86%；厂矿 28198 个，占 3.47%；其他 22074 个，占2.67%；老年活动场所13842个，占1.64%；宾馆饭店7195个，占0.89%；公园5712个，占 0.7%；广场 4987 个，占 0.61%

同第四次全国体育场地普查数据相比，全国体育场地占地面积共增加了 11.8 亿平方米，增长 110.28%，场地面积共增加了 5.5 亿平方米，增长 70.51%。人均体育场地面积增加了 0.38 平方米，增长 58.46%，年平均增长率为 5.92%。人均投入体育场地建设资金增加了 117.09 元。每万人拥有体育场地数增加了 1.58 个，增长 31.6%。

（5）2014 年，第六次普查

第六次全国体育场地普查工作于 2013 年进行，普查的标准时点为 2013 年 12 月 31 日。

2013 年普查结果：全国共有体育场地 169.46 万个，用地面积 39.82 亿平方米，建筑面积 2.59 亿平方米，场地面积 19.92 亿平方米。其中，室内体育场地 16.91 万个，场地面积 0.62 亿平方米；室外体育场地 152.55 万个，场地面积 19.30 亿平方米。以 2013 年末全国内地总人口 13.61 亿人计算，平均每万人拥有体育场地 12.45 个，人均体育场地面积 1.46 平方米。

主要体育场地类型中，数量排名靠前的体育场地分别是篮球场 59.64 万个、全民健身路径 36.81 万个、乒乓球场 14.57 万个、小运动场 8.91 万个，乒乓球房（馆）4.87 万个。

三大球（足球、篮球和排球）的场馆建设也是我国体育场馆建设中最核心的部分。截至 2013 年 12 月 31 日，全国新建三大球场地中，足球类场地 0.71 万个，场地面积 2136.99 万平方米；篮球类场地 47.69 万个，场地面积 28179.67 万平方米；排球类场地 3.07 万个，场地面积 960.62 万平方米。篮球场地无论在数量上还是面积上都具有非常明显的优势地位，而足球场地和排球场地在面积和数量上都与篮球场地差距甚远，特别是足球场地在各地处于供不应求的状况。

在全国体育场地中，体育系统管理的体育场地 2.43 万个，占 1.43%；场地面积 0.95 亿平方米，占 4.79%。教育系统管理的体育场地 66.05 万个，占 38.98%；场地面积 10.56 亿平方米，占 53.01%。军队系统管理的体育场地 5.22 万个，占 3.08%；场地面积 0.43 亿平方米，占 2.17%。其他系统管理的体育场地 95.76 万个，占 56.51%；场地面积 7.98 亿平方米，占 40.03%（表 1–4–1）。

各系统体育场地数量及面积情况　　表1-4-1

系统类型	场地数量（万个）	数量占比（%）	场地面积（亿平方米）	面积占比（%）
合计	169.46	100.00	19.92	100.00
体育系统	2.43	1.43	0.95	4.79
教育系统	66.05	38.98	10.56	53.01
其中：高等院校	4.97	2.94	0.82	4.15
中小学	58.49	34.51	9.29	46.61
其他教育系统	2.59	1.53	0.45	2.25
军队系统	5.22	3.08	0.43	2.17
其他系统	95.76	56.51	7.98	40.03

在全国体育场地中，行政机关管理的体育场地8.39万个，占5.11%；场地面积0.86亿平方米，占4.40%。事业单位管理的体育场地68.66万个，占41.81%；场地面积11.45亿平方米，占58.75%。企业单位管理的体育场地13.77万个，占8.38%；场地面积4.11亿平方米，占21.11%。其他单位管理的体育场地73.42万个，占44.70%；场地面积3.07亿平方米，占15.74%（表1-4-2~表1-4-4）。

各单位体育场地数量及面积情况　　表1-4-2

单位类型	场地数量（万个）	数量占比（%）	场地面积（亿平方米）	面积占比（%）
合计	164.24	100.00	19.49	100.00
行政机关	8.39	5.11	0.86	4.40
事业单位	68.66	41.81	11.45	58.75
企业单位	13.77	8.38	4.11	21.11
其中：内资企业	12.94	7.88	3.40	17.44
港、澳、台商投资企业	0.46	0.28	0.39	2.00
外商投资企业	0.37	0.22	0.32	1.67
其他单位	73.42	44.70	3.07	15.74

场地数量排名靠前的场地类型情况　　表1-4-3

场地类型	场地数量（万个）	数量占比（%）
合计	124.80	75.99
篮球场	59.64	36.32
全民健身路径	36.81	22.41
乒乓球场	14.57	8.87
小运动场	8.91	5.42
乒乓球房（馆）	4.87	2.97

场地面积排名靠前的场地类型情况　　表1–4–4

场地类型	场地面积（亿平方米）	面积占比（%）
合计	11.33	58.14
小运动场	4.42	22.68
篮球场	3.58	18.37
田径场	1.69	8.67
体育场	1.05	5.37
城市健身步道	0.59	3.05

全国体育场地中，分布在城镇的体育场地 96.27 万个，占 58.61%；场地面积 13.37 亿平方米，占 68.61%。其中，室内体育场地 12.87 万个，场地面积 0.54 亿平方米；室外体育场地 83.40 万个，场地面积 12.83 亿平方米。分布在乡村的体育场地 67.97 万个，占 41.39%，场地面积 6.12 亿平方米，占 31.39%。其中，室内体育场地 2.73 万个，场地面积 0.05 亿平方米；室外体育场地 65.24 万个，场地面积 6.07 亿平方米。城乡差距大大缩小（表 1–4–5）。

体育场地主要指标十年发展变化情况　　表1–4–5

指标	单位	2003年	2013年	增长百分比
全国体育场地总数量	万个	85.01	169.46	99.34%
全国体育场地总用地面积	亿平方米	22.50	39.82	76.98%
全国体育场地总建筑面积	亿平方米	0.75	2.59	245.33%
全国体育场地总场地面积	亿平方米	13.30	19.92	49.77%
人均体育场地面积	平方米	1.03	1.46	41.75%
每万人拥有体育场地数量	个	6.58	12.45	89.21%

2. 体育建筑的地域分布

除了总量多之外，中国当代体育建筑还有分布广泛的特点。图 1–4–1 和图 1–4–2 分别呈现了截至 1982 年和 2013 年全国体育建筑按行政区分布数量统计情况（其中 1988 年从广东分划分出的海南省和 1997 年设置的直辖市重庆市不在表格统计中）。虽然不同地区的体育建筑数量存在一定差距，但整体来说，中国的体育建筑覆盖了全国各个省、市、自治区，并且在 1982 年之后，原本数量很少的地区也逐渐加大力度进行发展。总的来说，体育政策以及体育场地建设的相关政策，直接地影响了中国体育场地建设的数量以及种类，而这一特点也与中国体育建筑的建设方式与组织方式有着密切的关系。

2013 年普查数据统计，全国体育场地中，分布在东部地区的体育场地 71.10 万个，占 43.29%；场地面积 9.38 亿平方米，占 48.13%。分布在中部地区的体育场地 40.39 万个，

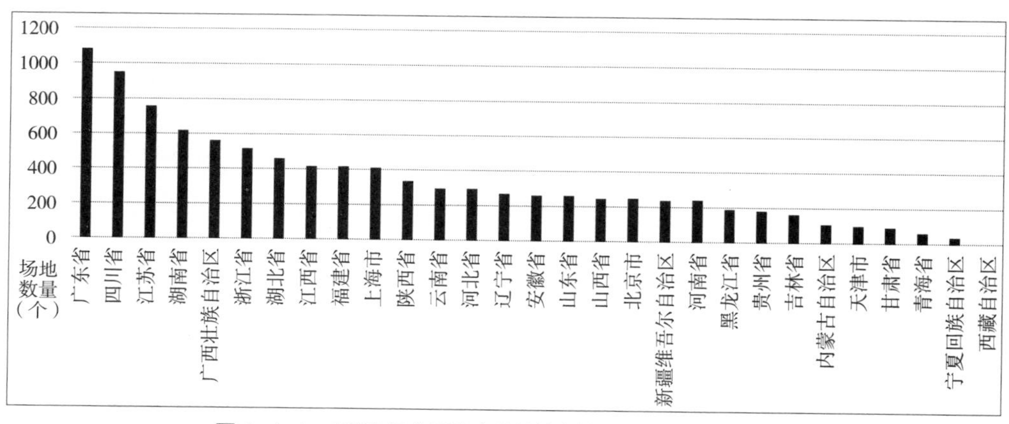

图 1-4-1　1982 年全国体育建筑按行政区分布数量统计情况

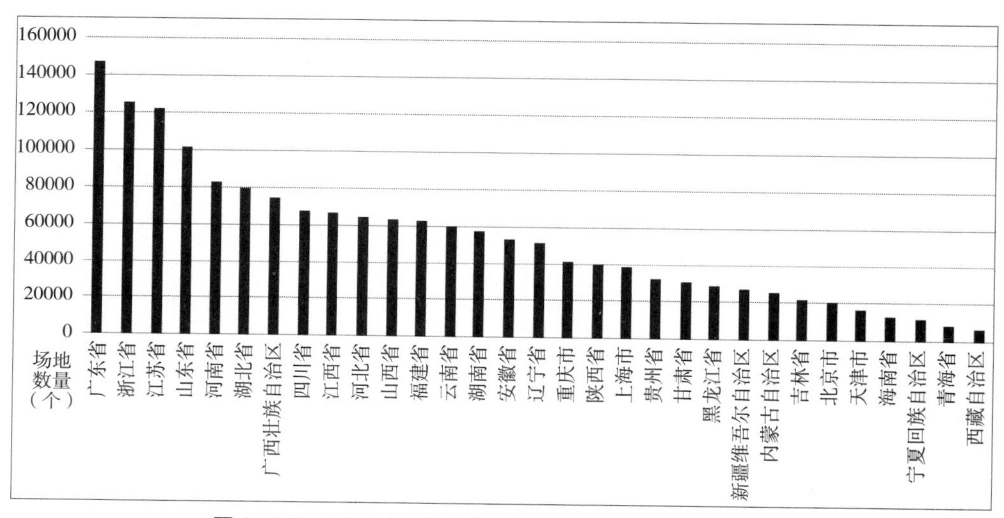

图 1-4-2　2013 年全国体育建筑按行政区分布数量统计情况

占 24.59%；场地面积 4.18 亿平方米，占 21.43%。分布在西部地区的体育场地 42.63 万个，占 25.96%；场地面积 4.28 亿平方米，占 21.96%。分布在东北地区的体育场地 10.12 万个，占 6.16%；场地面积 1.65 亿平方米，占 8.48%（表 1-4-6）。

东、中、西部和东北地区体育场地分布情况　　表1-4-6

地区	省份数量（个）	场地数量（万个）	省均场地数（万个）	场地面积（亿平方米）	省均场地面积（亿平方米）
合计	31	164.24	5.3	19.49	0.63
东部	10	71.10	7.1	9.38	0.94
中部	6	40.39	6.7	4.18	0.42
西部	12	42.63	3.55	4.28	0.36
东北	3	10.12	3.37	1.65	0.55

东部地区包括北京、天津、河北、上海、江苏、浙江、福建、山东、广东和海南；中部地区包括山西、安徽、江西、河南、湖北和湖南；西部地区包括内蒙古、广西、重庆、四川、贵州、云南、西藏、陕西、甘肃、青海、宁夏和新疆；东北地区包括辽宁、吉林和黑龙江。

可以看出，我国体育场地的发展存在很大的地域不平衡性。

3. 体育建筑的系统分布

由于复杂的体育制度，国内体育场馆的建设和组织有着明确的系统区分。

1952 年，中央人民政府体育运动委员会成立，对于体育场地的管理分为七个系统：体委系统、工矿系统、农村人民公社、学校系统、解放军系统、铁路系统和其他系统[①]。

2013 年国家体育总局经济司公布的《第六次全国体育场地普查数据汇编》中将体育场地分为体育系统、教育系统、铁路系统、军队系统和其他系统。这种特殊的组织方式带来的是不同系统的体育场地之间有着明确的投资方式、管理组织和使用人群的区分。

体委系统属于政府职能部门，负责各级行政地区的体育活动和赛事的组织和举办、体育精神的宣传、市政体育建筑的建设和管理等，体委系统下的体育建筑建设从 1949 年开始，一直是以体委组织，市政投资为主，体委投资为辅的方式进行。2011 年《体育产业“十二五”规划》中要求提高体育产业的投资融资力度之后，开始逐渐有企业或者组织进行体委系统下的体育场馆的投资建设。

工矿系统、农村人民公社、学校系统、解放军系统、铁路系统和其他系统也负责其所属系统中的相关事宜（表 1-4-7、表 1-4-8）。

不同系统下的体育建筑，其建设规模、运营状况和投资方式有着很大的区别。

1982年全国体育场地统计情况（单位：个） 表1-4-7

	体委系统	工矿系统	农村人民公社	学校系统	解放军系统	铁路系统	其他系统
体育场地	9959	39655	18727	294475	21900	1444	28851
体育场	216	6	0	63	20	6	4
体育馆	151	7	0	5	17	4	7

① 国家体委体育场地普查办公室 . 全国体育场地普查资料汇编 [M]. 中华人民共和国体育运动委员会，1984.

2012年全国体育场地统计情况（单位：个） 表1-4-8

	体育系统	教育系统	铁路系统	军队系统	其他系统
体育场地	24322	660521	3605	52197	953962
体育场	824	4526	10	不详	342
体育馆	889	1697	35	不详	448

体委系统下的体育建筑，建设投资主要依赖于政府的财政拨款，项目多为城市体育场、体育馆等服务性设施，地标性强，使用人数多，单个建筑的规模大，运营收支平衡情况较好。由于体委系统的体育建筑面向整个社会服务，因此这一类型的体育建筑与城市间的关系也更为密切。

教育系统下的体育建筑数量大，但是平均建筑面积是最小的，呈现出教育系统下体育建筑分布数量多，并且由于用于学校师生使用而单体体量较小的特点，同时由于学校对于社会影响力较大，其体育设施建设是社会捐赠的主要目标。

铁路系统因其下属分支机构数量较体委系统和教育系统相对少一些，体育建筑的数量也较少，投资主要依赖于单位自筹。

表 1-4-9、表 1-4-10 是根据《第六次全国体育场地普查数据汇编》整理的截至 2013 年，关于不同系统下体育建筑建设数量、建设规模、收支状况和投资情况。

2013年全国体育建筑建设情况统计（分系统） 表1-4-9

系统类型	场地数量（个）	场地面积（m^2）	建筑面积（m^2）	平均建筑面积（m^2）	收入合计（万元）	支出合计（万元）
体委系统	24322	95436329	40595769	1669.10	849646	808350
教育系统	660521	1056176082	81438276	123.29	1369491	1452379
铁路系统	3605	1689196	1562354	433.39	9233	9491
其他系统	953962	795471717	118325985	124.04	4232880	4356050

2013年全国体育建筑建设投资情况（分系统） 表1-4-10

系统类型	投资合计（万元）	财政拨款比例	单位自筹比例	社会捐赠比例	其他
体委系统	20972562	89.57%	6.66%	0.85%	2.93%
教育系统	37872525	68.31%	22.67%	5.16%	3.85%
铁路系统	5757500	34.76%	64.77%	0.00%	0.47%
其他系统	52435380	35.65%	53.93%	2.19%	8.23%

从投资主体上看，我国体育场馆以政府投资建设为主，其中国有经济成分的场馆占总数的30.6%，集体经济成分占总数的25.5%，企业（私营）占23.0%，私人占12.8%，剩余8.1%为外商独资、中外合资和港澳台投资。

第五节 我国当代体育建筑发展的几个阶段

体育建筑具有投资成本高、建设周期长、占地面积大等特点，因此每一座体育建筑都带着深刻的那个时代政治、经济、文化及技术背景的烙印，从一个侧面反映中国现当代建筑的发展情况。我国当代体育建筑的发展大体可分为四个阶段，1978年十一届三中全会是第一个比较重要的转折点，1992年市场经济确立为第二个转折点，2008年的北京奥运会成功举办则是第三个转折点（图1–5–1、图1–5–2）。

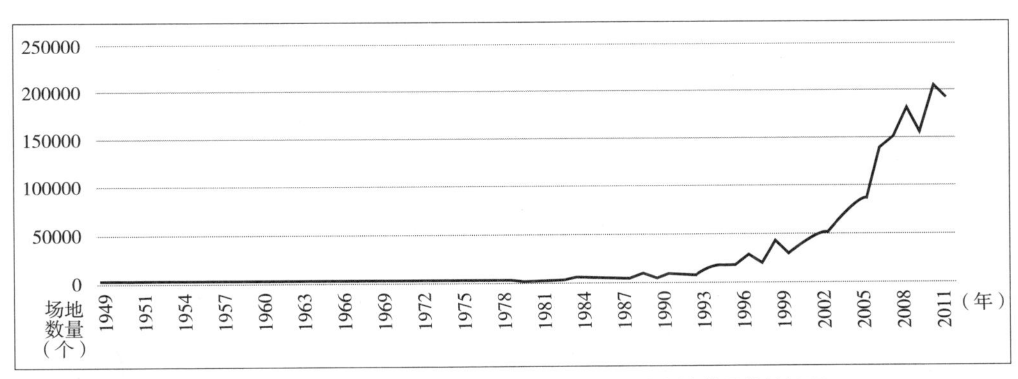

图1–5–1　1949—2012年全国新增体育场和体育馆数量统计情况

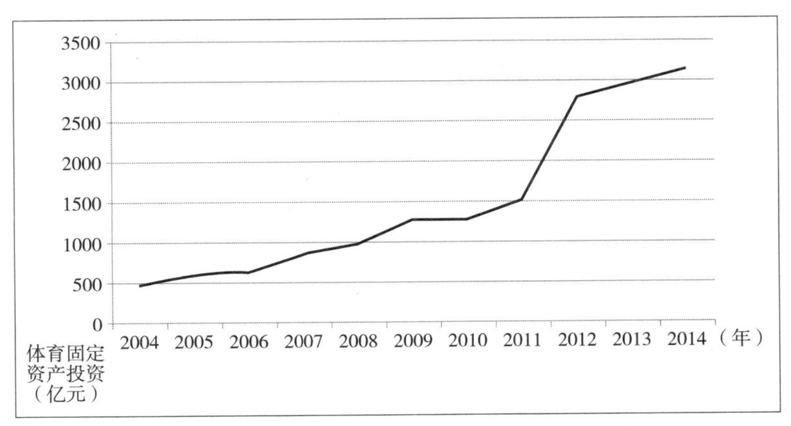

图1–5–2　2004—2014年全国体育固定资产统计情况

1. 曲折发展时期（1949—1977 年）

新中国成立之初，党和国家就十分重视体育工作，1949 年中国人民政治协商会议通过的《共同纲领》就列入了“提倡国民体育”的内容。1952 年，毛泽东同志题词“发展体育运动，增强人民体质”，极大地推动了全国体育运动事业的发展。1953 年 11 月 17 日《中央体委党组关于加强人民体育运动工作的报告》中提到，“广泛地开展人民体育运动，使之为人民的健康、经济建设和国防建设服务。当前开展体育运动的方针应当是：开展群众性的体育运动，使体育运动普及和经常化。”“全国各厂矿、学校、部队、机关均应在原有的基础上继续开展多种多样的体育运动，并应在可能条件下尽量增加体育场地和体育设备，定期举行运动竞赛，以鼓舞人民爱好体育运动的兴趣。”①

在以“为国防服务、保卫祖国”为主要目的的体育政策背景下，“广泛的”和“尽量增加”是这一时期对于体育运动的开展范围和对体育场馆建设总量的要求。

根据国家体委体育场地普查办公室 1984 年编制的《全国体育场地普查资料汇编》中的数据统计，1952—1957 年，体育场馆新增建设总数保持在较高的水平，体育场馆建设进入一个较为快速的发展阶段。

由于新中国成立初期国家财政较为紧张，因此只能着重在几个重点城市进行体育场地的修建，并且采取了大中小结合、国家投资和地方自筹、土洋结合、体育部门修建和各系统自建结合的办法，因陋就简，尽量利用自然条件，还发动社会义务劳动修建场地。

在这个时期，体育项目比较单一，主要有做操、游泳、射击和武术。体育运动具有强烈的军事色彩，农村基层将民兵训练与体育锻炼相结合，而城市体育活动项目如投掷、射击等也与军事相关。

除了大型体育赛事，体育场馆还多用于大型集会，由于体育场可容纳大量的观众，这也是体育场在该时期建设量要高于体育馆的原因之一，例如北京先农坛体育场多次作为大型群众集会的举办地点②。出于同样的原因，在这一时期的体育场设计中，看台的设计较多考虑疏散，对于视线的研究则主要集中于体育馆。同时对于体育场馆中比赛场的多功能复合性要求很高，希望能够通过一个场地满足多种赛事的需要，相应地对于单个种类赛事的专门性就有所欠缺。③

---

① 国家体委政策研究室 . 体育运动文件选编：1949—1981[M]. 北京：人民体育出版社，1982.

② 1949 年 7 月 1 日，中国共产党成立 28 周年的纪念大会就在先农坛体育场举行。两年后，中国共产党成立 30 周年的纪念大会同样在先农坛体育场举办 .

③《体育建筑设计》一书指出，“在多功能综合比赛场地中，无论是哪一类场地都有在同一个场地上，不同时间进行不同的体育项目比赛的问题。都存在着大场地内进行小场地运动项目比赛的可能。例如在冰球场地内进行排球、羽毛球或乒乓球决赛时，就会显得场地太大，相对增加了观众的视线距离，降低了观众的视觉质量。运动员与观众距离太远，也会影响运动员的情绪，有时达不到最佳竞技状态”. 北京市建筑设计院 . 体育建筑设计 [M]. 北京：中国建筑工业出版社，1985：64.

因此，新中国成立初期，各地基本上都建了规模较大的体育场馆，作为体育、文化和大型聚会的主要场所。部分县级体育场也能容纳万人以上，体育馆至少能容纳数千人。如1959年新建的北京工人体育场是当时我国规模最大的一座新型的综合性体育场，能容纳8万观众，还有可供1500名运动员住宿和700多人同时进餐的餐厅。

1959年至1961年，三年严重经济困难，体育场馆建设量被严格控制。1961年2月10日《国家体委关于一九六一年体育工作的建议》中，明确提出了"集中力量管好现有场地，一律不新建体育场、体育馆"[①]。1962年和1963年的体育场与体育馆建设量为零。

经过了20世纪60年代体育场馆建设较为低潮的时期后，受1971年"乒乓外交"的影响，从某种程度上促进了体育场馆的建设。

1973年1月24日《一九七三年全国体育工作会议纪要》中指出"为了适应体育事业的发展，按照勤俭办一切事业的精神，保证必要的体育经费和场地、器材等物质条件"。1978年2月2日《一九七八年全国体育工作会议纪要》文件中提到，"加强对现有场地、器材的管理和维护，提高使用率。建议有关部门和省、市、自治区积极安排，建设一批运动训练和群众体育活动所必需的场地，新建、扩建的城市应规划、建设必要的体育设施，学校要有适当的体育活动场所。在重点城市应有计划地建设现代化的体育设施，以适应承办国际比赛的需要"[②]。

从1971年开始，全国体育场和体育馆的建设数量有了大幅度增加，以后基本呈现出一个上升的趋势，并以体育馆建设数量的增加为特点。截至1978年，我国体育系统共新建体育场和体育馆261座，教育系统和其他系统分别兴建体育场112座和体育馆27座。

2. 改革探索时期（1978—1992年）

1978年后，中国走上了改革开放、建设社会主义市场经济的道路。随着经济的发展，体育设施建设开始越来越受到重视。1978年，全国体育工作会议明确提出，建设现代化的体育设施，强调体育场地设施要列入城市和县镇建设规划。1986年11月，城乡建设部与国家体委共同颁布《城市公共体育运动设施用地定额指标暂行规定》，首次就不同人口规模的城市的公共运动设施面积作出详尽的规定。各地体育场馆建设开始呈现一派繁荣景象，各地为了申办各种大型赛事纷纷修建大规模、高标准的体育场馆。如上海为迎接第五届全运会，新建、改建36个体育场馆，每个区都建了一个体育馆。广东为迎接第六届全运会，修建了包括天河体育中心在内的40多个场馆，其

① 人民体育出版社．中华人民共和国体育运动文件汇编（一）[M]．北京：人民体育出版社，1955.
② 国家体委政策研究室．体育运动文件选编：1949—1981[M]．北京：人民体育出版社，1982.

中仅韶关市就新建体育馆1个，体育场2个，羽毛球训练馆1个，田径场4个，游泳池12个，射击场2个，带看台的灯光球场1个。截至1988年底，全国已拥有各类体育场地528112个，占地面积5.7亿平方米。全国除西藏外，29个省、区、市均建有体育场，除海南外，均建有体育馆。

体育政策也从项目较为单一、“提倡国民体育”的以群众体育为中心转向以“侧重抓提高”的竞技体育为中心，新时期的体育发展战略是重返国际体坛。

这一政策转变的主要原因有两点，一是自从中国1958年8月19日退出奥运会之后，和国际社会尤其是西方国家的体育交流相对比较少。1979年11月26日，经国际奥委会全体委员表决，又恢复了中国奥委会在国际奥委会中的合法地位。我国为了在奥运会中取得较好的名次，争取世界地位，为国争光，将体育事业发展重心转移到竞技体育。另一方面，经过了“文化大革命”，国家在体育方面的经济投入不足，只能有重点地发展，没有经济实力全面推进。

我国竞技体育采用“举国体制”，以业余体校、体校、专业运动队为基础的三级训练网，完善建立了运动员、裁判员注册制度和国家队集训制度。每四年举办一次全国运动会，各省（市、区）也根据全运会的周期，举办相应的运动会，发现和培养优秀的竞技体育人才。

举国体制的基础，是社会主义初级阶段的基本国情，发挥了社会主义制度集中力量办大事的优越性。以国家队为龙头的多级条块结合的训练体系，是实施举国体制的主要措施和组织形式，各级各类体育竞赛是实施举国体制的重要标杆。

举国体制的主要目的是发展竞技体育创造优异成绩，弘扬爱国主义精神，增强民族自信心，当时取得了显著的效果。1984年洛杉矶奥运会上，我国体育代表团取得奥运会金牌“零”的突破，获得15枚金牌、8枚银牌和9枚铜牌的好成绩，金牌数位列全世界第四名，是对我国以“奥运模式”为代表的竞技体育优先发展战略的充分肯定。

洛杉矶奥运会，给国内带来了一次竞技体育运动的高潮。以后历届夏季奥运会[除1988年汉城（今首尔）奥运会]，我国在奥运会上取得的奖牌总数合计名次均在前四名以上，部分项目成绩保持国际领先优势。

中国女排自从1981年11月在日本举行的第三届女排世锦赛上取得冠军后，又相继获得1982年世锦赛、1984年奥运会、1985年世界杯、1986年世锦赛“五连冠”的辉煌成绩，奋力拼搏的“女排精神”激励和影响了一代中国人。

此后北京还承办了1990年第十一届亚运会，并且一直努力申办奥运会，这些事件都给这一时期的体育场馆建设带来了政策和舆论层面的契机。

截至 1992 年底，我国各种类型的体育场地由 1949 年前的近 5000 个发展到 53 万多个，总面积从不到 500 万平方米发展到 6 亿平方米。其中 30 多万个体育场馆是改革开放前 30 年建成的，平均每年新建 1 万个。改革开放后的十几年间建了 20 多万个，平均每年新建 2 万个，建设速度是过去的 2 倍。

这一时期，体育场馆建设的重点主要集中在举办各级体育竞技赛事之上，而相应地弱化了对于群众体育方面的考虑，这种情况直到接近 2000 年前后才逐渐有所改变。体育运动的最终目的是人的发展，体育最终要向全民体育和市场化方向发展。

3. 快速发展时期（1993—2008 年）

经过 20 世纪 80 年代的迅速发展，1990 年代后我国由温饱向小康阶段过渡，经济体制改革也取得了重大进展，基本建立起社会主义市场经济体制的框架，市场成为资源配置的基本手段。到 2008 年我国 GDP 总量达到 30 万亿元人民币，超过 4.3 万亿美元，成为世界第三大经济体，人均 GDP 超过 3000 美元。

随着社会主义市场经济的确立，原先计划经济体制下的体育政策开始向与市场经济体制相适应的体育体制转变。市场经济为体育事业注入新活力，进入深化体育体制改革阶段。

早在 1984 年，随着城市经济体制改革的开始，国务院发布《关于进一步发展体育运动的通知》，强调体育事业经费和基建投资，纳入各级政府的国民经济和社会发展计划。首次提出体育场馆经营管理“实行多种经营，逐步向企业、半企业性的单位转变”。体育场馆社会化政策的推行，吸引外资和民营资本参与体育场馆的建设和运营，开拓了体育场馆的发展模式。

1993 年，国家体委印发《关于深化体育改革的意见》，确定以转变运行机制为核心，以“生活化、普遍化、社会化、科学化、产业化和法制化”为方向的改革发展之路。[①] 强调体育要面向市场，走向市场，以产业化为方向。

1994 年 2 月，国家体委发布《关于公共场所进一步发挥体育功能、积极向群众开放的通知》，提倡体育场馆在保证体育训练、群众体育活动的前提下，开展多种经营活动。体育场馆推行社会化，经营管理开始尝试多种经营，逐步向企业、半企业性的单位转变。外资和民营资本参与体育场馆的建设和运营，开拓了体育场馆的发展模式。例如 1992—1994 年，福建省共引进 6 个外资项目，合同总金额达 20 多亿元，很好地推进了福建省的体育场馆建设。

---

① 金世斌 . 改革开放以来我国体育政策演进与价值嬗变 [J]. 体育与科学，2013，34（1）：36-41.

1995年8月颁布的《中华人民共和国体育法》，明确提出，“将城市公共体育设施建设纳入城市建设规划和土地利用规划”，开启了中国体育法制化建设的步伐。

在运动项目管理方面，从1993年足球项目率先改革开始，加快单项运动协会实体化步伐。1997年，国家体委成立运动项目管理中心，通过运动项目社会化和市场化运作，吸引众多的社会资金流入，促进了项目的社会化程度，还减轻了国家的管理成本。运动项目由体育行政部门直接管理逐步转变为事业性协会或纯社团性协会管理，并在此基础上，带动竞赛体制和训练体制的改革。

竞技体育职业化，在经济制度、文化制度、政治制度方面都发生了翻天覆地的变化。在经济方面，职业运动俱乐部是具有法人地位的经济实体，实行董事会制度，运动员可以转会，教练实行聘任制，薪酬市场化。文化方面，积极对外开放，引进国外运动员和教练，学习先进国家的相关经验和职业体育文化。政治制度方面，各级体育局不再是运动队的直接管理单位，与职业运动俱乐部之间只是业务合作，不再干涉俱乐部的人事管理。

1994年4月5日，国家体委体育彩票管理中心正式成立，在全国范围内统一发行、统一印制、统一管理体育彩票。例如，1994—1995年共发行10亿元体育彩票，筹集的3亿元资金主要用于补充第43届世乒赛等13项大型赛事举办经费的不足，为体育事业的发展开辟了一条新道路。

群众体育政策，也越来越多地以宪法、法律、行政法规、部门规章的形式出现。1995年，国务院批准《全民健身计划纲要（1995—2010）》，提出完善群众体育运动竞赛、实施体质测定和社会指导员技术等级等制度，以社会化为突破口，调动社会多渠道、多层次、多形式办体育的积极性。2000年颁布的《2001—2010年体育改革与发展纲要》也对之后十年体育事业的发展奠定了基础。

2001年7月13日，北京赢得2008年奥运会举办权。2002年7月，中共中央国务院发布《关于进一步加强和改进新时期体育工作的意见》，强调要以举办2008年奥运会为契机，大力推进全民健身计划，构建多元化体育服务体系，继续深化体育体制改革，进一步提升我国竞技运动水平。2002年11月，国家体育总局颁布《2001—2010年奥运争光计划纲要》，强化奥运战略，优化资源配置，贯彻“科教兴体”方针，集中力量攀登世界竞技体育高峰。

2003年国务院颁布《公共文化体育设施条例》，将公共文化体育设施所需资金列入基建投资计划和财政预算；公共文化体育设施的数量、种类、规模以及布局根据国情统筹优化，符合公共文化体育设施用地定额指标规定，并对公共文化体育设施的设计、开放、使用、收费、收入等作出规定。

国家体育总局于2006年颁布了《体育事业“十一五”规划》,明确提出了“十一五”时期体育事业发展的指导思想，以科学发展观为统领，以筹办2008年奥运会为契机，把满足群众日益增长的体育文化需求作为工作的全部出发点和归宿，把提高全民族健康素质作为根本目标，为2008年奥运会的举办提供了政策支持。

这一时期是我国体育场馆建设高速增长的时期，从1993年到2003年11年间，平均每年新增体育场馆351个，比改革开放前30年新建的体育场馆总和还要多。截至到2003年年底，我国共有各类体育场地85万个，占地面积为22.5亿平方米，建筑面积为7527.2万平方米，场地面积为13.3亿平方米，其中体育场、体育馆、游泳馆和跳水馆等大型体育场馆5680个，占标准体育场地总数的1.0%，占全国体育场地总数的0.69%。

随着我国经济的快速发展，教育事业也得到了较快的发展，学校的硬件设施包括体育场馆都有了翻天覆地的变化，部分经济发达地区的学校还修建了档次较高、规模较大的体育场馆。据统计，1993年以来新增的体育场馆中，教育系统占了73.5%。

4. 体育强国迈进期（2009年至今）

2008年后，我国经济发展进入一个新的时期。2011年，中国国内生产总值超越日本，排名世界第二，开启了新的里程碑，中国从上中等收入水平向高收入水平迈进。

随着社会经济的快速发展和科学技术的进步，生产劳动的自动化和效率化，人类工作效率成倍增长，工作时间不断缩短，闲暇时间不断延长，人们开始追求更高层次的精神生活。中国居民的食品、服装和家电等耐用消费品占总支出的比例不断下降，在住房、医疗、教育、文化与娱乐领域的支出比重不断上升，居民生活品质进一步改善。体育集健身、娱乐、时尚为一体，逐渐成为人们消费的热点，各种体育活动极大地丰富了人们的精神生活。体育场馆作为休闲产业的重要组成部分，对于满足人们的休闲需求具有举足轻重的作用。

国务院于2009年颁布的《全民健身条例》以及2011年颁布的《全民健身计划》，在大力发展竞技体育的同时，鼓励全民参与到体育运动中来，保证了公民参加健身活动的权利，引发了全民健身的热潮，提高了公民的身体素质。

随着市场经济的进一步发展，体育产业化开始受到重视。国家体育总局在2011年颁布的《体育产业“十二五”规划》中，强调了体育产业在国民经济中所占比重仍过低的问题，加大了对体育产业投融资的力度，开始尝试转变政府职能，把政府工作重点放在管理上。规划中提出的创新体育场馆运营机制，推进了体育场馆所有权和经营权的分离，体育场馆运营专业机构开始大规模出现，体育赛事品牌的概念也逐渐地深入人心。随着资金来源从单一的政府财政拨款和赛事、大型集会等常规运营收入方式向体育场馆自负盈亏、对公众开放营业等方向转型，体育场馆的功能也从之前的单一针对竞赛功能，逐渐向包含健身、商业和休闲等复合功能发展。

2014 年 10 月，国务院印发《关于加快发展体育产业促进体育消费的若干意见》，积极扩大体育产品和服务供给，推动体育产业经济转型升级，促进群众体育与竞技体育全面发展，加快体育强国建设。提倡注重现有体育场馆的利用率，推动公共体育场馆和学校体育场馆向社会开放，在注重体育场馆数量的同时，更加注重体育场馆设施的质量和效益，注重体育场馆的科学管理。

2016 年 8 月 26 日，中共中央政治局审议通过了《健康中国 2030 规划纲要》，提出全民健身和健康中国两大战略同步实施，积极发展健身休闲运动产业，为越来越多的人带来健康和幸福。体育场馆本身也承担着满足政策对于“全民健身”的要求，出现了室内健身房、室外健身跑道、室外健身设施等服务于周边居民生活的基础设施。

2019 年 9 月 2 日，国务院办公厅印发《体育强国建设纲要》，部署推动体育强国建设，充分发挥体育在建设社会主义现代化强国新征程中的重要作用。该文件提出，到 2020 年，建立与全面建成小康社会相适应的体育发展新机制。到 2035 年，体育治理体系和治理能力实现现代化，经常参加体育锻炼人数达到 45% 以上，体育产业成为国民经济支柱性产业。到 2050 年，全面建成社会主义现代化体育强国，人民身体素质和健康水平、体育综合实力和国际影响力居世界前列。

中国体育事业建设有很大的独特性，“全民健身”和“举国体制”这两者在其他国家非常少见。除了商业化和复合化之外，体育场馆的专业化、国际化和生活化也在增强，专业足球场、NBA 篮球场等符合国际标准的专业运动场地，重视看台视觉质量和舒适度，以及交通效率。

发展体育产业是提高国民身体素质和健康水平的必然要求，不仅有利于满足人民群众多样化的体育需求、保障和改善民生，而且有利于扩大内需、增加就业、培育新的经济增长点。体育场馆作为体育产业发展的物质基础和重要载体，其完善程度对体育产业发展水平具有决定性作用。我国体育场馆的财政支出，从 2010 年的 67.96 亿元增长至 2014 年的 136.97 亿元，年复合增长 19.15%。与此同时，我国体育设施快速增长，2013 年与 2003 年相比，全国体育场地总数量和每万人拥有体育场地数量接近翻番，全国体育场地面积和人均体育场地面积增长约 50%。2015 年我国体育场馆数量在 188 万个左右，全国体育场地面积达到 21.53 亿平方米。

从 1990 年开始，全国体育场地建设数量远远大于之前的 40 多年，进入了高速发展的时期。根据 2013 年国家体育总局经济司公布的《第六次全国体育场地普查数据汇编》中所记载的数据，截至 2012 年，我国体育场地建设总数达 1694607 个，场地面积 1991996957 平方米，建筑面积 259156182 平方米，可以看出体育建筑每年新增建设量在进入 1990 年之后呈迅速增长的趋势。全国体育场地建设数量在 2000 年与 2008 年前后各有一次较大的增幅，这与 2000 年颁布的《2001—2010 年体育改革与发展纲要》以及 2008 年北京奥运会的举办有很大的关系。

中国体育建筑是以国家体育政策为主导，在不同时期与经济体制相适应，并且迎合政策下普通民众体育文化意识的一种建筑设计方式，在这之中，建筑技术成为实现这一方式的手段和途径。

结构技术是影响体育建筑的重要因素，体育建筑结构为大跨度结构，结构形式很多，主要有钢筋混凝土结构、网架结构、钢梁结构、钢桁架结构、悬索结构、膜结构和混合结构等。

中国当代的大跨建筑技术开始于 20 世纪五六十年代，在 60 年的发展中，大跨空间结构是发展最快的结构类型。大跨度建筑及作为其核心的空间结构技术的发展状况是代表一个国家建筑科技水平的重要标志之一。近二十年来，各种类型的大跨空间结构在美、日等发达国家发展很快，建筑物的跨度和规模越来越大。

钢筋混凝土薄壁结构在 20 世纪 50 年代后期及 20 世纪 60 年代前期在我国有所发展，当时建造过一些中等跨度的球面壳、柱面壳、双曲扁壳和扭壳，在理论研究方面还投入过许多力量，制定了相应的设计规程。但这种结构类型目前应用较少，主要原因可能是施工比较费时费事。

网架结构包括平板网架和网壳结构，还包括一些未能单独归类的特殊形式，如折板式网架结构、多平面型网架结构、多层多跨框架式网架结构等，网架结构在我国发展很快，且持续不衰。

第一批具有现代意义的网壳结构建造于 1950 年代和 1960 年代，具有代表性的作品有两个，一个是 1956 年建成的天津人民体育馆（图 1-5-3、图 1-5-4），使用了跨度达 52 米的钢网壳结构屋盖，另一个是 1961 年同济大学建成的钢筋混凝土网壳，其屋盖跨度为 40 米。球面网壳结构屋盖发展的代表作是 1954 年建成的重庆人民礼堂半球穹顶，其跨度为 46.32 米。球面网壳结构在体育建筑中的典型案例是 1967 年建成的郑州体育馆圆形钢结构屋盖，跨度达 64 米，在很长一段时间内是国内跨度最大的网壳结构屋盖。

平板网架结构在中国发展则较为迅速。第一个平板网架结构屋盖是 1964 年建成的上海师范学院球类房，屋盖的尺寸为 31.5 米 ×40.5 米。此后，1967 年的首都体育馆和 1973 年的上海万人体育馆，均采用了平板网架结构。到 20 世纪 80 年代后期，网

图 1–5–3 天津人民体育馆
（孙亚男，阎子亭设计作品分析 [D]. 天津大学建筑学院，2011：91.）

图 1–5–4 天津人民体育馆侧面

架的设计已经普遍采用计算机技术，工业化生产技术得到了长足发展，广泛采用装配式螺栓球节点，加快了网架安装。这一时期兴建的第 11 届亚运会的 13 个场馆中，采用平板网架结构的就有 7 座。

悬索结构、膜结构和索—膜结构等柔性体系均以张力来抵抗外荷载的作用，可总称为张力结构，这类结构具有发展前景。

中国现代悬索结构开始于 20 世纪 50 年代后期，北京工人体育馆和杭州浙江人民体育馆是当时两个代表作。1969 年落成的杭州浙江人民体育馆，屋盖跨度 80 米 ×60 米，采用了呈双曲抛物面形状的鞍形悬索屋盖，作为承重体系的索网系以正交方式布置的下凹形承重索和上凸形稳定索构成，下方为柱、看台梁与内柱形成的框架体系进行支撑。（图 1–5–5）

悬索在自然状态下没有刚度，形状也不确定，我国技术人员在学习和吸收国外先进经验的同时，结合中国国情，创造性地进行了一些尝试，比如山东淄博等地把悬索

图 1–5–5 浙江人民体育馆

结构应用于中小型屋盖设计中，先将屋面板挂在索上，在板上临时加载悬索，然后在半空中浇灌细石混凝土，达到一定强度后，就形成了预应力的悬挂效果。青岛市体育馆和四川省体育馆（图 1-5-6、图 1-5-7），屋盖采用两片索网和作为中间支撑的一个钢筋混凝土拱组合起来，这两个悬索结构无论规模大小或技术水平，在当时都达到了国际先进水平。但此后，我国悬索结构的发展停顿了较长一段时间，一直到 1980 年代后，人们逐渐不满足于单一的大屋盖形式，不少建筑又开始采用悬索结构。

1970 年代后，由于结构使用织物材料的改进，膜结构、索—膜结构和张拉膜结构得到了迅速发展。1997 年建成的上海体育场，其看台挑棚采用了钢骨架支撑膜结构

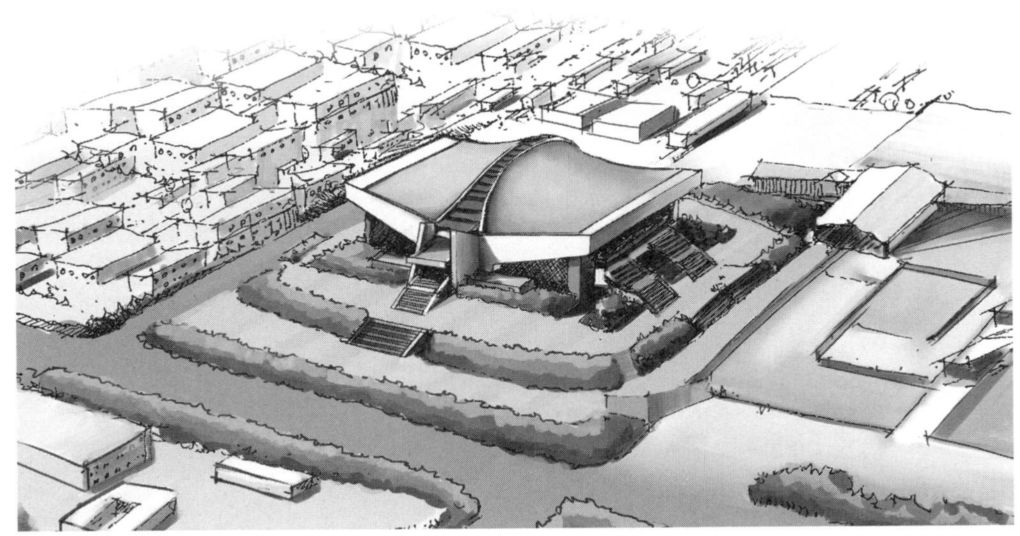

图 1-5-6　四川省体育馆鸟瞰图

图 1-5-7　四川省体育馆

图 1-5-8　上海体育场
来源：上海建筑设计研究院有限公司.

（图 1-5-8）。2008 年北京奥运会国家游泳中心，采用了全覆盖 ETFE 膜结构，跨度达到 177 米。

CAD 的出现让建筑设计方法和生产模式产生了很大的变革，建筑设计人员从传统的手工画图、计算的工作模式转变成了电脑绘图，软件算量、计价的模式，让人们能更方便、更及时地进行方案修改与优化，不仅节省了人力物力，更重要的是提高了设计出图效率，大大缩短了设计周期，提高了设计质量。

进入 20 世纪 90 年代以来，计算机技术突飞猛进，极大地推动了 CAD 技术的发展。CAD 技术经历了从计算机辅助绘图、计算机辅助计算分析，发展到参数化设计、变量设计、特征建模和设计。与此对应的，编程思想从使用 CAD 支持纯几何设计扩展到非纯几何设计，进而发展到基于知识和人工智能的设计。

在建筑业逐步走向低污染、低能耗、可持续发展道路的国际形势下，传统的 CAD 模式和技术已经难以满足建筑业信息化发展的要求，BIM 技术应运而生。

2002 年后，BIM 技术引入中国。2009 年，我国首届“BIM 建筑设计大赛”在北京举办，同年举办“斯维尔”杯全国高校 BIM 建模大赛。从此，BIM 在我国发展迅速。

1994 年中国互联网诞生，几乎彻底改变了我们每一个人的生活、消费、沟通、出行的方式。互联网技术，从其诞生开始，就显示出其作为工具的许多独特的运行特征，移动互联网更是让随时随地链接处理信息成为可能。随着互联网的迅猛发展，“互联网 +”已经应用到各个行业和人们生活，也不可避免地深刻影响了体育建筑的发展。

研究体育建筑的发展，可以借鉴世代理论。世代理论形成于 20 世纪，研究某种领域的世代的形成原因、发展规律以及代际关系性质、代际互动模式、世代在社会变迁中的作用等问题。世代理论最初研究的对象是人，研究社会、文化、心理群体，得益于历史学、社会学、心理学、文化人类学和政治学等学科的促进和推动。

体育建筑的发展也受到不同年代的建筑设计思想的影响。杨永生在《中国四代建筑师》中[①]，根据几代建筑师成长的社会历史背景、教育背景以及年龄段划分代别，介绍了中国四代建筑师。第一代是清末至辛亥革命（1911）年间出生的，这一代建筑师全部是留学外国学建筑学的；第二代是20世纪10~20年代出生且于新中国成立前大学毕业的，出国留学占少数；第三代是20世纪30~40年代出生，且是1949年后大学毕业的，他们成长的年代正是抗日战争、解放战争时期和20世纪50~60年代；第四代生于1949年后，成长于“文化大革命”时期，上大学恰逢改革开放年代。

邹德侬、曾坚认为，中国现代建筑史分为三个时期，1920年代至1940年代，是中国现代建筑起始时期。1950年代至1970年代，是社会主义民族风格和新风格的探求期。1980年代开始，是具有中国特色的现代建筑探求期。因此，曾坚把中国建筑师分为四代，第一代建筑师1910年代至1931年，为建筑留学生和部分自学成才的早期建筑师。第二代，1932—1949年，国内外培养的建筑师、建筑事务所培养的学徒、土木工学培养的技术人才。第三代，1950—1966年，国内培养的建筑师。第四代，1966年至今，国内外培养的建筑师。[②]

关于体育建筑的世代研究，当代体育建筑设计专家，原HOK体育+会展+活动建筑设计公司的罗德－谢尔德对体育建筑中的体育场的发展进行了研究，他从体育场与观众的关系角度，认为现代体育场建筑的发展可以划分为五个世代：

第一代体育场，大容量的体育场。出现年代为19世纪下半叶。特点是尽可能地增加观众容量。对设施质量和舒适度关注较少。

第二代体育场，受电视影响的体育场。出现年代为20世纪50年代晚期。特点是由于电视转播的盛行造成的现场观众减少，体育场开始关注观众舒适度，改善服务设施。

第三代体育场，家庭体育场。出现年代为20世纪90年代早期，特点是体育场出现更多的观众友好型设施，力图吸引整个家庭的参与。

第四代体育场与赞助商和媒体合作的体育场。出现年代为21世纪初期，这个时期媒体开始多样化，卫星电视开始普及，体育场的商业化运作可以为观众提供社交活动场所。

---

① 杨永生．中国四代建筑师[M]. 北京：中国建筑工业出版社，2002.

② 曾坚．中国建筑师的分代问题及其他[J]. 建筑师，1995（12）：56.

第五代体育场。城市复兴的标志。出现年代为21世纪。体育场作为城市规划的触媒和城市开发的重要策略，大型体育场已经成为文化的象征。

马国馨院士在《体育场设计刍议》一文中也指出，进入信息时代后，更为信息化数字化网络化，将成为第四代体育场的重要特征。

有人将游泳池的发展，分为四代：

第一代，室外泳池。在1945年我国还没有真正意义上的游泳馆，只在北京、上海、天津有几个供人娱乐的室内游泳池，没有通风设施及加热设施。

第二代，设施简陋的室内泳池。到了20世纪50年代，我国修建了国家体委游泳馆，北京体育学院游泳馆等大中型游泳池，但限于当时的经济及科技条件存在大量问题，导致当时的游泳馆运行不是很合理.

第三代，设施完备的室内泳池。到了20世纪80年代。我国兴建了海军游泳馆，成都游泳馆等，解决了结露、空调通风以及采暖措施等问题。

第四代，娱乐性泳池。到了20世纪90年代，随着经济和科技的发展，出现了娱乐性泳池，多建于高档酒店或宾馆。

第二章

体育建筑与城市发展

城市是人口密集、工商业发达的地方，通常是周围地区政治、经济、文化的中心，是人类文明史的重要组成部分，是社会进化到一定阶段，人类劳动分工的产物。城市的出现，是人类走向成熟和文明的标志，也是人类群居生活的高级形式。

体育是城市生活不可或缺的重要组成部分，现代体育始于工业革命所带来的城市化高速发展。城市化促进了现代体育的发展，现代体育也带动了城市的发展。

一方面，体育活动本身，促进了城市的发展。

随着社会经济的发展，人民物质生活水平的提高，体育作为城市居民一项重要的休闲活动，是解决身心健康问题的有效手段，成为现代人生活方式的重要组成部分，能够有效地丰富城市居民的文化生活，提高城市居民的幸福感。

体育对社会体育对社会经济的影响也是巨大的，体育商业化增加了就业机会，缓解了社会压力，创造了巨额的经济利润。

作为体育活动的一个重要组成部分，大型体育赛事，对城市生活的影响也与日俱增。现代的体育赛事已经不再是单纯的体育活动，其规模越来越宏大、涉及领域越来越广泛，成为集体育、政治、经济、文化、环境等要素于一体的传播与交流的平台，对举办赛事的城市的经济发展、城市建设、科技进步、环境改善、市民生活等都具有巨大的影响力。

另一方面，作为体育活动的物资载体，体育设施是城市重要的公共设施。

城市需设置为市民提供公共服务产品的各种公共性、服务性设施，按照具体的项目特点可分为教育、医疗卫生、文化娱乐、交通、体育、社会福利与保障、行政管理与社区服务、邮政电信和商业金融服务等。

我国许多城市对城市公共设施进行了分类，而且提出了分级配置的要求，以方便进行城市规划和设计管理操作。例如南京市规划局把城市公共设施分为八类：①教育设施；②医疗卫生设施；③文化娱乐设施；④体育设施；⑤社会福利保障设施；⑥行政管理与社会服务设施；⑦邮政电信设施；⑧商业金融服务设施。

在城市公共设施中，体育设施具有特殊性，主要原因是：①体育设施的种类较多，内容和功能各不相同；②和其他公共设施相比，数量相对较少；③体育设施的建设费用较高，尤其那些大型体育场馆，更是造价昂贵。

体育设施是城市重要的公共设施，对现代体育设施建设与城市发展的互动关系的研究有助于理解现代体育设施的特点，有助于从城市规划的角度对体育设施进行总体布局。

体育设施的建设，与城市经济的发展水平密切相关，只有经济发展到一定程度，才能够建设一批高标准、高质量的大型体育场馆，以及散布在城市各处，满足市民日常健身运动需求的体育设施。

体育设施是城市公共设施的一个大类，应符合城市公共设施的分类、分级和配置要求。

1986 年，国家体委和建设部颁布了《城市公共体育运动设施用地定额指标暂行规定》，对大中小城市的公共体育运动设施用地定额作了明确的规定。2003 年，建设部颁布了《体育建筑设计规范》，对 10 万至 100 万以上人口的各级城市体育设施用地面积，作了明确和详细的规定。2005 年，国家体育总局编制和颁发了《城市社区体育设施建设用地指标》，提出城市社区体育设施，可根据需要设置在室内或室外。

此外，各个城市对体育设施的规划建设，还要根据当地的情况，做出相应的规定和参考指标。

体育设施中，大型体育设施特别是那些为举办大型赛事而兴建的比赛场馆和体育中心，占地面积大，场地标准高，对于城市总体规划与发展有较大的影响，甚至能成为城市发展的催化剂，促进城市发展。

第一节　大型赛事对城市的影响

作为体育活动的重要组成部分，大型赛事的举办对一个城市市民的文明程度、城市环境的治理状况、城市经济的综合水平以及地方特色和组织能力等诸多方面是一个大检阅。[①]

大型赛事对城市发展的影响，主要有：

1. 推动城市经济的发展

①促进投资和就业，加快区域经济发展；

②优化经济结构，加快体育及其相关产业的发展；

③促进旅游业、餐饮业、广告业的发展；

④促进科技进步。

2. 推进城市建设，改善城市环境

①加快城市基础设施的建设；

① 田夏，龚明波 . 举办大型体育比赛对城市发展的影响 [J]. 北京体育大学学报，2002，25（3）：315-317.

②拓展城市发展空间；

③改善城市环境，提升城市形象；

④带动房地产业的发展。

3. 提高城市人口素质，丰富城市文化生活

①提高城市人口素质，提高市民健身意识；

②丰富城市文化生活，促进文化交流；

③提升城市管理水平。

大型赛事中的大型综合运动会，如奥运会、亚运会、全运会等，对城市发展的影响尤为显著。

运动会指体育运动的竞赛会，大型运动会是指那些竞赛项目多、参赛运动员多、观众数量多、比赛周期长、综合性强、社会影响大的运动会，比如国际级的有奥运会、青奥会、英联邦运动会、世界大学生运动会，区域性的有亚运会、东亚运动会，全国性的有全运会，城运会等，省级的有省运会等。

大型运动会，和文化、商务、博览、宗教等大型活动一样，常常成为城市的重大节事，可以得到城市乃至国家层面各方面的合力支持，对城市的发展会产生明显的、持续的乃至重大的影响。

从大型运动会影响的领域分析，影响最大最直接的是经济，其次是环境，再次是社会文化。

大型运动会对举办城市的经济会产生很大的促进作用，包括直接为举办运动会而产生的经济活动，如比赛场馆及相关设施的投资及投资拉动等；围绕运动会资源进行的经济活动，如奥运会市场开发的各项内容；主办城市借运动会契机，发展区域经济、加快城市建设的各种经济活动。

有数据显示，大型运动会所产生的直接影响与间接影响，对举办地 GDP 年均增长率的贡献至少在 2 个百分点以上。在筹办大型运动会到比赛期间，举办地城乡居民人均可支配收入将增长 6% 以上，生活质量明显提高。例如，筹办奥运会一般需要 6~7 年时间，要兴建体育场馆、建设交通通讯等设施，奥运会期间各种服务性部门的工作大大增加。日本经济腾飞是以 1964 年东京奥运会的巨大成功为重要契机，其围绕奥运会的大规模基础设施建设带动了经济发展。韩国在筹办 1988 年汉城奥运会期间，从 1981 年到 1988 年经济增长速度年均提高到 12.4%；1985 年至 1990 年，人均国内生产总值从 2300 美元增加到 6300 美元，实现了从发展中国家向新兴工业国的转变。洛杉矶奥运会创造就业机会 2.5 万人，奥运会赛前到闭幕 4 个月高峰期，

创造了3.75万新的工作岗位。1988年汉城（现名首尔）奥运会给3.4万人提供了就业机会。

大型运动会也会促进举办城市的产业结构调整，大型运动会的举办，很大程度上缓解了主办城市的失业率，提供了大量的以第三产业为主的就业机会，并促进了旅游业的发展。

为举办大型运动会，城市的基础设施也会得到大大改善，环境和形象大大提升。

奥运会是国际上最重要的赛事，它不仅是一场大型运动会，更是一个全球性的盛大节日，是一种超越体育本身的文化运动。

作为世界上最有影响力的大型综合性运动会，奥运会对城市发展重要性是有目共睹的。现代奥林匹克运动的发祥地奥林匹亚，通过举办奥运会已经发展成为竞技体育的圣地，是城市运动结合的典范。1986年的亚运会和1988年的奥运会，大大加速了韩国首都首尔的城市建设，使首尔发展成国际性的大都市，韩国也开始从发展中国家向新兴工业化国家转变。1992年巴塞罗那奥运会，对城市的建设和经济的复苏起到了最大的推动作用，巴塞罗那从一个欧洲二线城市很快发展成为欧洲最吸引人的一线旅游城市，而且到现在依然是欧洲旅游教育和旅游服务的中心。

2008年北京奥运会，主要比赛周期16天，共有参赛国家及地区204个，参赛运动员11438人，设302项（28种）运动，共有60000多名运动员、教练员和官员参加。主办城市是北京，上海、天津、沈阳、秦皇岛、青岛为协办城市，香港承办马术项目。

北京奥运会火炬接力，历时130天，总里程约13.7万公里，包括五大洲的20座城市，参与传递的火炬手21780人。

北京奥运会筹备和举办的过程中，以自愿为原则，以志愿服务为基本形式，服务他人、服务社会、服务奥运的由各界人士组成的志愿者约7万人。

国际奥委会的“奥林匹克宪章”规定，组委会必须为配合奥运会的召开举办一系列文化活动，这些活动应以促进奥运会参赛者和其他参加者之间的和谐关系、互相理解和良好友谊为宗旨。北京奥运会期间有上千项来自全国各省市、各民族和世界各国的文化节目在北京进行展演。

北京奥运会奥组委收入达到205亿元，支出将达到193.43亿元，收支结余超过10亿元。

北京获得奥运会举办权后，在2002年到2007年间，年均增长速度12.4%，比奥运会筹办前增长速度高出1.8%。北京2001年人均GDP只有3262美元，到2007年已经达到了7654美元，比2001年增长一倍多。

奥运期间由于基础设施的大量投入，如机场三号航站楼的建设、信息化设施的投入、生活设施的改造以及环保设施的投入等，城市的整体面貌有了非常大的改进。

奥运经济发展为北京产业结构优化升级提供了新的动力，直接拉动了建筑业、通信设备、交通运输、旅游会展等相关行业的发展，同时也有力地促进了金融保险、信息传输、商务服务、文化创意等发展。奥运对经济发展的贡献之一是使北京成为国内外投资最具活力的城市之一。北京利用奥运的筹办之机，加大了产业结构的调整，2006 年北京单位 GDP 能耗下降 5.25%，2007 年北京单位 GDP 能耗下降 6.04%。到 2008 年上半年，北京第三产业增加值占地区生产总值的比重从 2002 年 61.3% 提高到 73.7%。

为奥运会而建设的城市功能区——亚奥新区成为 2008 年北京奥运会留给北京的经济财富，奥运会之后成为体育休闲会展产业主要产业发展的载体，这使北京形成一个新的功能区，亚奥新区是以奥运场馆为中心，往北 6 公里到立水桥、天通苑地区，往南 5 公里到北三环马甸桥，往东 3 公里到京承高速路，往西 3.5 公里到八达岭高速路。这四点相连形成的长方形区域即为亚奥新区，面积约 71.53 平方公里。奥运会的举办，为这一区域提供了难得的发展机会。

实施《北京奥运行动规划》后，北京市在基础设施和生态环境等方面的建设投资不断增加。2002 年建成了 120 平方公里的绿化隔离带，完成了“五河十路”366 公里的绿化工程，搬迁了 40 家严重污染的企业；新建了包括菖蒲河公园、明城墙遗址公园在内的 16 处大绿地，占地 104 公顷；新增草坪 363 万平方米，总面积已达到 5000 万平方米。在文物保护和文化建设方面，北京市拨款 20 多个亿用于文化设施建设。

在交通建设方面，新增城市道路 669 公里、高速公路 162 公里，改造提级公路 8770 公里，四环路全线开通，北京市城市交通承载能力大幅提升。新建 8 条轨道交通线，使全市的轨道交通线路总长达到 300 公里。优先发展公共交通方案出台，优化调整了 131 条公交线路，建成全国首条大容量快速公交线路，推进了智能交通建设，城市交通环境得到改善。

2000 年底，北京市林地面积 93 万公顷，林木覆盖率为 41.9%。到 2005 年底，全市林地总面积达 105.4 万公顷，林木覆盖率达 50.5%；2006、2007 年全市林地总面积继续增加，林木覆盖率达到了 51% 以上。2006 年底，北京市山区、平原和城市绿化隔离地区这三道绿色生态屏障基本形成，实现绿色环抱北京城的目标。

2008 年北京奥运会，极大地提升了中国的国际声望，强化民族认同感，增强社会凝集力，增强社会的整合能力，改善社会风气，增强政府的行政能力和加速社会发展进程。奥运会使中国日益自信，大国心态和风范也得到塑造和锤炼。北京奥运会圆了中国的百年梦想，使中国更加自信，更加开放，更加进步。北京奥运会后的中国，更加致力于和平的发展、开放的发展、合作的发展，致力于同世界各国人民一道，建设持久和平、共同繁荣的和谐世界。

奥运会促进北京的社会经济向更加现代化的国际大都市迈进。在奥运会的带动下，通过调整和优化房地产投资与建设结构，增加面向工薪阶层的房屋供应量，使房地产市场更加健康地发展，并拉动了经济增长。

奥运会促进了北京市的城市建设，使北京的基础设施建设取得重大进展，建成新城区与城市中心区、城市与郊区之间的 26 条快速联络线，新建北京到奥运协办城市天津的双向 8 车道高速路和时速 300 公里的城际铁路投入运行，使北京形成了国际化大都市的现代化交通网络。

全运会是富有中国特色的大型综合性运动会，和奥运会一样也是每四年举办一次，被外界称为中国的小奥运会。2005 年第十届全运会在江苏省南京举行，比赛共设有 32 个大项，357 个小项，来自全国 46 个代表团的 9986 名运动员参加了决赛阶段的比赛，有 3 万名左右的教练员、工作人员、新闻记者和国内外的嘉宾，志愿者队伍达到 10 万人。

世界杯足球赛、欧洲杯足球锦标赛、世界职业网球赛、世界汽车一级方程式锦标赛、NBA 篮球赛等大型赛事，虽然大多为单项比赛，但其运动性质、规模和影响力，丝毫不逊于奥运会，也应该属于大型运动会的范畴。

第二节　大型体育设施对城市的影响

大型综合性体育运动会的成功举办，会对主办城市的发展产生极大的推动作用。举办大型运动会，可以给举办地区带来巨大的经济效益和社会效应。通过筹办大型综合运动会，建成一批大型体育场馆，带动城市的基础设施建设，优化城市形态。

举办大型运动会，需要一定规模和数量的体育设施。体育设施的分布方式，主要有集中式、分散式、集中与分散相结合三种。集中式有利于大型运动会的举办，但平时使用效率较低。分散式能与现有城市体育设施有效结合，投资省建设快，有利于赛后利用，但运动会期间使用不便，安保工作繁重。

由于赛程赛事的原因，体育中心成为大型综合性运动会的主要体育设施。体育中心，一般指“主体建筑是体育场、体育馆和游泳池（馆）三大主件，以及为之配套服务的其他建筑或场地”。

大型运动会的举办，是对该城市设施的一次系统性、综合性的检验。为此，不仅需要大量的体育比赛和训练设施，还要有接待运动员、教练员、记者住宿和活动的运动员村。因为一般在运动会召开期间，还将举办艺术、展览等多项活动，城市需要能够接待大量观众和旅游者的酒店和餐饮、娱乐、商业服务设施，要有能够承担数十万人的交通设施和其他市政设施。同时，城市要有比较严密的保安设施，便捷的通讯和新闻传播设施。

从城市的角度来看，大型体育中心是一种重要的城市公共设施，它建设投资大、周期长，涉及城市建设的许多方面，对城市发展有较大影响，一定会同城市发展紧密结合。主要表现在以下几个方面：

①拓展城市空间结构

因为体育中心规模庞大，导致其对周围环境的承载力要求很高。所以，现代的体育中心在选址时都将其设置在远离城市中心区，从而拓展城市结构。

②带动区域经济发展

体育中心对人群有极大的聚集作用，对体育中心周边地区的经济起到很强的带动作用。

③带动区域土地开发

具体来说，大型体育中心对城市的影响是通过以下方式来实现的：

1. 改变城市空间形态

城市空间形态是城市的多种建筑形态的空间组合布局，它是一种复杂的人类经济社会文化活动所在历史发展过程中的物化形态，是特定地理环境条件下，人类各种活动和自然因素相互作用的综合反应，是城市功能组织方式在空间上的具体表征。

虽然我国的许多城市，特别是大中城市，在总体规划中，对大型体育设施的用地都进行了预留。但是由于经济等各种原因，大型体育设施一般不会及时建设，造成周边地块也得不到及时配套开发。如果城市取得某个大型运动会的主办权，往往会启动建设大型体育场馆和体育中心，而且会要求对体育中心基地周边地区重新进行功能定位和规划设计。

大型体育设施往往会在较短的时间内高强度地建设出来，短时间内建成的规模宏大、功能齐全、设施先进、环境优美的体育设施，对周边地块乃至全市的城市空间形态，有着重要的影响。同时带动了周边地块的开发，大量的配套工程建设，以及其他公共建筑和居住。建筑的建设改变了周边城市地方的空间环境。

2. 促进城市副中心、新城区的形成

我国大城市，绝大部分为团状的集中发展模式。在城市人口较少时，适应性较好，但当城市人口急剧膨胀后，这种形态就暴露出许多弊端。因此相关专家提出，多中心组团式的规划布局结构。

作为重要的城市公共设施，大型体育设施的建设对城市形态可以产生直接的影响，可以促进城市副中心或者新城区的形成。

日本广岛，20 世纪 60 年代就曾经提出过多心型城市构想（图 2–2–1）。通过 1994 年亚运会体育设施的建设，推动广大西部丘陵副中心“广岛西风新都”的建成，就是一个很成功的案例。亚运会主会场广域公园位于广岛西风新都城市规划的内、外环道路的几何中心。包括各类体育场馆、比赛设施、辅助设施等。为了加强新都与老城的交通联系，建设了轨道交通，满足日后新都居民的出行需要，且规划有广岛西风工业园，实现区域自给自足。

广岛的经验，对我国的体育中心的规划思想有很大的影响。

1988 年汉城（现名首尔）奥运会前，首尔旧城区主要在汉江以北。而奥运会的大量体育设施都设置在汉江以南，加上体育运动员村、公寓和新闻中心的建设，奥运会在短时间内创造了一个全新的首尔新区，实现了多中心的城市结构。

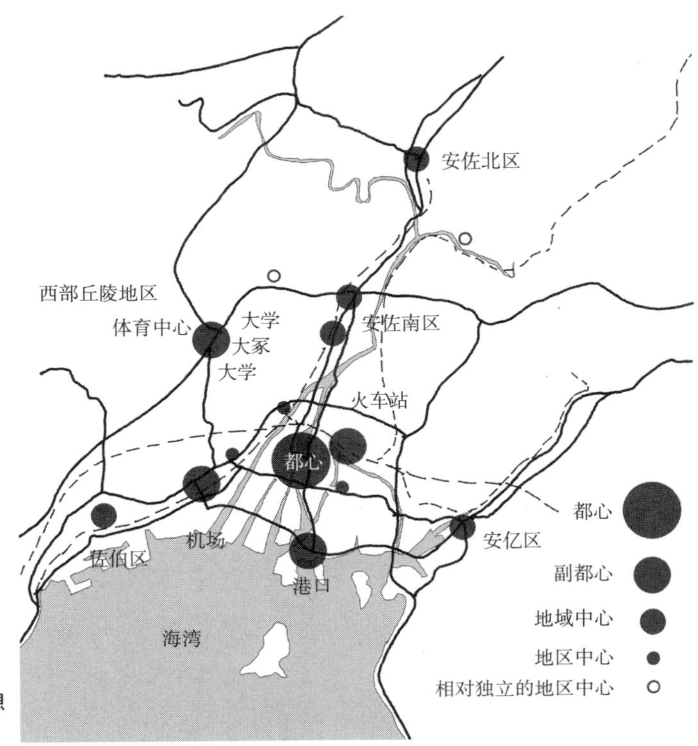

图 2–2–1　广岛多心型城市构想
（作者根据资料自绘.）

3. 促进城市基础设施完善

城市基础设施，一般指为城市生产和市民生活提供公共条件和公共服务的设施和机构，包括公用事业（电力、供水、排水、煤气、电信、网络、环境卫生设施、垃圾收集和处理设施等），公共工程（水库、河道等），交通设施（铁路、港口、航空港、道路、轨道交通、公路交通等）。

大型体育设施的建设，不仅是场馆建设本身，而是一个系统工程。它涉及城市的基础设施建设、旅游设施建设、商业娱乐设施建设等方面，尤其与城市的基础设施建设更是密切相关。大型运动会举办的时间虽然很短，但对城市基础设施的要求很高，许多城市会抓住承办大型运动会的机遇，有意识地利用大型运动会促进城市基础设施的建设，促进城市发展。

德国慕尼黑，为了举办 1972 年第 20 届奥运会，新建了 34 公里的城市道路和 4 公里的地铁，新建广场面积达 50 万平方米，立交桥或隧道 41 处，总投资约 3 亿澳元。利用瓦砾堆埋场建设奥运主会场奥林匹克公园，开挖地铁和人工湖，建设了一个引人入胜的体育公园。

澳大利亚悉尼，为了举办 2000 年第 27 届奥运会，将主会场设在悉尼以西 16 公里的霍姆布什湾地区，该地区原来发展落后，环境杂乱。政府提供了 1.37 亿澳元，用于治理该地区的环境，把这里建成了一个集运动娱乐、商业展览以及生活居住为一体的区域，不仅满足了奥运会的使用，也为今后的城市经济发展打下基础。

城市道路交通设施作为城市基础设施的重要组部分，与大型体育设施的关系更加密切。

在举办大型运动会等大型活动时，体育场馆周边要集聚数量可观的运动员、教练员、代表团官员、工作人员、新闻记者、国内外嘉宾以及大量的观众，大量人流车流都要在同一时段，集中通过城市道路进行集散，对于城市道路交通是严峻的考验。

改善现有的城市道路交通，构建快速便捷的交通系统，是举办大型活动的必要前提，同时也将为城市物流的发展打下良好的基础，因此许多大型活动的主办城市特别注重解决城市道路交通问题。

墨西哥城 1968 年第 19 届奥运会，奥运村与奥运会主体育中心相距 25 公里，为此，在这两地之间建设了七条高速公路，以解决交通问题。

地铁建设，虽然投资大、周期长、技术要求复杂，但地铁能承载大量的人流，是缓解道路交通的第一的选择。因此，大型场馆的建设，一定和地铁等轨道交通有紧密的联系。有时候，举办大型运动会、建设大型体育设施，可以促进政府进行地铁建设，为改善城市道路交通提供难得的机遇。

日本广岛 1994 年第 12 届亚运会，广岛市在交通规划上提出了“新交通体系”的构想。新交通体系是一种新型的轨道交通体系，该系统为复线高架式轨道交通，总长度 18 公里，行程 37 分钟，两端分别是老城区内的县立综合体育馆和西部丘陵副中心的亚运会主会场广域公园。该系统由民间企业和市政府共同投资，专业的事业团体组织进行建设运营。在亚运会期间，它是观众出行的主要公共交通手段，亚运会后成为市民到市中心和西部丘陵副中心的快速公共交通系统。此外，从亚运会主会场广域公园到老城区，还建设了西部丘陵干道，这作为汽车交通的主要干线。

4. 改善城市整体环境，改善城市形象

城市形象是指人们对自然、人文、社会等诸要素所认知的城市整体印象。

良好的城市形象是人类进步的标志，在任何一座城市的现代化建设与发展史上，大型体育场馆一直占据着所在城市的重要位置，是城市形象的重要标志之一。大型体育场馆，向人们展示了一道亮丽的风景线，吸引着成千上万的观众前往观赛，一座城市的精神文明程度、市民的文化修养将在这里得到充分的展示。同时人们也会受到体育文化和建筑环境的感染，产生潜移默化的教育效果。

雅典是一座具有 2500 多年历史的文化古城，在举办 2004 年奥运会期间，雅典独具匠心底建设了一条 4 公里长的人行步道，将雅典娜运动场、奥林匹斯宙斯神庙遗址、哈德良拱门、酒神剧场、卫城博物馆新馆等六大考古遗址和历史街区联系起来，让步行者能够从城市的“过去”不间断地走到城市的今天，充分向世界展示了雅典悠久的历史和现代文化（图 2-2-2）。

图 2-2-2　雅典大理石体育场

（陆诗亮，张春雨，鞠曦．嵌入·生长——基于下沉模式的体育设计研究西部人居环境学刊 [J]. 2017, 32（6）：17-24.）

5. 促进城市经济发展

大型体育设施的建设会推动城市经济的发展，当大型体育运动设施的建设和城市规划融为一体后，城市功能得到进一步增强，城市环境的改善、城市基础设施为城市区域发展创造良好的条件。

大型体育设施尤其是为大型运动会而建设的大型体育中心的建设，必然要进行大规模的城市基础设施建设和其他配套设施建设，这会使周边地区土地由生地变成熟地，培育土地市场，带动周边地区房地产开发。

第三节　大型体育设施选址

作为城市的重点工程项目，大型体育设施的选址与城市规划、城市发展有着密切的联系。体育中心建设的同时，需要完善交通市政等基础设施，区域的土地价值会得到提升，周边的土地开发也会逐步加快。如果选址得当，可保证大型体育设施的合理布局和城市规划的实施，保证场馆建设顺利进行，取得良好经济效益、社会效益和环境效益。而大型体育设施建成后，很有可能形成新的地区或者城市的副中心，进而促进城市的发展。

例如，为了举办 1988 年第 24 届汉城奥运会，1984 年，韩国政府决定在 1980 年首尔规划研究的基础上，在韩国首都圈发展规划的指导下，再次编制首尔城市总体规划，提出修改原单核的城市布局为多核布局，建设 3 个城市副中心和 13 个城市次中心。其中，汉城奥运会的主体育中心，就位于其中一个城市副中心。

大型体育中心场馆集中布置，项目内容多，功能复合化程度高，占地面积大，用地规模一般都在 30 公顷以上，而举办亚运会、奥运会的体育中心，用地规模一般都在 50 公顷以上，因此，体育中心的选址是一个十分重要的课题，同城市总体规划有着密切的关系。

许多城市，在城市总体规划中预留了充足的大型体育设施的用地，并在城市建设过程中始终加以严格控制。例如北京市在市区北部的预留用地，后来成为亚运会和奥运会的场馆用地。1950 年代重庆市总体规划将重庆袁家岗作为行政用地预留，后来改为体育用地。

大型体育中心的选址一般会考虑如下因素：

①符合城市总体规划的要求，符合城市发展方向，可以促进城市的发展；

②综合考虑城市总体和区域范围内的体育设施的分布情况；

③综合考虑城市交通体系，能方便组织大量的人流车流的计算和疏散；

④城市自然和景观条件。

乔治·布兰特的《体育场设计与发展指南》认为，今天从经济和技术角度看，在任何一处场地建造安全、舒适且功能完善的体育场馆都是可行的。因此，决定场馆选址的要素有：

①观众基础。任何场馆必须满足基础性观众能够方便到达；

②土地可利用性，需要足够大的面积，以满足场馆建设和停车疏散等需要；

③土地成本，必须足够低廉；

④土地规划条件。

通过对我国大型体育场馆选址进行比较研究，发现其影响因素一般包含以下内容：

①城市战略与发展方向；

②城市功能区；

③交通与区位；

④基础设施与用地条件；

⑤城市形象；

⑥环境影响；

⑦土地成本；

⑧赛时与赛后利用；

⑨分期建设要求。

大型体育中心的选择，按照其在城市中的位置，可分为城市型、近郊型、远郊型、卫星城四种。[①]

城市型体育中心，位于城市中心区或比较发达的区域，一般建造比较早，周边城市设施比较完善，市民容易到达，利用率比较高。但城市中心区一般用地局促，发展空间不足。在大型比赛和活动时，容易造成局部城市交通堵塞，存在很大的安全隐患。例如南京五台山体育中心、上海体育中心等。

近郊型体育中心选址位于城市近郊，一般距离城市中心城区大约 5 公里的范围内。既可以借用城市中心区的公共设施，又有足够的发展空间。近郊型体育中心由于处于城市边缘，很容易带动城市的发展。随着城市的发展，近郊型体育中心会逐步发展为城市型体育中心，例如南京奥体中心。

---

① 王西波，魏敦山. 大型体育场馆的规划选址 [J]. 规划师，2008（2）：27-30.

远郊型体育中心，远离城市中心区，用地宽松，赛事期间对城市干扰少。但周边配套设施少，人气不足，不便于日常运营。上海为举办国际综合性体育赛事，在城市近郊和远郊预留空间。其中，作为预留空间的嘉定，将建2.8平方公里的大型体育公园组团综合体。远郊型体育中心，可以结合城市发展布局，实现蛙跳式发展。广州两次利用举办全运会和亚运会的机会，将大型体育中心布局于远郊，实现城市跳跃式发展。

位于城郊的大型体育中心与不同主题的城市公园集合，是当前解决大型体育中心建设与运营十分有效的方式。随着体育竞技项目越来越专业化，体育项目越来越多，体育建筑规模不断扩大，将体育场馆接入其他功能融合的公园设计中，体育与公园形成优势互补，增加了体育建筑的外部环境与生态指标，增强了场馆发展的可适应性。

近年来，随着交通的发展，也可以将大型体育中心布置于卫星城，尤其把包含特色项目的体育中心布置于卫星城，可以把赛后利用和旅游结合起来。例如上海旗忠体育城网球中心布置于上海市西南部的闵行区马桥镇，是上海ATP1000大师赛举办场地。大连依托第12届全运会的举办地之一——大连体育中心，规划建设体育新城，定位为现代服务业产业聚集区，规划面积74平方公里，可容纳100万左右人口。

对大型体育中心选址影响最大的因素是城市空间格局和城市发展方向，尤其是近郊型、远郊型体育中心，其选址应当和城市发展方向保持一致。

大型体育中心对城市交通有明显的影响。举办大型赛事或活动，在很短的时间内集聚大量的人员和车辆。而当比赛结束时，这些人员和车辆又将迅速分散，这无疑是对城市交通系统的重大考验。因此，必须对与体育中心连接的高速公路，体育中心与市中心、火车站、机场等连接的公路、地铁、轻轨等交通设施进行精心规划和建设。

大型体育建筑选址的矛盾在于竞技比赛要求与全民体育要求的冲突。大型竞技性比赛，要求比赛时运动员和参赛人员的便利性、可达性，建筑占地面积大，需配有大面积停车场和预留场地。由于城市中心区和发达区域地价昂贵，投资难以承受，因此场址一般远离城市中心和发达地区。全民健身要求健身场地尽量靠近居民区，考虑健身人群经常使用的便利性和交通成本。

国外在进行场馆的规划选址时，非常重视居民区的关系，尤其是日本，建设了一大批的社区综合体育馆，既是社区的体育健身中心，又是休闲娱乐中心、文化中心、公共交往场所。如郡上八幡综合体育馆、深谷市综合体育馆、枥木县县南体育馆、南淡町文化体育馆、仙台市秋叶体育馆等等。

大型体育建筑应有充足的室外广场，作为与城市交通的缓冲区域，满足比赛和演出时候大量观众的集散，但在平时使用效率比较低。可以在广场上加入商业活动，例如休息场地、室外餐饮、室外展场等，也可以搭建临时活动设施、临时舞台，组织小型观影活动或者商业活动，或设置临时体育设施，为市民日常健身服务。

大型体育中心的室外体育场地，可以在平时转换为体育公园、嘉年华场地，或搭建临时观众席，满足一定的比赛要求。

近年来，我国各大城市新建大型体育建筑的选址，大部分集中于城市新区，与大学城体育设施相结合，也是一种选择。这种选址方式造成了以下问题：重新城、轻老城；密度失衡；重城市形象而轻交通疏散功能；重赛事要求、轻赛后利用。

第四节　中国当代体育中心的发展历程

体育中心是常见的大型体育设施，由一组体育建筑、场地设施、附属配套构成的综合体育设施，往往规模较大。在我国，很多城市为未来承办大型运动会而建设大型的体育中心，往往被称为奥林匹克体育中心，简称奥体中心。

有时候，体育中心和公园结合在一起，可称作体育公园，或者奥林匹克公园。

我国体育中心的发展，经历了六个发展阶段，以国内大型体育中心建设为标志：

1. 1949—1974 年，以单个体育场馆建设为主

从新中国成立到改革开放之前，由于经济和技术原因，北京、上海等城市虽然兴建了若干大型体育场馆，但尚未形成体育中心的概念。

在这一时期，北京兴建了北京体育馆、北京工人体育场、北京工人体育馆、首都体育馆等大型场馆，北京工人体育场、北京工人体育馆和游泳场相毗邻，建设时间也相近，但在总体规划上没有提出体育中心的设计思想。

这一时期，全国各地陆续兴建了重庆市人民体育场、广州体育馆、山东体育馆、上海体育馆、浙江人民体育馆等大型场馆。

2. 1975 年，南京五台山，体育中心的思想第一次被提出

1952 年开始，南京开展在五台山地区建设体育场。1975 年，在五台山体育场西侧的山顶空地处，兴建一座可容纳一万名观众的体育馆。为了便于统一管理，第一次提出体育中心的规划思想，五台山开始朝大型体育中心的方向发展，逐步成为南京城重要的体育中心。

3. 1987 年，广州天河体育中心，第一个一次性规划、一次性建设的体育中心

1978—1984 年，中国的城市化进程以农村经济体制改革为主要动力来推动城市化，这个阶段的城市化带有恢复性性质。1985 年后，中国的城市在改革开放近 10 年后，各方面发展得到恢复。城市为解决农村剩余劳动力，适时进行了户籍改革，放松了农村人口进入城市的限制，大量农民进入城市，城市居住人口开始大量增长。

随着城市人口的快速增长，中国城市发展开始加速并进入扩张期，城市用地范围迅速扩大。通过举办大型运动会、建设大型体育中心，带动城市尤其是近郊地区的发展，成为城市发展的一种模式。

广州市为举办 1987 年全运会，1984 年开始在广州近郊原天河机场一带建设天河体育中心，加上广州火车东站等大型公共建筑的建设，广州城市向东发展。原本位于城市东郊以农业和乡镇企业为主的天河新区，开始聚集高层次的商务产业，形成现代化的城市中心区。

4. 1990 年，北京亚运会奥林匹克中心，大型体育中心建设推动城市的发展

1990 年北京亚运会是我国第一次主办大型国际洲际运动会，体育场馆的建设思想是“体育设施建设在前、城市发展在后、体育带动城市发展”。早在 1980 年代，就开始研究亚运会场馆选址问题。亚运会主要场馆国家奥林匹克体育中心，选址位于当时的北京市北郊，带动了城市向北发展，这是自元大都兴建 700 年后第一次向北发展，延长了北京城的中轴线，北京城市重心明显北移。

北京亚运会之后，1994 年第 12 届广岛亚运会，广岛市通过举办亚运会、建设亚运会主会场，形成西部丘陵副中心，距离老城区 8 公里。利用建设大型体育中心契机，形成多中心城市结构的规划理念，对我国的体育中心规划选址影响很大。

胡宝泽、沈振江在 1995 年第 3 期的《建筑学报》发表《第 12 届亚运会体育设施建设与广岛市城市发展》，从亚运会体育设施的建设和日本的广岛多中心城市构想、亚运会主会场的建设和广岛市西部丘陵副中心的形成、广岛县立综合体育馆与广岛市中心改造三个方面全面论述了第 12 届亚运会设施建设与广岛市城市发展的关系。

5. 2005 年，南京奥体中心，大型体育中心建设带动新城建设

在这一时期，我国农业生产力水平大大提高，工业化进程加快，中国全面推进城市化条件已渐成熟，中国的城市进入快速发展时期，城市由逐步扩张进入跨越式发展模式，城市的新区建设、新城建设热火朝天。

很多城市新区建设，采取大型公共建筑的建设作为启动模式，以标志性公共建筑的开工建设为标志，大型体育场馆往往作为标志性大型公共建筑，对新区开发建设起到重要作用。同时，因为完善区域基础设施，带动了土地升值，促进房地产的发展。

南京奥体中心选址于尚未建设的河西新城的中部地区，拉开南京河西新城区发展框架，实现跨越式发展，为日后城市发展腾出空间，对新南京的城市发展产生了深远的影响。

南京奥体中心的建设，也带动了周边土地价值的大幅度增值，大大促进了河西地区房地产业的迅速发展。

6. 2008 年，北京奥林匹克体育公园，大型体育中心建设优化城市职能和空间结构

中国在改革开放 30 年的时间当中，城市空间扩大了两三倍。随着我国城市化进程不断深入和“城市群战略”的兴起，城市功能的广域化和城市间社会经济联系的密切化，催生大城市群崛起并左右区域经济格局，影响着城市化发展方向。城市规模巨型化和城市联盟及其一体化，对城镇体系重组带来深远影响。城市群作为我国新型城镇化的主体形态，其发挥作用的重要前提是有效识别城市群各城市职能，并以区域协同创新引导城市职能优化。

一个城市群需要核心城市和大小不等的中心城市支撑，随着城市化的快速发展，中心城市规模迅速扩张，但城市综合服务功能依然滞后，发展质量不高，创新能力不够强，中心城市与所在区域发展不够协同，生态环境还有待改善。中心城市的职能，开始发生转变。很多中心城市的职能，开始由第一、第二产业逐步向第三产业转变。

北京奥运会场馆的建设方针是奥运建设与城市建设相结合，奥运的筹备对城市风貌的改变起到了重要作用。通过举办奥运会，大型体育中心和场馆的建设与城市建设紧密结合，优化了北京城市职能和空间结构，带动了相关产业尤其是服务产业发展。

2008 年奥运会对北京城市建筑布局和城市空间上的影响，在整个北京城市史上有着举足轻重的作用。在筹办和举办奥运会过程中，北京基础设施投资体制、城市功能、对外交往环境等方面发生了巨大改变。奥运会对环境质量的高要求也会对传统落后产业迁移产生挤出效应，北京申奥成功后，5 年内大约关停搬迁了 150 多家大型企业，其中首钢的搬迁对城市空间功能置换作用最为明显。

2005 年之前，我国的全国运动会在北京、上海、广州三地轮流举办。但上海的市级体育中心上海东亚体育文化中心，不是一次性规划一次性建设的，南京是这三地之外唯一举办过全运会和青奥会等高级别大型赛事的城市。因此，本文以南京、广州、北京为例，阐述大型体育设施与城市发展的关系。

第五节 北京大型体育设施建设与城市发展

北京是我国的首都，是全国的政治中心和文化中心，北京历史悠久，文化灿烂，是首批国家历史文化名城、中国四大古都之一和世界上拥有世界文化遗产数最多的城市，3000多年的建城史孕育了故宫、天坛、八达岭长城、颐和园等众多名胜古迹。

1948年北京市总人口203万人，1950年至1960年是人口高速增长阶段。11年间全市常住人口增加319.5万人，平均每年增加29万人，1958年达660万人，1960年达到739.6万人。在增加的300万人中大部分是外地移民，主要是中央机关、军队的干部及其家属。

1961年至1970年，这一阶段人口增长缓慢，1970年全市常住人口为784.3万人。

1971年至1978年期间人口增长回升，到1978年达871.5万人。1979年至1990年人口平稳增长阶段。到1990年，全市常住人口达到1086万人。

1991年后是外来人口大量增加阶段。1998年全市常住人口达1245.6万人，2004年1492.7万人，2008年1695万人。2017年末，北京市常住人口2170.7万人。在全市增加的人口中，外来人口占到63%。

1. 北京城市体育设施空间布局

1949年以前只有先农坛体育场一处像样的体育设施。

1949年后，北京城市体育设施空间布局演进大致可分为建设起步阶段（1949—1983年）、北京亚运会筹办阶段（1984—1990年）、申办奥运和举办大运会阶段（1991—2001年）、北京奥运会筹办阶段（2002—2008年）、后奥运阶段共五个阶段。

20世纪50年代在崇文门外建设了北京体育场和体育馆，以后又在东郊建设工人体育场和体育馆，在西郊建设了首都体育馆，形成“三场三馆”大型体育设施为主的公共体育设施布局。经过1949年以来60多年的建设，尤其通过承办1990年亚运会和2008年奥运会，北京市的体育设施在国内处于领先水平。

北京市的历次城市规划，均考虑了体育设施的布局，并利用亚运会和奥运会场馆布局，带动了城市发展，完善了城市功能和空间结构。

起步阶段，北京虽然建设了一批大型体育场馆，如工人体育场、工人体育馆、首都体育馆等，但基本以单体建筑为主，总体规划布局处于分散状态。

1953年的北京市总体规划，在城市的北部、西北部、西部、东部和东南部均有体育设施用地；1955年至1957年制定的《北京城市建设总体规划初步草案》，提出了利用西郊机场建设奥林匹克体育中心，在丰台区建设国家体育中心思想（图 2–5–1）。

1973 年编制的《北京城市总体规划方案》，初步确认北中轴地区预留大型体育中心、大型文化设施和国际会议中心用地。1983 年制定了《公共体育设施规划方案》，具体确定了国家级和市级大型体育活动中心 4 处，即北郊国家奥林匹克体育规划用地 126 公顷；西郊五棵松体育中心规划预留地 70 公顷，南郊木樨园体育中心规划用地 25~30 公顷，东郊朝外大街已建成的工人体育馆、体育馆占地 42 公顷（图 2–5–2）。

计划经济时代的体育设施布局，完善了北京市的城市功能，促进了“分散组团式”城市布局的形成。亚运会体育场馆的建设，带动了城市向北发展，城市重心明显北移。奥运会体育设施的建设，延续和强化了北京城市中轴线，但是未能利用这一机遇，拉动城市跨越式发展，摆脱沿环线向外“摊大饼”的城市发展模式（图 2–5–3）。

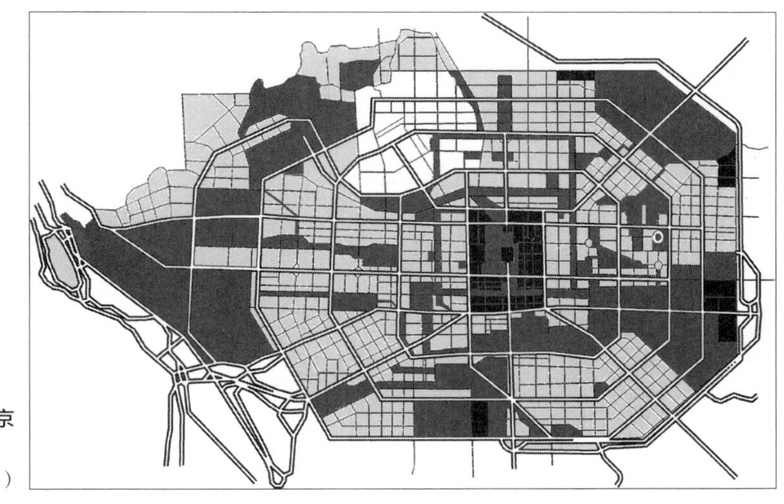

图 2–5–1　1953 年北京市规划总图
（作者根据相关资料自绘.）

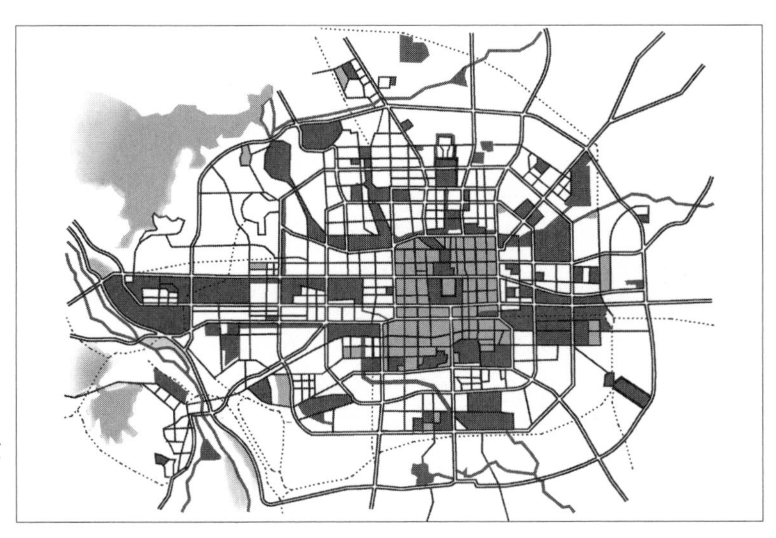

图 2–5–2　1973 年北京市规划总图
（作者根据相关资料自绘.）

图 2-5-3　1993 年北京市规划总图
（作者根据相关资料自绘 .）

通过承办亚运会、奥运会，北京城北部地区形成奥林匹克公园区域，是北京体育设施的主中心，也是国家级的体育文化中心，包括国家体育场、国家体育馆、国家游泳中心、奥体中心体育场、奥体中心体育馆、奥体中心游泳馆、国家网球中心在内七座大型体育设施，总建筑面积近 60 万平方米，总座席数近 20 万，几乎占到北京市大型体育设施数量的 1/3 以上，集中度非常高。而北京城南区域，则以区县级中小型体育设施和经济训练设施为主。

北京市通过规划引导，大中小型体育设施组成集中与分散相结合的总体布局方式，体育设施由国家级和市级体育中心、中央单位和高校体育设施区、县级体育设施、社区体育设施组成。

作为首都，国家体育总局以及各部委、高校、部队等单位在北京也建设了大量的体育设施，这是和中国其他城市不一样的。

北京的体育场馆数量，改革开放初期到 1983 年间基本没有增加。随着筹办北京亚运会工作的推进以及经济的发展，使北京在 1995 年后体育场馆数量年增幅迅速，和 1978 年相比，体育场馆总数量由原来的 472 个上升到 902 个[①]。建设国家奥林匹克体育中心以及区县和高校体育设施，使得北京初步形成大中小型体育设施组成、集中与分散相结合的均衡布局。

北京奥运会筹办历时 7 年，是北京体育设施发展最快的时期。2001—2003 年，为

① 卢元镇，于永慧 . 改革开放以来北京市体育场馆发展研究 [J]. 广州体育学院学报，2006，26（2）：6-11.

了迎接北京奥运会，体育场馆建设资金投入巨大，这3年终投资额接近之前年份投资总额。在城区初步形成东、南、西、北1个国家级主体育中心、3个市级体育中心的格局。

后奥运阶段，由于现有场馆已经能够满足各类国际国内赛事的需要，北京市体育场馆设计建设进入相对缓慢发展期。

北京市的体育场馆布局严重不均衡，南北区域差异很大。随着先农坛体育场和北京体育馆赛事功能的弱化，大型体育中心全部集中在北部。北部奥林匹克体育公园区域是国家级体育文化中心，国家体育场、国家体育馆、国家游泳中心、奥体中心体育场、奥体中心体育馆、奥体中心游泳馆、国家网球中心等7座大型体育设施，占北京城区大型体育设施数量的1/3以上，总建筑面积达57万平方米，总座席数近20万。东城、西城、宣武等是北京的老城区，由于历史原因，很难布局新的具有一定规模的体育设施。原来属于近郊的海淀区和朝阳区则集中了大量的体育场馆，远郊的平谷、怀柔、密云和延庆等体育场馆数量则相对较少（表2-5-1）。

北京体育场馆情况（单位：个）　　表2-5-1

年份	总计	体育场	体育馆	游泳场馆	各种训练房
2000	2815	35	24	214	863
2001	3500	42	27	283	1101
2002	4176	57	33	334	1358
2003	6100	93	36	443	1729
2004	6104	93	36	443	1729
2005	6112	93	36	446	1731
2006	6122	93	36	446	1734
2007	6146	94	37	446	1736
2008	6149	94	37	446	1739

来源：北京统计局公布的年度经济数据.

2. 北京中轴线和重要体育设施

北京有着3000多年的建城史和800多年的建都史，自古以来是我国北方的军事重地。古代北京城市建设中最突出的成就，是北京以宫城为中心的向心式格局和自永定门到钟楼长7.8公里的城市中轴线，这是世界城市建设历史上最杰出的城市设计范例之一。

北京旧城的中轴线南起永定门，经正阳门、天安门、端门、午门、故宫，向北直达景山山顶，最后在钟鼓楼北结束，纵贯北京城南北，全长 7.8 千米，是世界上现存最长的城市中轴线。这条壮美而有秩序的中轴线，对北京城市的空间结构产生很大的影响。

北京的中轴线开始于元朝，忽必烈于 1264 年开始建设元大都，开始确定全城的中轴线。元大都的中轴线南起丽正门，北达中心阁，全长约 3750 米（图 2–5–4）。

明北京城的中轴线是在元大都中轴线的基础上演变而来，并向南、向北延伸，这使得明代北京城中轴线的纵深感更强，空间序列更加丰富。1421 年，明成祖正式迁都北京，先后兴建钟楼、鼓楼，在中轴线两侧兴建太庙和社稷坛（图 2–5–5）。

清代依旧定都北京，沿用明北京城，中轴线上基本没有增添新建筑，最主要的变化是一些建筑的名字，如：大明门改称大清门，承天门改称天安门等。

如果说元、明、清三代是北京城传统中轴线的建设时期，那么从民国时期到现在则是北京城传统中轴线的干扰与复兴时期。

新中国成立后，1949 年开国大典上使用的旗杆即在中轴线上。

为了解决城市交通等问题，北京城中轴线上的一些建筑陆续被拆除，全面改造天安门广场，1952 年，北京拆除了长安左门、长安右门，1954 年，北京拆除了中华门，使得天安门广场扩大到现在的规模。广场中央建造了人民英雄纪念碑，并在传统中轴线上增添了具有新时代意义的新建筑，如人民大会堂、人民英雄纪念碑、国家博物馆等。1976 年毛泽东逝世之后，在原中华门的位置建造了毛主席纪念堂。

历史上，北京城中轴线受到“面南而王”指导思想的影响，一直向南发展。而改变这一格局的是为举办亚运会和奥运会而兴建的奥林匹克中心和奥林匹克公园。

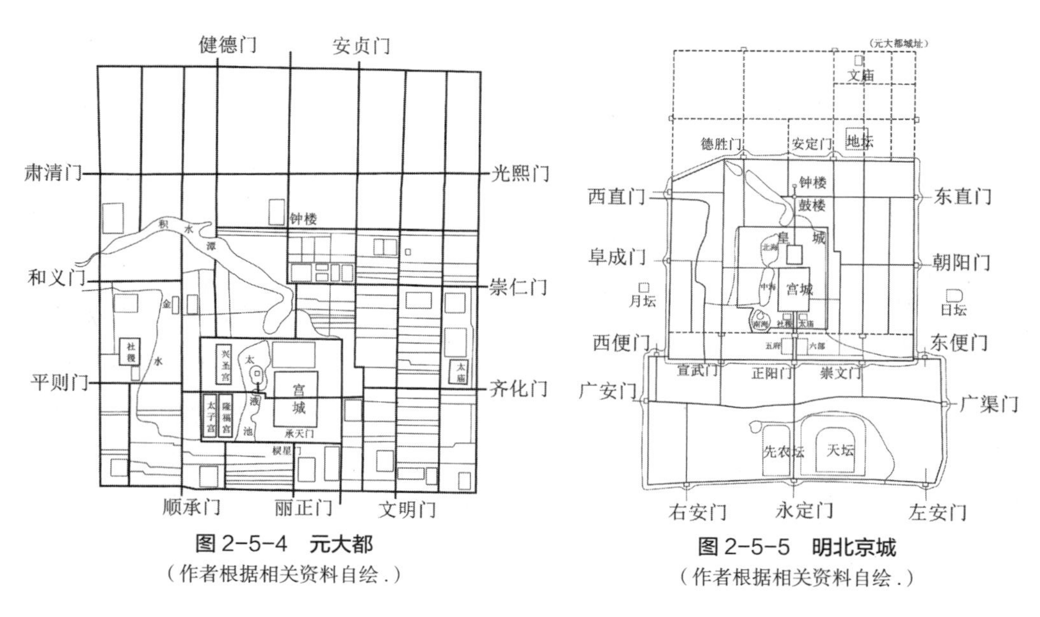

图 2–5–4　元大都
（作者根据相关资料自绘 .）

图 2–5–5　明北京城
（作者根据相关资料自绘 .）

20世纪80年代末，在申办亚运会时决定将亚运会场馆建在北京城中轴线的北延长线上，这是北京中轴线第一次向北延伸。

在迎接亚运会的过程中，为了缓解北京旧城到亚运村的交通，开辟了两条重要的交通干道——鼓楼外大街和北辰路。这条路成为北京中轴线的延伸。西边建造了中华民族园，东边则是奥体中心。

申奥成功后，中轴线再次向北延长，成为奥林匹克公园的轴线。

在奥林匹克公园规划过程中，对于北京城中轴线的设计也曾展开激烈的争论。曾经有人认为，奥运会中国向世界展示实力的一次机会，因此，奥林匹克主体育场应位于中轴线上。但最终规划方案以自然公园作为中轴线的收尾，北京的远山作为对景标志物。这让北京城的中轴线由城市中心向南北逐渐融入自然，最后消失于田野和远山之中，给后人留下充分想象的空间。

2001年，北京取得奥运会举办权，北京中轴线得以进一步向北延伸，中轴线北端是奥林匹克公园，东侧是“鸟巢”（国家体育场），西侧是“水立方”（国家游泳中心）、国家体育馆、国家会议中心等现代建筑。

《北京城市总体规划（2004—2020年）》提出：“中轴线以文化功能为主，以中部历史文化区、北部体育文化区、南部城市新区为核心，体现古都风貌与现代城市的完美结合。”北京依托中轴线，从北到南形成三个独立中心，即北中轴线上以奥林匹克公园为核心的商业文化中心，传统中轴线上以紫禁城为核心的政治文化中心，南中轴线上以南苑新城为主体的商贸、高新产业中心。

奥林匹克公园中心区，位于北京市中轴线的北端，是北京中心区规划范围内最宝贵的一块发展预留用地，在城市格局中异常重要，在城市形态上承担着重要的文化传承和展示功能。

由此，北京中轴线在南起永定门、北至鼓楼的传统中轴线基础上向南向北延伸至五环，全长25公里。

3. 1990年亚运会

亚运会设施的布局和建设，是“体育设施建设在前、城市发展在后、体育带动城市发展”的典型案例。

1990年，北京承办第十一届亚运会，这是1949年新中国成立以来我国第一次主办大型洲际运动会。亚运会主要场馆，当时名为北京市北郊体育中心，后更名为国家奥林匹克体育中心，位于北京市中轴线向北延伸的北辰路东，距离天安门广场9公里，距离亚运会的主会场工人体育场约8公里。

国家奥林匹克中心位置，在北京市总体规划中，是北京三环外的北部的大型体育中心用地，在亚运会筹办之初，三环还未通车，周边有很多农田，是典型的城乡接合部。为举办亚运会，大型体育以及相关配套设施超前和集中建设，带动了城市往北发展，城市中心明显北移。

国家奥林匹克体育中心，总用地120公顷，相当于紫禁城面积的1.5倍。按照“目前举办亚运会、未来举办奥运会”的总体构思，一期建设用地66公顷，主要建有2万座田径场、6000座体育馆、6000座游泳馆、2000座曲棍球场以及相应的练习场馆。南侧预留用地，规划主要考虑建设一座10万座的主体育场。

国家奥林匹克体育中心，按照开放的体育公园、注重环境的思想进行设计，打破以往固定模式，围绕2.7公顷的中心湖面布置建筑群。总体规划提出人车分流的理念，采用高架平台解决不同的交通。建筑形象采用活泼、自由的布置方式，注重建筑群体形成的空间形象。

1990年北京举办第11届亚运会，除了新建20个体育场馆和国家奥林匹克体育中心外，还新建道路22.5公里、5座立交桥、11条地下通道、7条地下管线，建设了4万门电话局、11万伏变电站、地区集中供热站、二级污水处理厂等，并配套建设110万平方米居住小区，使北郊地区由一个垃圾堆场变成了一个环境优美、交通便捷的新开发区。

1990年亚运会的举办，给北京的房地产市场带来了无限商机，亚运村附近的房地产一夜崛起，成为北京最具潜力的房地产板块之一，当地的房价从3000多元/平方米暴涨到了1万多元/平方米，亚运商圈成为北京新城区的核心商务圈。

4. 2008年奥运会

北京自1991年就开始申办奥运会，1993年1月11日，北京奥申委第一次向国际奥委会递交了北京申办2000年奥运会的申办报告。

1991年第一次申办奥运会时，北京的经济社会发展水平还处在改革开放后的初级阶段，人均GDP不足1000美元，政府年财政收入不足80亿元。和其他申办城市相比，环保方面远低于国际标准，机场、城市道路、地铁等基础设施建设有很大的差距。①

1998年11月，我国决定再次申办2008年奥运会，到2001年国际奥委会考察期间，北京市人均GDP已经达到3000多美元，政府财政收入500多亿元。到2007年，北京市人均GDP已经达到7654美元，政府财政收入1882亿元。

---

① 黄艳．在北京城市发展战略与规划下的北京奥运会场馆设施规划建设[J]. 建筑学报，2008（10）：11-15.

（1）选址

1999年在申办期间，就确定北京奥运会场馆及其他相关设施的布局和中心区的选址的两个根本原则是，有利于申办成功，有利于城市发展。

北京奥运会中心场馆选址经过深入比较研究，当时主要有三个推荐方案。①北郊方案，即在已建成的奥体中心北部，原来预留的奥运中心用地。②东南四环方案。③亦庄方案。

北郊方案布局采用相对集中与适当分散相结合，有效利用现有原亚运会期间建成的体育设施，便于赛事统一组织管理和赛后利用，而且奥运村和场馆之间距离较近交通便捷。但是北京长安街以南体育设施较少，奥运中心选址于北郊，将拉大北京市体育设施的南北差距。

东南四环方案，可以大大提高北京市南城的体育设施水平，促进城市的均衡发展。并且主场馆集中程度也比较高，但其他场馆和主场馆的关系就较为分散，并且离奥运村、顺义赛区、东北部的训练场馆比较远。

亦庄位于北京东南角，北京经济开发区内，在空间上符合城市的发展格局。但亦庄距离北京主城较远，这种选址会造成主场馆到其他场馆的距离过长，不符合奥运比赛的时间要求。

也有专家认为奥运会选址可以跳出北京城区，着眼京津唐更大的区域，实现更大范围的基础设施共享，并充分利用奥运会的契机，促进区域经济的整体发展。但是由于当时的行政区划限制，跨城市间实行管理难度较大，很难实现跨城市的选址。

因此，综合考虑了多方面因素，如区域协调发展、城市空间发展格局、城市环境及景观特色营造、城市综合交通、旧城及文化保护、成本及赛后经营等，北京奥运会的主中心场馆的选址，最终采用北郊方案。

（2）总体布局

北京奥运会项目选址采取了“集中和分散”相结合的原则，主要场馆集中建设，打造奥运的主体形象区，充分突出城市特色；部分比赛场馆相对分散，便于结合城市的整体发展，带动不同区域的体育设施及城市风貌的建设。分散和集中相结合，有效地促进了城市的整体发展，提升城市的整体活力。

北京奥运场馆及相关设施总体布局为“一个中心和四个区域”。一个中心即奥林匹克公园，四个区域即东部社区、西部社区、大学区和北部风景旅游区。

“奥林匹克公园”是举办奥运会的“主中心区”，内有10个场馆。“西部赛区”有8个场馆，其中新建五棵松文化体育中心，赛后将成为市区西南部群众文化活动的场所。“大学区”安排6个场馆，有利于大学生体育活动的开展，也必将成为大学文化的一个组成部分。“北部风景旅游区”1个比赛场馆，便于赛后发展郊区旅游业，其他地区改扩建的工人体育场馆等6个，为赛后相邻地区的群众开展文化体育活动创造了条件。

按照国际奥委会的要求，运动员从运动员村出发到最远的比赛场馆，车程不能超过30分钟。奥运村规划在最有利的地理位置，与首都国际机场相距21公里，20分钟内可到达；与市中心相距9公里，乘专车或地铁15分钟直接到达。大多数的比赛场馆规划在两条城市快速环路四环路和五环路两侧，再辅以机场高速、京石高速等主要道路，构成联系各个场馆的环状的快速交通线路，从奥运村驱车可在30分钟内到达所有场馆，而且这一带也能避让文物古迹集中的旧城区。

奥运会主中心区选择北中轴区，北四环一带是20世纪50年代就预留下的公共设施用地，已经有亚运会期间的建设基础，周围比较繁华，配套设施到位，可以有效减少建设量。而且北京的北城区位于城市河流的上游和主导风向的上风向，环境质量相对较优。

从中心区到三个分区的距离分别为3公里、10公里和28公里。通过合理的交通组织，确保线路的畅通安全。由于奥运场馆大部分位于四环路为主的城市快速路两侧，从奥运村到各场馆，行车在10分钟内可到达的占53%，最远的仅用28分钟。

北京奥运会中心区规划区域南侧是城市中心区，北侧是森林公园，西侧为科技文教区及风景名胜区，东侧为亚运村及国家奥林匹克体育中心。

奥运会影响了北京空间格局，形成了“疏解中心大团，重构空间格局，鼓励和引导中心区的产业、人口和其他城市职能向新城、新的产业带转移”的发展导向。

（3）节俭办奥运

北京奥运会制定了建设方针：奥运建设与城市建设相结合；集中与分散相结合，以集中为主；改扩建与新建临时建筑相结合；赛时使用与赛后运营相结合。奥运的筹备对城市风貌的改变起到了重要作用。在申奥期间，对奥运场馆的规划进行了多轮讨论和反复修改。

根据2002年3月28日发布的《北京奥运行动规划》，北京奥运会计划共需场馆37个，其中北京地区32个，京外地区5个。在北京32个比赛场馆中，新建19个（含6个临时赛场），改扩建13个。此外，还要改造59个训练场馆及配套建设残奥会专用设施。

2004年响应国际奥运会和中央政府“节俭办奥运”的号召。开始了场馆的优化计划。调整规划布局，优化工程设计方案，这使得奥运场馆更有利于赛后利用，并节约成本。

在满足国际奥委会和国际单项体育组织确定的技术质量标准的情况下，减少新建项目和改扩建工程，原计划的新建场馆有所减少，增加了改扩建和临时场馆的数量。原定的37个奥运场馆减少到36个。在北京的31个场馆中，新建场馆减少到12个，改扩建场馆减少到11个，临时场馆增加到8个，建设投资控制在130亿元之内。（表2–5–2，表2–5–3）

近年奥运会场馆总数和新建场馆数届数　　表2–5–2

年份	届数	举办城市	比赛项目数	场馆总数	新建和大面积翻修场馆数
1976	21	蒙特利尔	21	22	6
1980	22	莫斯科	21	25	12
1984	23	洛杉矶	21	27	8
1988	24	首尔	23	34	13
1992	25	巴塞罗那	25	37	25
1996	26	亚特兰大	26	29	12
2000	27	悉尼	28	25	14
2004	28	雅典	28	35	28
2008	29	北京	28	36	19

北京奥运场馆详情　　表2–5–3

所属片区	场馆名称	开工时间	竣工时间	奥运会期间用途	残奥会期间用途	备注
中心区：奥林匹克公园区	国家体育场	2003年12月24日	2008年6月	开闭幕式、田径	开闭幕式、田径	新建
	国家体育馆	2005年5月28日	2007年11月	体操（不含艺术体操）、蹦床、手球	轮椅篮球	新建
	国家游泳中心	2003年12月24日	2008年1月	游泳、跳水、花样游泳	游泳	新建
	国家会议中心击剑馆	2005年4月28日	2007年9月	击剑、现代五项的击剑和气手枪	应地滚球、轮椅击剑	临建
	北京奥林匹克公园网球场	2006年3月23日	2007年10月	羽毛球、艺术体操		新建
	北京奥林匹克公园曲棍球场	2005年12月28日	2007年8月	曲棍球	五人制、七人制足球	临建
	北京奥林匹克公园射箭场	2005年12月28日	2007年8月	射箭	射箭	临建
	奥林匹克中心体育场	2006年4月1日	2007年7月	现代五项的马术、越野跑		改扩建

续表

所属片区	场馆名称	开工时间	竣工时间	奥运会期间用途	残奥会期间用途	备注
中心区：奥林匹克公园区	奥林匹克中心体育馆	2006年4月1日	2007年9月	手球		改扩建
	英东游泳馆	2006年4月1日	2007年9月	水球预赛、现代五项的游泳	游泳训练	改扩建
大学区	中国农业大学体育馆	2005年9月15日	2007年8月	摔跤	坐式排球	新建
	北京大学体育馆	2005年9月17日	2007年12月	乒乓球	乒乓球	新建
	北京科技大学体育馆	2005年10月18日	2007年11月	柔道、跆拳道	轮椅篮球、轮椅橄榄球	新建
	北京工业大学体育馆	2005年6月30日	2007年10月	羽毛球、艺术体操		新建
	北京理工大学体育馆	2007年2月8日	2007年9月	排球预赛	盲人门球	改扩建
	北京航空航天大学体育馆	2007年1月31日	2007年12月	举重	举重	改扩建
西部社区	北京奥林匹克篮球馆（五棵松篮球馆）	2005年3月29日	2008年1月	篮球		新建
	北京五棵松体育中心棒球场	2005年12月22日	2007年8月	棒球		临建
	北京射击馆	2004年7月13日	2007年7月	射击步、手枪	射击步、手枪	新建
	丰台体育中心垒球场	2005年7月28日	2006年7月	垒球		改扩建
	老山自行车场	2006年5月31日	2007年9月	山地自行车		改扩建
	老山自行车馆	2004年10月30日	2007年12月	场地自行车	场地自行车	新建
	老山小轮车赛场	2006年12月30日	2007年8月	小轮车		临建
	北京射击场飞碟靶场	2006年3月24日	2007年8月	飞碟射击		改扩建
北部风景旅游区	顺义奥林匹克水上公园	2005年上半年	2007年7月	赛艇、皮划艇（静水）激流回旋、马拉松游泳	赛艇	新建
其他区域	朝阳公园沙滩排球场	2005年12月28日	2007年8月	沙滩排球		临建
	铁人三项赛场	2007年4月	2007年下半年	铁人三项		临建
	城区公路自行车赛场			城区公路自行车赛		临建

续表

所属片区	场馆名称	开工时间	竣工时间	奥运会期间用途	残奥会期间用途	备注
其他区域	北京工人体育馆	2006 年 4 月 18 日	2007 年 8 月	拳击	盲人柔道	改扩建
	北京工人体育场	2006 年 4 月 18 日	2008 年 1 月	足球		改扩建
	首都体育馆	2006 年 6 月 16 日	2007 年 12 月	排球		改扩建

优化调整后的国家体育场取消了可开启屋盖，扩大了屋顶开孔，座位席比原来减少了 9000 个，减少用钢量 1.2 万吨。“鸟巢”的建设使用了 8 万多吨首钢的钢渣废料，这些废钢经过加工处理，变废为宝，代替了以往地基回填的天然沙石料，可节约大量天然沙石料的开采。

五棵松体育馆则取消原篮球馆上部的商业设施，简化下沉式广场，取消环行车道，观众大厅的入口抬升至地面，减少竞赛所在层的夹层面积，取消四面的电视墙。建筑面积由 11.9 万平方米大幅减少到 6.3 万平方米，用钢量更是从 4 万吨减少到 5 千吨，整体节约 5 亿元。

国家游泳中心“水立方”，已核减超出批准规模的建筑面积 7800 平方米，减少投资 0.9 亿元。

（4）奥林匹克公园规划

奥林匹克公园，位于北京的北中轴线上。早在亚运会时，这里就考虑了奥运会的预留发展用地。考虑到奥运会的规模以及城市未来的发展，奥林匹克公园不仅包括亚运会预留用地，还包括北侧更具有发展潜力的用地。

奥林匹克公园的建设形成了《北京市城市总体规划（2004—2020）》里面“两轴两带多中心”城市空间结构中的多个城市职能中心之一。

北京奥林匹克中心区——奥林匹克公园，选址在千年古都的中轴线上，地理位置极为重要。公园面积达 2.91 平方公里，占整个城区面积的 2.8%。集中了 50% 以上的奥运重要场馆和设施，新建、改建 14 个比赛场馆安排 15 个比赛项目，包括“鸟巢”“水立方”、国家会议中心、奥运村、主新闻中心、多功能演播塔、下沉花园等。奥林匹克公园总用地面积约 1159 公顷，其中包括：北区—奥林匹克森林公园占地 680 公顷；中区—奥林匹克公园中心区占地 315 公顷；南区—原亚运会国家奥林匹克中心用地及其南侧预留用地占地 164 公顷。

奥运中心区北区包括会展博览设施、文化设施、商业服务设施、运动员村、地下停车设施、集中公共绿地和广场以及体育设施。体育设施包括 8 万人国家体育场，1.8

万人国家体育馆，1.5 万人国家游泳中心，奥林匹克公园射箭场等，奥运中心区南区包括原有亚运会体育设施、新建网球中心和曲棍球场。

奥林匹克公园规划用地共 1135 公顷，包括 680 公顷的森林公园和 405 公顷的奥运中心区。规划目标依托亚运会场馆和各项配套设施，集体育竞赛、会议展览、文化娱乐和休闲购物于一体，空间开敞、绿地环绕、环境优美建设，能够提供多功能服务的市民公共活动中心。

规划思想是奥运建设与城市长远发展相结合、延续和发展城市中轴线、体现“绿色奥运、科技奥运、人文奥运”的宗旨。

规划通过绿色轴线、文化轴线、奥林匹克轴线，组织空间结构。

绿色轴线由森林公园往南延伸，贯穿整个奥林匹克公园。文化轴线从北往南延伸到故宫，作为故宫皇家轴线的终点。奥林匹克轴线连接亚运城和国家体育场以及相关主题广场（图 2-5-6 ~ 图 2-5-8）。

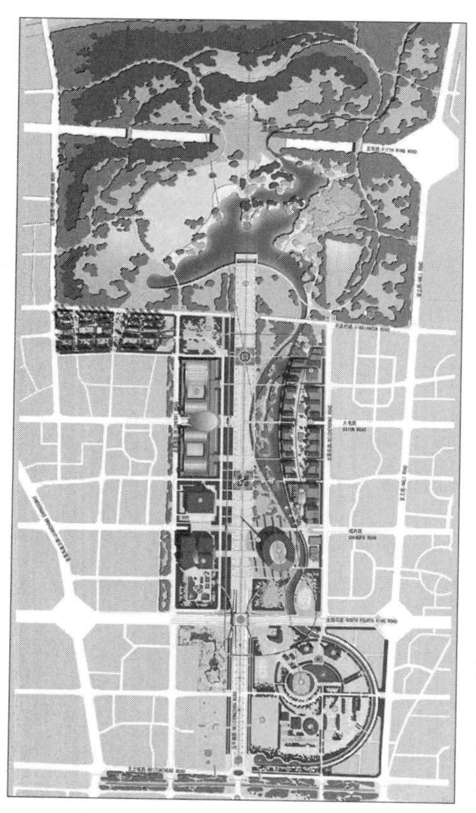

图 2-5-6　奥林匹克公园规划总图

（北京市规划委员会，北京水晶石数字传媒．2008 北京奥林匹克公园及五棵松文化体育中心规划设计方案征集 [M]. 北京：中国建筑工业出版社，2003：44. 作者改绘．）

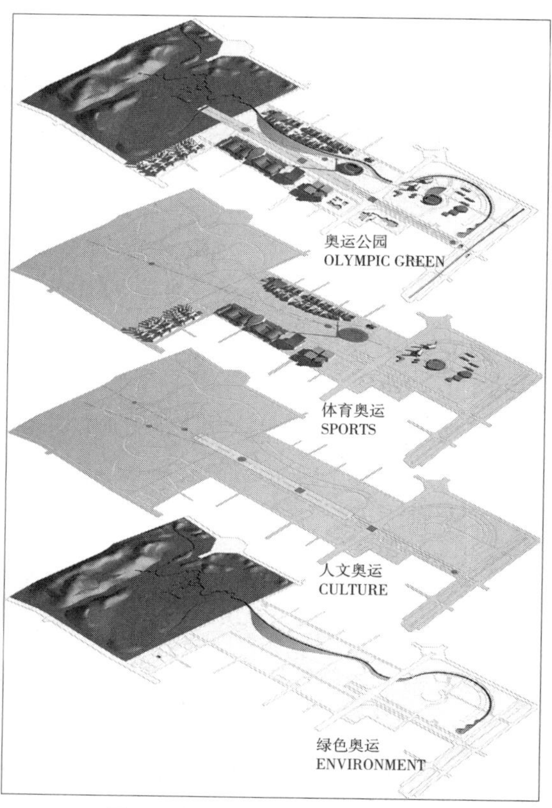

图 2-5-7　奥林匹克公园设计理念

（北京市规划委员会，北京水晶石数字传媒．2008 北京奥林匹克公园及五棵松文化体育中心规划设计方案征集 [M]. 北京：中国建筑工业出版社，2003：45. 作者改绘．）

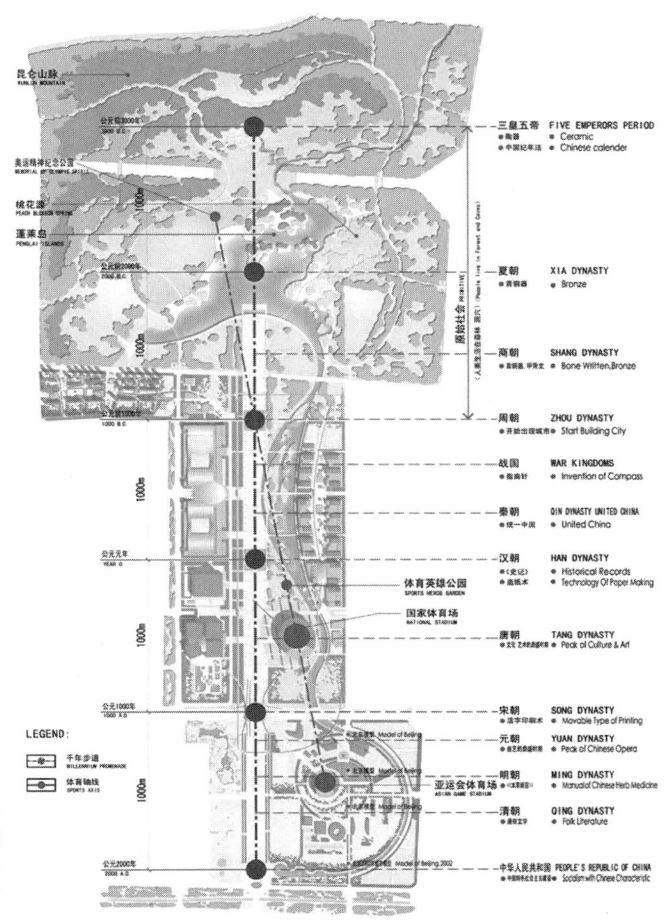

图 2-5-8　奥林匹克公园轴线分析

（北京市规划委员会，北京水晶石数字传媒. 2008 北京奥林匹克公园及五棵松文化体育中心规划设计方案征集 [M]. 北京：中国建筑工业出版社，2003：44. 作者改绘.）

国家体育场基地占地面积 78000 平方米，总建筑面积约 260000 平方米，永久座席 8 万人，临时座席 2 万人，建筑高度约 68 米。

国家游泳中心规划建设用地约 6.29 公顷，总建筑面积约 80000 平方米，建筑高度 31 米。

国家体育馆规划建设用地约 6.87 公顷，主建筑面积约 80000 平方米，建筑高度约 40 米。

会展中心规划建设用地约 12.2 公顷，总建筑规模约 260000 平方米，建筑控制高度为 60 米。

位于奥林匹克公园中心区中部的玲珑塔，主要功能为电视转播，总建筑面积为 4299 平方米，其中地上面积 3636 平方米，地下面积 663 平方米，总高度 132 米。玲珑塔共分七层，首层为休息大厅，2~6 层为演播室，顶层为观光层。

奥运村分为居住区和国际区，邻近主要比赛场馆，占地 80 公顷，建筑面积约

47 万平方米，可供 16000 名运动员、教练员及其随行人员居住。奥运村环境优美，舒适方便，安静安全。

记者村占地 30 公顷、建筑面积约 40 万平方米。

和园位于中心区中轴线东侧，地下 9 米，其两侧是大型购物中心和地铁的出入口。和园长达 700 米，由 7 个庭院串联而成，在满足人员集散的基础上，集中展示了中国悠久的历史和文化传统。

龙形水系总长约 2.7 公里，水面宽度 20~125 米，总水面面积为 18.3 万平方米，水深 0.6~1.2 米，设置多处水景景观。

中轴景观大道从南到北连接民族大道、庆典广场、文化广场、下沉花园、休闲花园、龙形水系、森林公园等区域，是奥林匹克公园里一道靓丽的风景线。

赛后，国家体育馆兼作为杂技中心，国家游泳馆兼作为戏水乐园，部分体育场馆与 MPC、IBC 改作展览中心，射箭场、国际区拆除。国家体育场的部分与国家游泳馆嵌在商业功能的建筑综合体中，形成集购物、商住、娱乐、休闲、餐饮、观赛于一体的高效便捷的多功能体。奥运村用于租售。

（5）奥运会对城市发展的促进作用

奥运会被定义为一种"超级事件"，可以吸引大量的参与者和观看者，形成一种全球关注。"超级事件"也是一种市场战略，尤其对于旅游业，主办城市在国际市场中受到极高的关注。"超级事件"能够创造长期遗产，在事件结束之后仍能发挥作用。

①经济

北京奥运会，对我国整体经济也产生了很大的影响。

整个 2008 年奥运会对经济的影响可以分为三个阶段，奥运筹备建设期（2001—2007 年）、奥运举办期（2008 年）和奥运会后期（2009—2010 年）。

2001 年我国申办奥运成功，给整个中国带来更多的是开放的精神及民族的自信，极大地振奋了国人精神。从 2001 年开始，我国经济摆脱了东南亚金融危机的影响，进入新的增长轨道。2002 年，GDP 增长率由上一年的 8.3% 一举跳升到 9.1%，为"黄金五年"打下坚实的基础。

奥运会给地区经济带来了起飞的动力，尤其在京津唐地区。

得益于奥运会，全国的资源重点向北京地区集中，该地区及周边的交通基础设施大量升级，京津唐主要城市间在城际高速交通体系构成 30 分钟经济圈。我国第一条时速超过 350 公里 / 小时的高速铁路——京津城际铁路运营，从北京到天津只用 25 分钟左右。京津唐地区形成的半小时经济圈、人流圈，有助于构造区域一体化共同体，促进京津唐城市间的商业、人才、科技的合作与交流，优化区域生产要素的配置，具有十分突出的战略意义，京津唐的巨大潜力开始凸显。

奥运会为北京尤其是奥林匹克中心区带来了巨大的经济投资，对城市建设和发展起着明显的催化和推动作用，建筑业、房地产业、旅游业、体育产业得到高速发展。促进了区域经济，提高城市基础设施水平。

北京申奥报告财政预算，从2001年到2008年，北京奥运会工程建设7年期间，北京市投资1.5万亿人民币，其中与奥运相关的投资超过2800亿人民币。在与奥运相关的2800亿投资中，有1800亿用于基础设施建设，713亿用于环境保护和治理，171用于场馆建设，113亿用于运营等其他费用。这样巨大的投资，将直接促进北京市金融、电讯、制造业以及文化、体育、交通、旅游等相关产业的持续发展（表2–5–4）。

2000—2008年北京投资收入[①] 表2–5–4

投资收入 \ 年份	2000	2005	2006	2007	2008
固定资产投资总额（亿元）	1297.4	2827.2	3371.5	3966.6	3848.5
GDP（亿元）	3161.0	6886.3	7861.0	9353.3	10488.0
地方财政收入（亿元）	398.39	1007.35	1235.78	1882.04	2282.04
就业增加人数（万人）	619.3	878.0	919.7	942.7	980.9

北京奥运会直接收入，北京奥组委收入超过20亿美元。其中，电视转播权收入8.51亿美元，“奥运会合作伙伴计划”2.86亿美元，门票收入1.4亿美元，特许经营7000万美元。[②]

北京市的GDP，在2003—2007年间年均提高了约2.3%，GDP年均增加约310亿元；“奥运投资高峰期”的2005—2007年，北京市GDP年均增长速度达到12.3%，其中2007年奥运经济拉动北京GDP的增长幅度达到1.14%，2008年则为0.85%。2008年北京生产总值突破万亿元大关，GDP达到11115亿元，增长12.88%，奥运经济拉动增幅0.85%。

在奥运促进经济快速增长的同时，北京市的产业结构也发生很大变化，第三产业强劲增长。2004—2008年，北京市三产比重由1.4 ∶ 30.9 ∶ 67.7调整为1.1 ∶ 25.7 ∶ 73.2，第一产业由2002年的1.9%降为2008年的1.1%，下降了0.8%；第二产业由2002年的28.9%降为2008年的25.7%，下降3.2%；第三产业由2002年的69.2%上升为2008年的73.2%，上升6%[③]。2001至2007年，奥运会拉动从商业到房地产的所有第三产业增速都在10%以上，使第三产业年均增长速度达到12.7%左右。

① 胡家浩．2008年奥运会提升北京竞争力的反窥 [J]. 南京体育学院学报，2011，25（1）：80–83.
② 王红茹．奥运收益有多大 [J]. 中国经济周刊，2008（34）：13.
③ 侯宇鹏．基于一般均衡理论的北京奥运经济效应研究 [D]. 哈尔滨工业大学，2009：10–17.

第三产业中以现代服务业为主，与奥运会相关的金融保险、社会服务、商业服务、文化产业和邮电等一批体现城市功能的现代服务业，受到明显拉动，对北京国内生产总值的贡献率保持在30%以上，逐步成为服务业的主导产业，并带动一批新兴服务部门的发展。信息传输、计算机服务和软件业、科学研究、技术服务和地质勘查业、房地产业也发展迅速。

与奥运会最直接的体育产业得到振兴，年均保持11.6%的高增长速度。

中关村科技园区、北京经济技术开发区、CBD商务中心区、临空经济区、奥林匹克中心区和金融街六大高端产业功能区聚集、引领作用显著增强。北京奥运的申办理念，促进了北京新兴产业的培育；绿色奥运的理念，带动了环保产业和生态农业的发展；科技奥运的理念，推动了高新科技产业的发展；人文奥运的理念，带动了服务业的发展。

工业结构调整成效明显，基本形成以现代制造业和高技术制造业为主导的工业体系。“科技奥运”的实施，高新技术年均增速为15%，占北京市国内生产总值的比重达到8.8%。

奥运为北京市新增约150万的就业机会。在2003—2007年，北京市年均增约23万就业机会，其中第二、三产业分别新增14万和9万就业岗位；至2008年，新增31万就业岗位，其中约26.3万分布在第三产业上。

奥运将北京推向了世界，让世界重新认识北京。北京的国际知名度与日俱增，成为世界重要的旅游目的地，对于北京旅游业的拉动最为明显。2007年，北京市国际国内旅游总收入超过1950亿元人民币，国际旅游外汇收入达4340百万美元，与五年前的2002年相比，旅游总收入增长64%，国际旅游外汇收入增长将近40%。

北京奥运会对建筑和建材业、环保业、体育产业、信息产业也起到很大的促进作用。

北京申奥成功后，房地产价格陡升25.8%，房价是全国平均水平的2倍，北京的人均收入低于上海，但每平方米房价却比上海高出1500元。尤其是原来的亚运商圈扩大成为亚奥商圈，范围包括北四环以北、北五环以南、京昌路以东、京承路以西的区域范围，主要包括由亚运村、安慧里、安慧北里、慧忠里、慧忠北里等居住小区以及周边的商业配套。(图2-5-9)

②交通

奥运会观众交通的需求特点是大量和集中，必须及时到达赛场，赛后要及时疏散。因此，交通运输设施的建设尤为重要。

在筹办奥运会过程中，北京市基础设施投资交通运输是投资量最大的，因此，北京城市交通基础设施建设加快，交通结构优化。新建首都机场T3航站楼、北京南站、

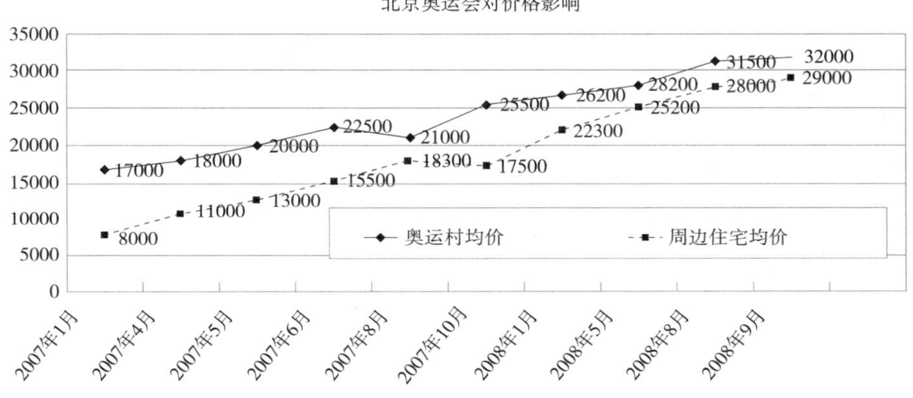

图 2-5-9　北京奥运会对房价的影响
（作者根据相关统计数据自绘 .）

地铁 10 号线一期、奥运支线、机场支线、东直门交通枢纽等一批服务奥运的交通基础设施，形成城际交通、市内交通和奥运场馆交通三个交通层次。

从 2003 年到 2007 年这五年间，北京市城市交通承载能力大幅提升，新增城市道路 669 公里、高速公路 162 公里，改造提级公路 8770 公里。

公共交通得以快速发展。1999 年北京在申办奥运会时，地铁运营线路只有 42 公里，到 2008 年轨道交通运营线路已达 198 公里，运营线路 8 条，轨道交通网络已初步形成。地面交通新建大容量快速公共交通线路，公交专用道以每年 10~20 公里的速度增加。2007 年，北京市公共交通出行比例达 34.5%，首次超过小汽车 32% 的出行比例。到 2008 年，北京公共交通出行比例达到 36.8%。

2008 年北京奥运会场馆中，有 85% 集中在城市北郊。奥运村与比赛场馆之间的交通联系主要利用四环路、五环路和若干条快速通道共同组成的奥林匹克交通环。在奥林匹克交通环上划有奥林匹克专用车道，形成奥运会专用快速道路系统，以保证运动员准时到达比赛所有场馆。

北京奥运会奥林匹克公园内，集中了 14 个场馆，总观众座席数达到 27 万，开闭幕式等重要的庆典活动也将在这里举行，比赛九天为高峰日，全天观众近 40 万人，在人流疏散最集中的时段，约 12 万观众需要在两小时内疏散完毕，解决奥林匹克公园的交通是整个奥运会交通计划的关键。

奥林匹克公园中心区交通分为三层：地面道路主要满足公共交通、非机动车和人行交通系统，地下一层道路服务过境交通和近处中心区的机动车，地下二层道路联络区域地下停车库实现共享。中心区地下路网设 2 条过境隧道和 1 条环形通道，地下交通环形通道全长 5.5 公里，位于地下 7.8 至 13.0 米之间，通道路面设计宽度为 11.85 米，单向三车道逆时针的交通组织形式，设计时速为 30 公里，沿线共设 12 个入口和 14 个出口与地面和地下城市道路相连，设 34 个与周边建筑联系的出入口，大大缓解了地面交通的压力（表 2–5–5）。

2008年北京基础设施投资　　表2–5–5

项目	投资额（万元）	比重（%）
交通运输（铁路、公路、城市公共交通等）	6042133	52.1
公共服务业（绿化、环境卫生、市政工程等）	2916383	25.1
能源（电、热、气、水）	1441063	12.4
邮政电信	866591	7.5
水利	289543	2.5
其他	340968	2.9
合计	11607138	100

③环境

为了承办奥运会，从 1998 年起，北京市大力治理大气污染，共投入 1200 亿元，实施了 13 个阶段 200 多项措施，重点治理燃煤、机动车、工业和扬尘污染，在环境改善上很有成效。

《北京奥运行动规划》提出，以防治大气污染和保护饮用水源为重点，通过调整经济结构、增加优质清洁能源、严格污染物排放标准、强化生态保护与建设等措施，实现城市环境质量和生态状况的显著改善。到 2008 年，市区大气中二氧化硫、二氧化氮、臭氧指标达到世界卫生组织指导值的要求，颗粒物浓度达到发达国家大城市水平，满足承办奥运会的需要。

为了整治环境，大量的重化工业等开始搬迁至京城之外，北京产业结构开始由第一第二产业向第三产业转型。到 2006 年底，北京市已经关停 23 条水泥立窑生产线、149 家黏土砖厂、近百家石灰土窑和砂石料等粉尘污染严重的单位；搬迁调整了 190

多家污染扰民企业。北京炼焦化学厂全面停产，每年可减少 300 万吨用煤量，减少烟粉尘排放 7300 多吨、二氧化硫 7500 多吨。

积极改善能源结构，加强燃煤污染治理，推进中心城区的“煤改气”，平房、胡同“煤改电”工程，削减燃煤量 600 万吨，减少二氧化硫、烟尘排放量 4.8 万吨和 2.6 万吨。

针对机动车迅猛增长的情况，北京市不断加大机动车污染控制力度，实行严格的机动车排放标准，更新淘汰高排放车辆。

2007 年全年，北京年市区空气质量二级和好于二级的天数累计达到 246 天。

倡导绿色奥运的理念，在奥运工程中采用的环境保护有 29 项，涵盖了噪声控制、园林绿化、环保设施、固体废弃物处理等几个方面。

按照“办绿色奥运，建生态城市”的要求，北京市生态环境得到明显改观。2000 年底，北京市林地面积 93 万公顷，林木覆盖率为 41.9%。2007 年，全市林地总面积继续增加，林木覆盖率达到了 51% 以上。2000 年，北京城市绿化覆盖率为 36%。2006 年底，已达到 42.5%，实现了市区城市绿化覆盖率 40% 以上的目标。2000 年，山区林木覆盖率为 57.23%，2007 年林木覆盖率达到 70.49%。到 2006 年底，北京市山区、平原和城市绿化隔离地区的绿色生态屏障基本形成，实现绿色环抱北京城的目标。

奥林匹克公园的建设，确立和延伸了北京中轴线，也为市民提供了一个高品质的游憩休闲场所，优化了人文环境。完善了城市职能和空间结构。

④城市形象

筹办奥运会，让北京的城市形象也大为改善。

古都北京历史悠久文物古迹众多，有“世界文化遗产”5 处，全国重点文物保护单位 42 处，北京市重点文物保护单位 222 处，另有各类博物馆 100 多座。

鉴于北京的历史特点，在奥运期间，充分发挥具有标志性的文物古迹，如长城、故宫、天坛等，以及独具特色的市民习俗如四合院等，可以充分彰显东方文化及历史文化名城的魅力。

北京《奥运行动规划》强调：“重点保护旧皇城、传统城市中轴线、25 片历史文化保护区、重点文物保护单位、历史城市水系和古城基本格局。”筹办奥运会期间，国家投资 3800 万美元（约 2 亿 4700 万元）用于北京的文物保护，北京城区 62 平方公里的范围里有 37% 的地方被保护起来，以紫禁城为中心的 6 平方公里皇城区域列为重点保护地区，凸显了北京的古城风貌。

在兴建大型体育设施的同时，一批现代化文化设施，如国家大剧院、国家图书馆二期、中国美术馆二期、中国科技馆三期、首都博物馆、中央电视台新址等重点文化设施兴建，充分展示北京作为我国文化中心的最新形象。

第六节 广州的大型体育设施与城市发展

广州是广东省省会、国家中心城市、超大城市，城区常住人口数量居全国第三，2016年人口达1404万。根据国务院规划，广州2020年常住人口控制在1800万人。

1. 广州城市的演变

广州是我国南方重要的城市，公元前214年即在古番山和禺山上修筑南海郡番禺城，2000多年来，广州城一直在原城市的基础上逐步扩展。

民国时期，1921年广州正式建市，是当时现代城市建设的模范新城市。"黄金十年"的1927—1937年，在相对稳定的时局下，广州就开始现代意义上的城市规划尝试。

新中国成立初期，1953年人口普查，广州总人口284.9万，规划用地规模177平方公里。新中国成立后到改革开放，广州共编制了13版总体规划，由于特殊的时代背景，大部分意义不大。从1958年开始，到1964年"设计革命"，全面压缩规划标准。"文化大革命"期间，城市规划没有较大突破，人口数量和分布变化也比较小。①

改革开放后，开始强调城市的中心性。广州市逐步形成了带状、组团式的发展模式。随着城市的发展壮大，寻求新的城市中心成为当时广州城市发展的迫切需求。就当时的地理条件而言，往西是与老城一脉相承的细小交通路径，往南是珠江，往北是机场，只有往东才能获得更广阔的发展空间。

1984年，广州总人口519万（市区非农业人口248.6万），规划用地规模251平方公里。20世纪80年代到90年代初，沿江西路上的南方大厦，是广州当时的标志，人民南路、十三行商圈是当时广州城市最中心的地区。

自此，城市逐步往东发展。1985年1月，分设天河区，环市东路形成广州市最早的中央商务区，片内涵盖白云宾馆、世贸中心、友谊商店、好世界、花园酒店、合银广场等高档写字楼和酒店。

这个阶段，城市结构从"以旧城为基础的单中心扩展"转变为"带状组团格局"，沿珠江北岸向东发展。城市以旧城为第一组团，第二组团是以天河体育中心为中心的天河区，第三组团是黄浦区。

1990年，广州市区人口629万，规划用地规模555平方公里。为此，1993年广州根据城市空间发展的需要，明确提出了向北发展，并提出了新的三大组团：以荔湾

① 罗彦，周春山．50年来广州人口分布与城市规划的互动分析[J]. 城市规划，2006，30（7）：27-31.

和天河为双中心的中心区组团、以夏港街为中心的黄埔组团和以机场附近为中心的白云组团。

2001年，广州市区人口994万（户籍人口702万），规划用地规模1090平方公里。这一时期，广州确立“国际性区域中心城市”的长远总体战略目标，城市规划是“东进、南拓、西联、北优”，规划区域分解为中心、番禺、花都三大组团，重点建设北部航空港、中部信息港、南部深水港。

2010年，广州市区人口1270万。这一时期，城市规划区范围包括10个市辖区和2个县级市，总面积为7434.4平方公里。广州市将通过完善综合交通网络、加快基础设施建设、保护城乡生态环境、拓展并优化空间布局，初步形成由中心主城区、南沙副城区、花都副城区、萝岗副城区、荔城组团、街口组团组成的“一主三副两组团”的城市空间布局。

随着城市中轴线进一步东移，为承办1987年全运会，广州建设天河体育中心，带动城市东扩，曾是郊区的天河北高级商务区从20世纪90年代末崛起。从此，大型运动会和大型体育设施的建设，在广州城建史上扮演着极其重要的角色。

广州借助大型运动会的体育设施建设推动城市发展的经验已被称之为“广州模式”。

1987年六运会，推动城市向东扩展，天河体育中心的建设推动新CBD的发展。

2001年九运会，加速城市二次东进，带动东圃板块发展。

2010年亚运会，实现城市版图的南拓。

2. 天河体育中心

1987年，广州借举办第六届全运会的机遇，建设天河体育中心，开发天河新城区。

在1980年代，广州市政府就有了城市东移的设想。广州市取得1987年第六届全运会的主办权后，自1984年7月起，广州市开始建设天河体育中心。

1985年5月24日，天河区从广州市郊区分出成立，成为广州市辖行政区，当时面积102.5平方公里，人口20.04万。

天河新区规划面积5.2平方公里，当时的规划设想是广州市沿珠江北岸向黄埔方向发展的第二组团，未来的城市中心位置，以文教、科研及体育等单位为主。

天河体育中心占地54.54公顷，占地约为当年天河新区的七分之一（14.8%），位于天河新区的核心位置，是我国第一个统一规划、一次性建成的现代化体育中心。

天河新区其他主要公共设施有：体育中心北面广州第二火车站（火车东站）占地面积31.74公顷，占天河新区面积9.6%；体育中心南面商业贸易中心占地面积

14.4 公顷，占天河新区面积 4.4%；体育中心西侧旅游服务中心占地面积 25.83 公顷，占天河新区面积 7.8%；体育中心东侧文化娱乐中心占地面积 18.1 公顷，占天河新区面积 5.5%。

随着天河体育中心、广州火车东站等大型公共建筑的建设，广州城市不断向东发展，天河区聚集了许多高层次的商务产业，形成现代化的城市中心区。

天河区快速积聚商务产业、现代服务业和高新技术产业。这些产业，主要集中在天河体育中心周边地区。1999 年，天河区的高新技术产业产值已经占到天河区工业的半壁江山，高新技术产业已逐步成为天河区的发展第一动力。到 2001 年，天河区 147 平方公里的土地上，完善的城市中心产业功能框架的轮廓已经初现端倪。其中高新技术产业、高层次服务业，已经成为天河区社会经济发展的主要载体，由此可见，在体育产业的引导下，天河区产业结构顺利升级。

随后经过 10 年的努力，在亚运会带动下，区位配套建设不断完善，广州打造的首个新城——珠江新城已经崛起，成为广州城的繁华核心。

广州城市中心由老城区一直变迁到新城区，由西往东经历 30 年发展，终于在 2004 年底确立了天河区将成新城市中心分区的规划。未来发展的空间结构可概括为“一个核心、两条轴线、四大板块”（图 2-6-1）。

天河体育中心原址为天河机场，20 世纪 20 年代建设，又称瘦狗岭机场，后由于地理、气象条件等原因，到 20 个世纪 60 年代后期，天河机场废置。当时的中共中央中南局第一书记陶铸建议在此建“体育城”，广州市政府决定，控制土地不得作其他

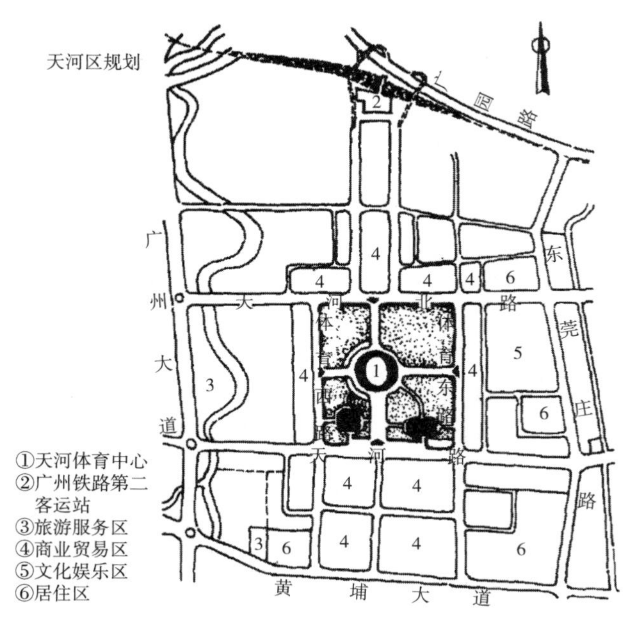

图 2-6-1　天河区规划图
（广州市设计院 . 广州天河体育中心 [J]. 建筑学报，1987（12）：3-12.）

使用，为日后的规划打下了良好的基础。在设计理念上，第一次提出了体育公园的概念，除举办大型运动会外，平时是居民进行体育活动、休憩与观看文艺演出的场所，大面积的空地与绿化可以调节环境条件。天河体育中心主体育馆实行政府和企业合作投资、建设和经营管理的模式，运动员村赛后作为商品房出售。

天河体育中心第一次提出“体育城”的概念，它和西侧广州体育学院、北侧中国人民解放军体育学院、东侧华南师范大学体育系、西南二沙头体育岛共同组成“体育城”。

天河体育中心占地 54.54 公顷，按规划建筑面积为 24.73 万平方米，第一期工程 12.47 万平方米，总投资逾 3 亿元。主要包括 6 万座体育场、8 千座体育馆、3 千座游泳馆，以及配套设施（图 3-6-2）。

体育场总建筑面积约 6.56 万平方米，其中田径足球场面积为 1.9 万平方米，看台面积 2.2 万平方米，可容纳超过 6 万名观众，符合国际比赛标准。体育场的轮廓被设计成马鞍形，两侧是白色拱顶。

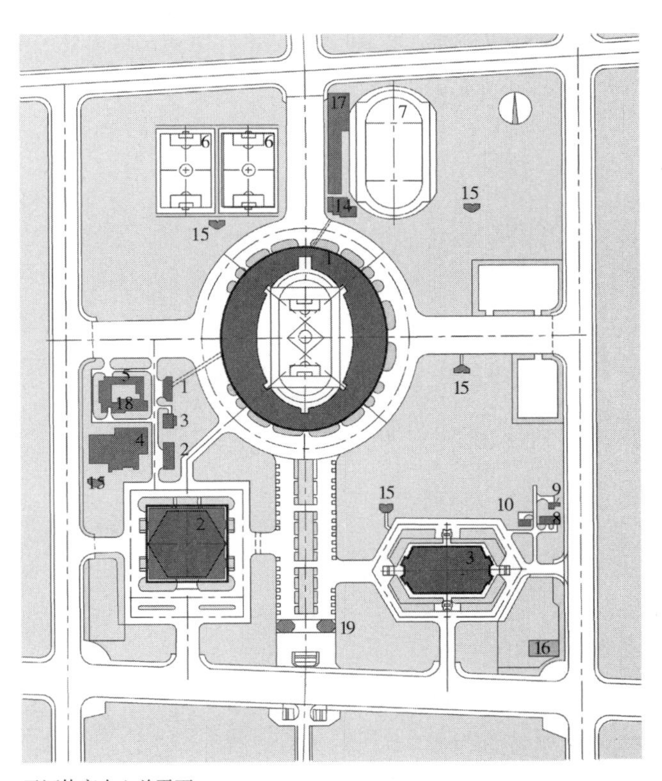

天河体育中心总平面

1. 体育场；2. 体育馆；3. 游泳馆；4. 练习馆；5. 办公、食堂；6. 足球练习场；7. 田径练习场；8. 锅炉房；9. 油库；10. 游泳馆变配电房；11. 体育场变配电房；12. 中心配电房；13. 发电机房；14. 检录室；15. 厕所；16. 污水处理站；17. 风雨跑道；18. 新闻中心；19. 南大门

图 2-6-2 天河体育中心总平面图

（广州市设计院 . 广州天河体育中心 [J]. 建筑学报，1987（12）：3-12. 作者改绘 .）

体育馆位于天河体育中心内，占地面积25600平方米，主馆建筑面积17159平方米，外观为六角形，屋顶跨度126米，有8628个观众座位。天河体育馆是一座综合性的体育场馆，可以举办各类室内比赛项目，并达到国际比赛项目要求，同时也作大型文艺演出、会议展览等用途。2001年九运会之前，天河体育馆进行了全面的翻新和维修，增加了接待室、更衣室、赛前练习室、兴奋剂检查室和休息室，以及国际体育比赛水准的照明系统和音响系统。为了配备大型演出功能，还增设了活动舞台，专业音响和整套的舞台灯光系统。

游泳馆建筑面积共2.17万平方米，南北跨度62米，东西长118米，馆内有符合国际标准的50米游泳比赛池、标准的训练池及21米×21米的跳水池。游泳池水深3米，可满足游泳、花样游泳、水球等水上竞技项目的要求，观众座位3232个。

1995年，在国家体委提倡全民健身活动的号召下，天河体育中心率先实行了全面开放，修建了全国第一条健身路径，并增建了树林舞场、露天羽毛球场、乒乓球活动区、儿童活动区、健身小区、篮球俱乐部等各种群体设施，结合优美的园林绿化环境，成为一个园林式的体育公园，既可举办各种体育比赛，广泛开展群众体育活动，又可举办各类大型博览会，集健身、娱乐、休闲和展示于一体的大型多功能综合性活动场所（图2-6-3、图2-6-4）。

3. 广州奥林匹克体育中心

2001年，广州又乘举办第九届全运会之东风，建设广东奥林匹克体育中心，推动城区继续向东部发展。

广东奥林匹克体育中心选址于广州东部天河区广东省体委黄村体育训练基地，距离天河体育中心约8公里，处于广州市东部组团和中心区组团两大组团的结合部，既是联系两大发展组团的绿色走廊，又是集文化、科技、体育、旅游为一体的城市观光

图2-6-3 天河体育中心现状

图2-6-4 天河体育中心体育场现状

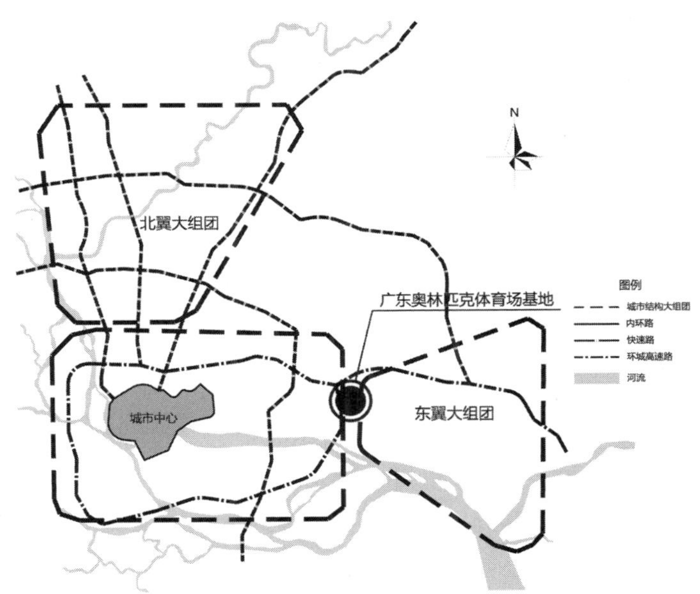

图 2-6-5　广东奥林匹克体育中心地理区位图
（作者根据相关资料改绘.）

休闲带（图 2-6-5）。

选址所在区域环境优美、山水相融，自然条件和生态环境良好，基地北部有世界大观、航天奇观、科学城等人造景区。

基地西南部集中了华南理工大学、暨南大学、华南师范大学、广东机械学院、广东民族学院，人文环境良好。

奥林匹克体育中心选址与城市总体向东发展的策略方向一致，和天河体育中心一样，起带动周边地区全新发展的重要作用。

基地周边有充沛的可开发用地，且交通便捷，有多条高速公路、快速路和城市主干道环绕。并且，为迎接 2001 年第九届全国运动会，广州市投资 420 亿元用于城市基础设施建设，其中城市交通基础投资建设达 339 亿元，包括建设两座跨珠江大桥、环城高速公路和环城高速公路衔接的七条放射状公路，新国际机场和广深准高速铁路，城市客运快速交通系统等，使市区原来交通拥挤的状况得到明显改善，广州市已逐渐成为拥有一个现代化交通网络城市。

广东奥林匹克体育中心位于广州市天河区南圃镇黄村，北邻世界大观、航天奇观、高尔夫球场、科学中心等旅游景区，西南为华南理工大学、暨南大学、华南师范大学等大学校区。总用地面积约 101 万平方米，总建筑面积约 32 万平方米，总投资 16.7 亿人民币。

广东奥林匹克体育中心的规划目标是“立足九运，着眼亚运，放眼奥运”。规划打破传统的中心对称的空间布局模式，用体育公园的理念进行总体规划布局，不仅是大型赛事的竞技体育比赛场所，也是城市的活动中心。由比赛场馆区、体育发展区、行政服务区、后勤宿舍区组成。场馆区主要工程为体育场，还包括5000座自行车场、2000座曲棍球场、3000座棒球场、2000座垒球场。体育发展区主要包括马术场、射箭场，可根据发展需要改建。

体育场处于广东奥林匹克体育中心的南部，占地304350平方米，地下建筑面积24890平方米，地上建筑面积120670平方米，看台面积42500平方米，总建筑面积（未包括看台面积）145560平方米可容纳观众80012人。体育场造型新颖、雄伟、浪漫并富有象征意义。屋顶的设计造型反映出对速度的追求、情感的彰显，对体育盛事、节日庆典、崇高精神的向往。屋顶“缎带”的造型既体现出这种飘逸、自由翱翔的理想，同时彰显对艺术的追求和美好的愿望。体育场内设21个看台小区，五颜六色的座椅，犹如用万片色彩斑斓的花瓣汇成广州市的市花——木棉花，极为壮观（图2-6-6、图2-6-7）。

自行车场占地约3公顷，跑道长度333.33米，观众席数5000人，是广东省第一个国际标准的自行车比赛场。

棒垒球场，包括半径106.68米的扇形棒球场和半径77.25米的扇形垒球场各一个，棒球场设3000座席的环形看台，建筑面积2800平方米，垒球场设2000座的临时看台。

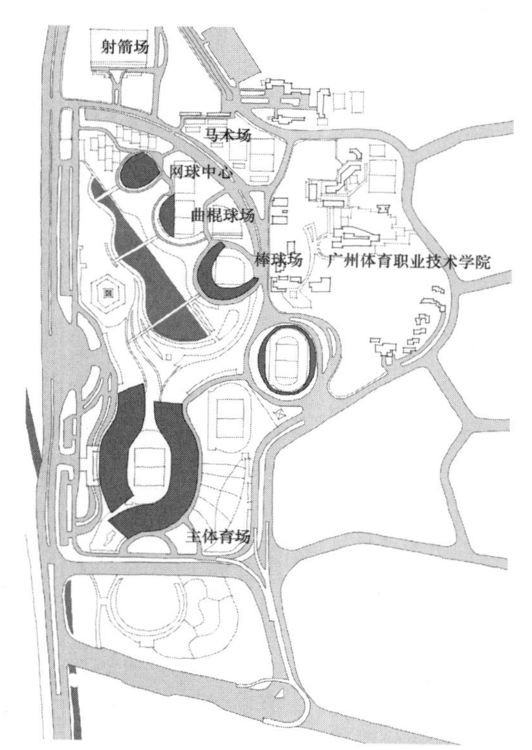

图2-6-6 广东奥林匹克体育中心总平面图
（李萍萍，王鹰翅，林隽．广东奥林匹克体育中心规划[J]. 规划师，2003，19（5）：52. 作者改绘．）

马术场为九运会盛装舞步骑术赛和跳跃障碍赛而设，场地标准分别为60米×20米和60米×120米，并包括一片1000平方米的热身场，设2000座临时座席。马厩一座，可容纳70匹马参赛。

2010年，为了承办广州亚运会，在广东奥林匹克体育中心西北面兴建网球中心和游泳跳水馆，总体布局上延续了广东奥林匹克体育中心的总体规划设计理念。

网球中心，由一个可容纳10000名观众的开敞式比赛主场、一个可容纳2000观众的比赛副场和13块室外标准网球场及相关附属用房组成，占地面积56398平方米，建筑总面积20962平方米。主副场馆犹如两个近地飞碟，更像岭南传统客家围屋的造型。

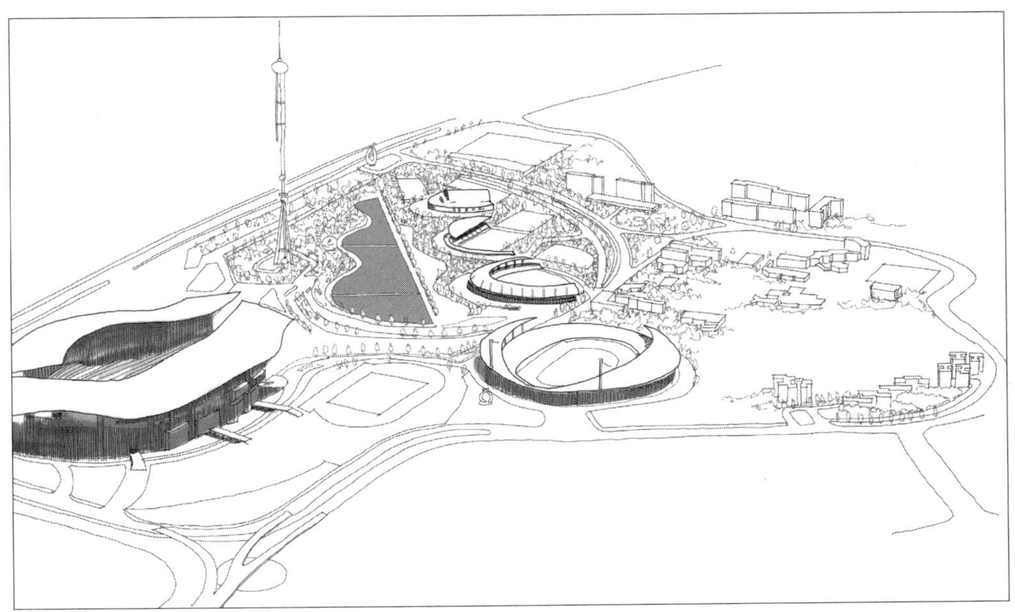

图 2-6-7　广东奥林匹克体育中心鸟瞰图
（作者根据相关资料自绘 .）

游泳跳水馆，总座席数为 4584 座，分别设置了标准比赛池（含移动池岸）、训练池、跳水池。主体造型采用双色螺旋流动造型，主体建筑白色和蓝色相间，既巧妙地隐喻了广州“云山珠水”的城市地理特征，又是对主体育场“飘带”曲线的延续。盖顶由 33 块蓝白铝合金板切体组合，造就了美妙的流线变化，形成渐变的 DNA 结构，也意在表现运动与人的关系。

4. 广州亚运城

广州新城位于广州南部，在 2000 年《广州城市发展战略规划》咨询中部分规划设计单位提出广州新城概念后，2001 年就已提出规划构想，2002 年广州市规划局开展广州新城发展规划研究咨询工作[①]。但从操作层面看，广州新城按照规划，一步到位地建成有很大的困难。

随着广州成功申办 2010 年亚运会，借助亚运会举办、建设亚运城的契机，广州顺利地启动了新城的建设。

广州新城刚好位于“世界工厂”珠三角心脏位置，珠三角城市群的集合中心。北距旧城中心区直线距离约 30 公里（约 40 分钟的车程），距大学城约 12 公里，西临番

① 李建平 . 广州新城规划发展的再思考——亚运村规划建设与新城开发 [J]. 城市规划学刊，2009（2）：105-109.

禺区政府所在地。总用地面积约 228 平方公里，其中城市建设用地面积约 148 平方公里，规划人口 130 万（图 2-6-8）。

广州新城规划控制区位于广州新城的中心位置，北临清河路，南临市桥水道，西至南沙港快线，东至莲花山水道，面积约 30 平方公里，其中广州亚运城选址位于新城规划控制区的东北角（图 2-6-9）。

举国之力举办的北京亚运会和奥运会，都从国家层面被赋予前所未有的历史使命，担当着宏大的国家责任。

广州取得 2010 年亚运会举办权，开创了在中国以一城之力主办大型国际体育赛事的先河，同时也是亚运历史上第一个可以自主开发市场的举办城市，通过市场开发，解决了场馆建设的部分经费。

广州亚运会，设置了 42 个竞赛项目，其中 14 个是非奥运项目。因此，广州首次提出“亚运城”的概念。

“亚运城”位于广州市南部、番禺区中东部、广州新城规划控制区的东北部，用地面积约 2.73 平方公里，总建筑面积超 500 万平方米，相当于 4 个北京奥运村、8 个北京亚运村的面积。亚运会前建成媒体村、运动员村、技术官员村 3 大住宅组团，排球馆、综合体育馆等 2 座比赛场馆，以及商业、教育、医疗等配套设施。赛时满足运

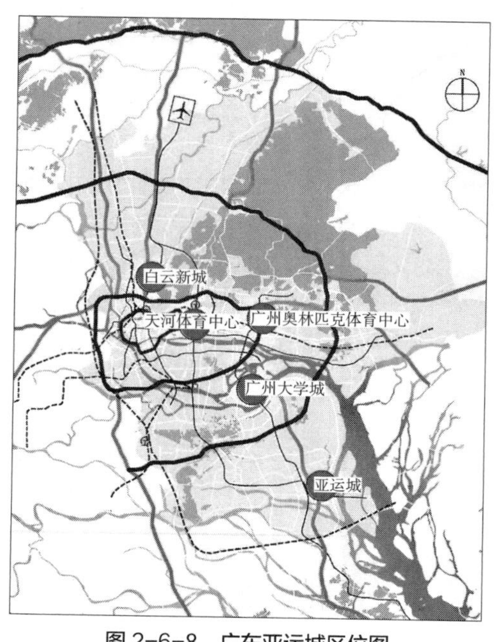

图 2-6-8　广东亚运城区位图

（叶浩军，闫永涛．面向 2010 年广州亚运会的城市规划与研究综述 [J]. 城市导刊，2010（11）：50-55.）

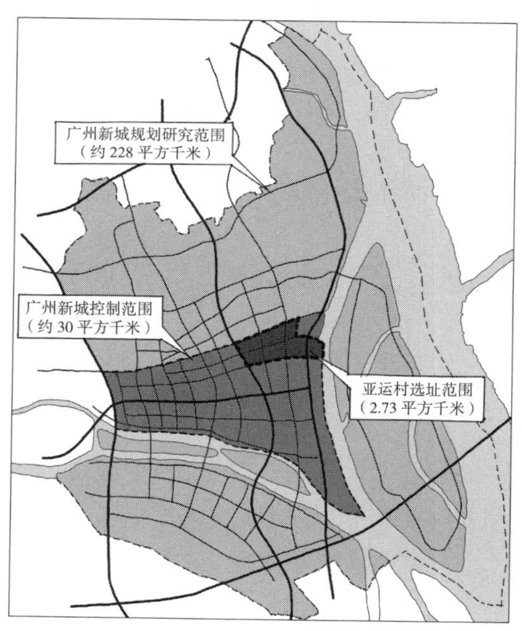

图 2-6-9　广州新城规划控制区范围图

（作者根据相关资料自绘．）

动员、教练员、媒体等居住，以及比赛、娱乐和交流等生活内容，赛后为集居住、购物、文教、医疗、运动休闲为一体的综合生活区。广州亚运城不仅包括传统意义上的运动员村，还包括媒体村、技术官员村、后勤服务区、体育场馆区和亚运公园六大部分。亚运会结束后，亚运城成为100万人口的“广州新城”的启动区。

亚运城作为广州新城的启动点，未来珠三角城市群的核心，通过高速公路快速通达周边佛山、江门、深圳、中山、珠海、东莞、香港等七大城市，打造1小时经济生活圈（图2-6-10、图2-6-11）。

广州亚运城综合体育馆，位于广州亚运城南部，北临风景优美的莲花湾，与运动员村、升旗广场隔水相望，是2010年广州亚运会建设规模最大的体育馆、亚运会比赛的重点场馆，承担体操、蹦床等比赛，包括体操馆、亚运历史博物馆及台、壁球馆，建筑面积6万平方米，体操馆设固定观众席位6233个，赛后可改造为8000座篮球馆，具有多种功能灵活性（图2-6-12）。

图2-6-10　广州亚运城鸟瞰图
（广州市城市规划勘测设计研究院．亚运专刊[J]. 羊城规划者，2010（4）：27.）

图2-6-11　广州亚运城总平面图（赛后利用）
（广州市城市规划勘测设计研究院．亚运专刊[J]. 羊城规划者，2010（4）：30.）

图 2-6-12　广州亚运城综合馆

排球馆，建筑面积约 4000 平方米，为沙滩排球比赛场地。

亚运城媒体中心是亚运会新闻采访和发布中心，包括主新闻中心（MPC）和国际广播中心（IBC），主新闻中心提供 580 个文字记者工位和 130 个摄影记者工位。建筑面积 4 万平方米，赛后改造为综合商业中心。

运动员村可以为 14700 名运动员及随队官员提供服务，总建筑面积约 46 万平方米，分为公共区、国际区、居住区三部分。居住区是满足赛时各国运动员的居住、生活、训练、休闲和娱乐的场所，位于两条自然生态河涌之间，为各国运动代表团的团长和运动员提供人均居住面积约 26 平方米以上的宽敞住宿条件。公共区是运动员村对外交通及接待中心，设置对外交通枢纽、抵离办证中心、媒体服务分中心、访客接待中心、餐饮服务中心、汽车租赁服务中心、志愿者服务中心等。国际区技术官员村用地面积约 18.5 公顷，总建筑面积约 10 万平方米，能容纳 2800 名技术官员进驻。媒体村用地面积约 45.3 公顷，总建筑面积约 50 万平方米，可服务 10000 名媒体人员，人均居住建筑面积 25 平方米以上。媒体村临近主新闻中心和国际广播中心布置，方便媒体人员每天往返。媒体村提供完善的居住生活的功能设施如公共餐厅、穆斯林餐厅、宗教设施、医疗站、工作人员用房。

运动员村门诊部，按照三级甲等综合医院设计，总床位数 500 床，建筑面积 5 万平方米。

亚运城志愿者宿舍，总建筑面积 3.8 万平方米，赛后作为中小学使用。

为举办亚运会，广州新城体育馆、亚运博物馆、亚运公园等大量配套设施的建设，为广州新城的开发带来更多的发展动力。

亚运城建设采用综合管廊、真空垃圾收集系统、分质供水及雨水综合利用、数字化社区、三维虚拟现实等新技术，践行绿色生态、节能环保的理念。

广州亚运还成为广州的经济结构转型升级的催化剂，广州经济从工业型经济转向服务型经济，现代服务业旅游产业、高端电子信息产业、房地产产业等，呈井喷式发展，通过城市规划和体育设施建设，全面推动城市建设，使广州迈入现代化大都市行列。

广州市自 2009 年初到 2010 年 11 月，到亚运会开幕前，投资 343 亿元，新增 3 条高速公路总里程 105 公里，建成总里程达 8800 多公里以广州为中心连接珠三角“四环十八射”的现代中心城市公路网络。投资 40 亿，当时亚洲最大的火车站——广州火车南站落户番禺，奠定广州新城作为珠三角黄金都市圈的核心。广州形成了八条 235.7 公里的地铁线网。开通 22.9 公里的 BRT（快速公交）快速通道，公交专用道的设置规模达到 300 公里，565 条城市公交网络。在市区 604 平方公里范围内，建设一批城市生态公园。

第七节　南京的大型体育设施与城市发展

南京是著名的历史文化名城，是中国的四大古都之一，有近 2500 年的建城史。自公元 3 世纪以来，先后有东吴、东晋和南朝的宋、齐、梁、陈，以及南唐、明、太平天国、中华民国 10 个朝代和政权在此建都立国，故南京有“六朝古都”“十朝都城”之称。

1. 南京城市的演变

南京是江苏省省会，中国东部地区重要的中心城市、全国重要的科研教育基地和综合交通枢纽。1949 年全市人口 256.7 万，1958 年增加到 311.93 万。改革开放之初，市区外来人口流入量增加，加上婚育高峰，1982 年全市常住人口 449.11 万，1990 年 516.81 万，2000 年 612.62 万，2007 年 714.3 万，2019 年全市常住人口达 821.61 万[①]。

来自南京市规划局的统计数据显示，1978 年到 2017 年，南京城市建成区面积从 116 平方公里拓展到近 800 平方公里，扩大近 6 倍，年均增长 17 平方公里左右。伴随城市的拓展与品质提升，南京常住人口也从开放之初的 338 万人增长到 833.5 万人，城镇化率从 48.6% 增长到 82.29%，初步形成“多心开敞、轴向组团、拥江发展”的现代化大都市空间格局。

改革开放以来，南京市编制了四轮城市总体规划，分别为《南京市城市总体规

---

① 资料来源：1982 年、1990 年、2000 年南京市人口普查资料，其余年份为人口抽样调查数据 .

划（1981—2000年）》《南京市城市总体规划（1991—2010年）》《南京市城市总体规划（1991—2010年）》（2001年调整版）、《南京市城市总体规划（2011—2020年）》。

《南京市城市总体规划（1981—2000年）》规划市区控制在122平方千米左右，市区用地范围东北到芭斗山，东近马群，西南至安德门，西至茶亭，北达长江。市区人口近期控制在140万人以内，2000年控制在150万人以内（图2-7-1）。

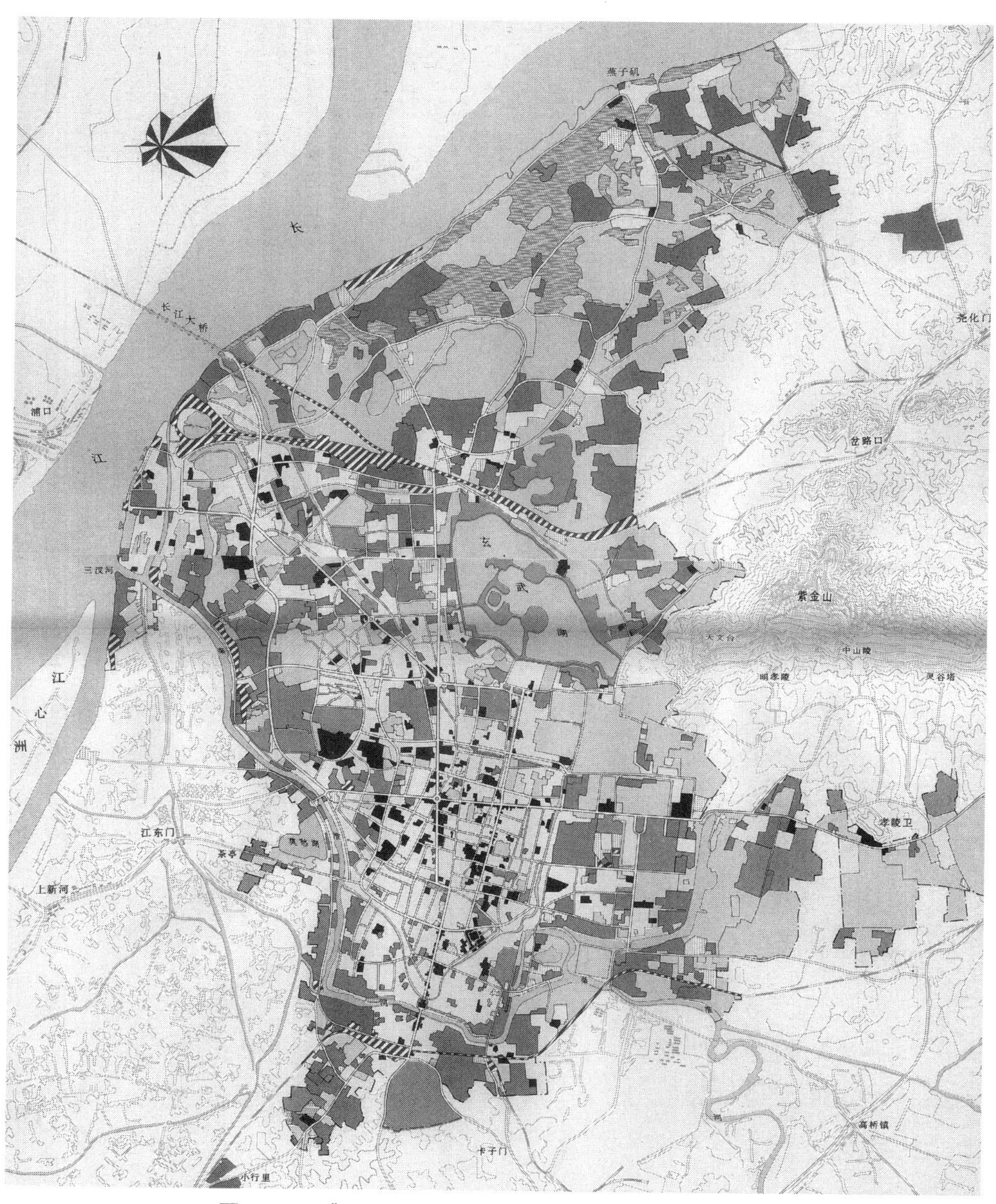

图2-7-1 《南京市城市总体规划（1981—2000）》现状图
（来源：南京市规划局.）

1990 年修编的《南京市城市总体规划（1991—2010 年）》，主城 2000 年规划人口 200 万左右（图 2-7-2）。

《南京市城市总体规划（2011—2020 年）》，提出“拥江发展”，从聚焦秦淮河到放眼扬子江，为江北国家级新区的批准与设立奠定基础。中心城区由主城区和东山、仙林、江北三个副城组成，总面积约 846 平方公里，2020 年规划常住人口 1060 万人（图 2-7-3）。

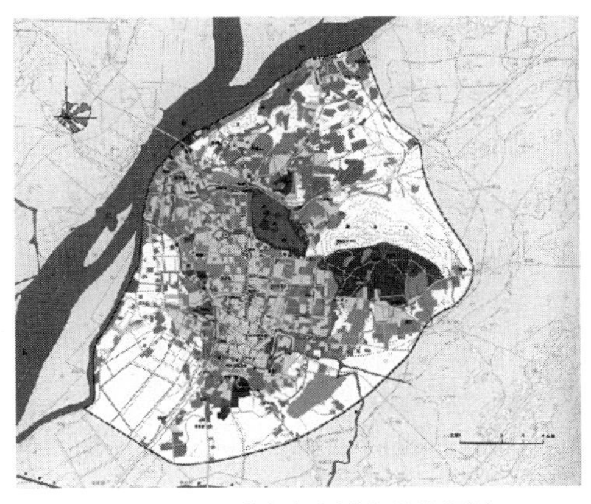

图 2-7-2 《南京市城市总体规划（1991—2010）》现状图
（来源：南京市规划局 .）

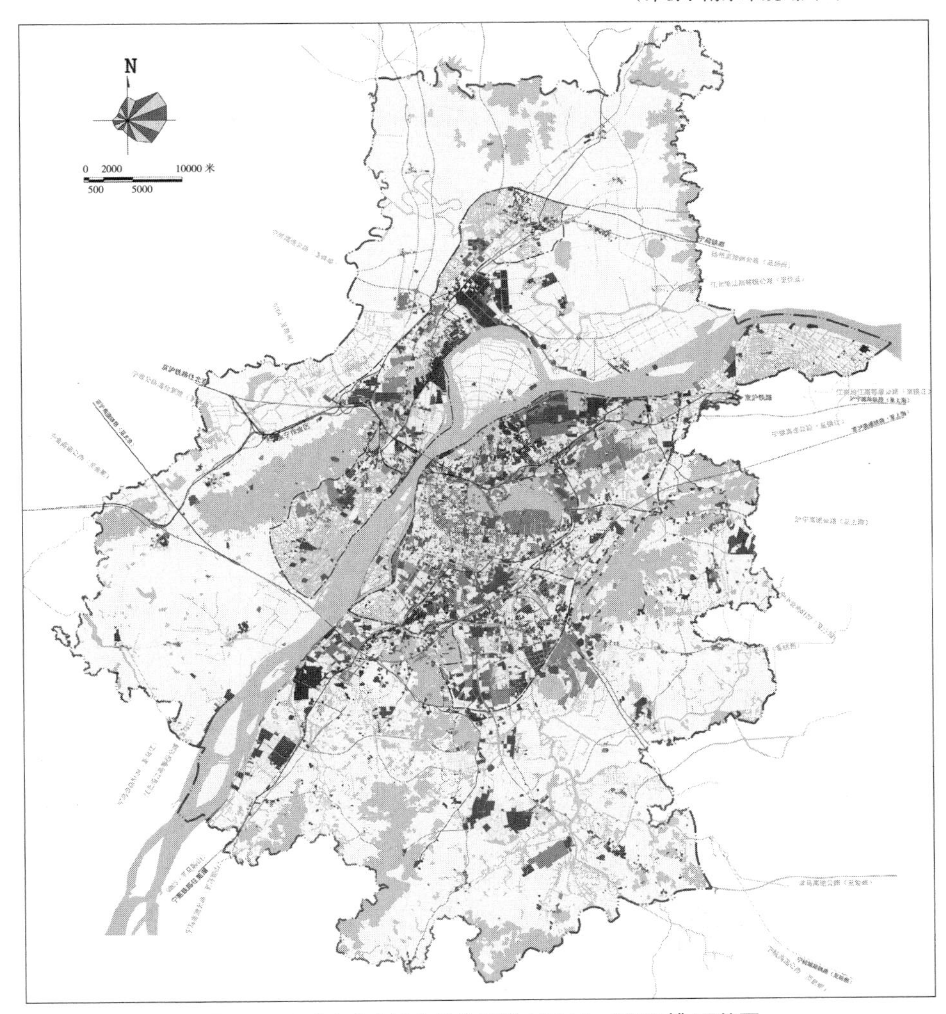

图 2-7-3 《南京市城市总体规划（2011—2020）》现状图
（来源：南京市规划局 .）

近年来，南京市已经发展成为拥有较为完善的公共体育设施，具备较强的高规格世界级运动会举办能力，是具有鲜明特色和较强国际影响力的世界体育名城、全民运动健身模范城市。公共体育设施总体布局结构为“三心九副八基地多点”，形成八大体育设施发展片区。其中三心为南京奥林匹克体育中心、江苏省五台山体育中心、南京青奥体育公园。九副为江北体育中心（规划）、江宁体育中心、仙林体育中心（规划）、莲花湖体育中心、南京市龙江体育馆、浦口体育中心、六合体育中心、溧水体育中心、高淳体育中心。

南京在权威机构——英国 Sportcal 发布的《国际体育城市影响力排名榜》上逐年进位，2012 年南京的排名为 42 位，2017 年排名第 19 位，首次超过上海。2018 年南京名次提升至第 10 名，仅次于北京（第 9 名），已经成功举办的 2014 年青奥会、2016 年世界速度轮滑锦标赛、2017 年全项目轮滑世锦赛外，2018 羽毛球世锦赛、2019 国际篮联篮球世界杯分区赛。

在南京现代城市发展史上，民国时期的中央体育场、五台山体育中心、南京奥体中心、南京青奥体育公园等大型体育设施，都对城市发展产生重要的影响。

2. 中央体育场

南京第一个重要的体育建筑是中央体育场。中央体育场是一个包括体育场、篮球场、网球场、游泳池等多个体育设施的综合性体育中心。

早在民国时期，南京就有一个堪比美国首都华盛顿规划的伟大城市规划——首都计划，对现代南京城的基本格局有着深远的影响。

1927 年，国民政府定都南京，国民政府命令“办理国都设计事宜”，计划中的首都要求“不仅需要现代化的建筑安置政府办公，而且需要新的街道、供水、交通设施、公园、林荫道以及其他与 20 世纪城市相关的设施。”1928 年 11 月 1 日，美国的亨利·墨菲与古力治，主要负责规划工作。吕彦直亦有参与规划，留有《规划首都都市区图案大纲草案》。这是对首都南京进行现代化改造的城市规划文件，是中国最早的现代城市规划，民国时期中国最重要的一部城市规划，《首都计划》自设计到实施历时近十年，后因抗战中止。但南京为此迎来了十年营造高潮，如今南京现存的一批代表性民国建筑正是在这一时期建造，很多更是创下当年远东第一的纪录，可以说奠定了如今南京的基本格局。

《首都计划》提出“本诸欧美科学之原则”“吾国美术之优点”的原则，宏观规划鉴于欧美，微观建筑形式采用中国传统建筑。道路系统以美国矩形路网为道路规划的理想方案。引进了林荫大道、环城大道、环型放射等新的规划概念与内容，规定中央政治区建筑当突出古代宫殿优点，商业建筑也要具备中国特色。

哈佛大学教授柯伟林："南京是中国第一个按照国际标准、采用综合分区规划的城市……如果南京今天可以称作中国最漂亮、整洁而且精心规划的城市之一的话，这得部分归功于国民政府工程师和公用事业官员的不懈努力。"

计划将南京划为6个区域：中央政治区位于中山门外紫金山南麓，市级行政区在傅厚岗地区，工业区在长江两岸及下关的港口区，主干道两侧地区和新街口、明故宫附近为商业区，文教区在鼓楼及五台山一带。

规划将国民政府的主要办公机构建在中山门外紫金山南麓，也就是现在的美龄宫一带。当时南京的中山门外还未开发，在新城筑城也有瞻仰中山陵的政治因素。

因此，在紫金山南麓修建大型综合性体育设施，就在情理之中了。

1930年，当时的杭州第四届全运会后，蒋介石提出要在南京兴建一座大型的中央体育场，作为以后召开全国运动会的基地[①]。

根据《首都计划》，民国政府在南京市东郊大栅门（今南京体育学院内）中山陵园界内、灵谷寺南部兴建中央体育场，作为全运会体育场场址。1930年5月20日，全国运动大会筹备委员会聘请基泰工程司设计，利源公司施工，9月竣工，工程总造价143.39万元。

中央体育场位于当时南京城区的东部远郊，利用建设大型体育设施，可能会带动南京东部的城市发展，加速中央政治区的建设。

规划概念上有点类似现在的体育中心的雏形，包括田径场、国术场、篮球场、游泳池、棒球场及网球场、足球场、跑马场等，占地1000亩，全部建筑群一次可接纳观众6万人。

中心建筑为田径场，四周全部看台可容纳观众35000余人，是当时全国乃至远东地区最大的运动场。田径场平面呈椭圆形，南北走向，占地面积约5.13公顷。周围是看台，中间是田径场地。田径场长300米，宽130米，内设10米宽的500米跑道一圈，13米宽的200米直道二条。跑道南北端设有篮球场和网球场。跑道内侧设有标准足球场以及跳高、跳远、投掷等田径赛场；跑道两端，设有网球、排球及篮球等田径赛场，以备各项运动决赛可以同时在运动场内举行。看台下设有办公室和休息室，可安排3600人住宿。

游泳池位于田径赛场的西北面。游泳池长50米，宽20米，设有9条泳道，最浅处为1.2米，最深处为3.3米，可供跳台跳水之用。其入口处是一座中国古典宫殿式

① 史国生．对民国时期中央体育场建筑的考证[J]．体育文化导刊，2005（8）：58-59.

的建筑，钢筋混凝土结构，庑殿顶，屋面覆琉璃筒瓦，雕梁画栋。地上一层，地下一层，地上一层中间为办公室和男女更衣室，地下一层为滤水器房和锅炉房。

国术场位于田径场的西面，篮球场的正南面，平面呈正八角形，使四周视距相等，最远视距 18.2 米，满足国术比赛适宜近距离观看的要求。

篮球场位于田径场的西面，平面呈长八角形。利用原有地势设计看台，可容观众五千余人。正门入口处为一平台，其上建有一座三开间的牌坊。平台之下为运动员入场通道，两侧为运动员更衣室及厕所等。

棒球场位于田径赛场的北面，依山而筑场。地半径 85 米，三面设有看台，可容四千余人，场内有运动员休息室。

网球场，国术场南有 6 片场地，四周设看台，可容观众一万余人。南面建有一座中国古典式建筑，作为更衣室、浴室、厕所和休息室。田径场内有 3 片场地，供决赛用。

排球场共有 6 片场地，两侧建有观众看台。

跑马场位于篮球场的西面，平面为椭圆形，场中辟有足球场，四周围以木栏，并置有木看台一排。

1933 年 10 月 10 日，由国民政府教育部组织的第五届全国运动大会在中央体育场隆重举行，这是中央体育场建成后举办的首次运动会。当时，全国有 33 个单位参加，各省市选派的运动员超过 2697 人，一时盛况空前。

1956 年，南京体育学校（现南京体院）选址于原中央体育场旧址上。

2002 年，中央体育场游泳池在原有基础上改建成一座现代化的室内游泳馆，并保留了当年的建筑和泳池。2003 年，中央体育场篮球场被拆除，后改建成一座现代化的室内网球馆。棒球场由于长时间被民居“淹没”，直到 2007 年才被发现其仅存的两座牌坊。如今只有田径场和国术场保存比较完好。

3. 五台山体育中心

南京五台山体育中心，是我国第一个大型体育中心，虽然场馆不是一次性规划一次性建设完成的，因此其意义非凡。

（1）五台山体育中心发展历程

南京五台山古名红土山，又名小仓山，春秋时吴王夫差在此筑城，为冶城。五台山名称的由来，最早可以追溯到南北朝时期。南朝梁代佛教盛行，位于山西境内的五台山是著名的佛教圣地。梁代皇帝也十分信奉佛教，为了方便自己朝拜佛祖，于是就在当时的都城建康（今南京）钦点一座山，改名为五台山，山名由此传承至今。

南京五台山体育场位于现南京市广州路以东南、拉萨路以北、上海路以西的五台山体育中心内，地处五台山低洼之处，依山势而修建成为一个露天体育场。五台山体育场所处的五台山是古时南京山脉的余脉，至今在其西北与东北处还分别与石头山和鸡笼山遥相呼应，因此也与延续南京城西侧南北的诸多城市公园组成一条城市景观带状区域（图 2–7–4、图 2–7–5）。

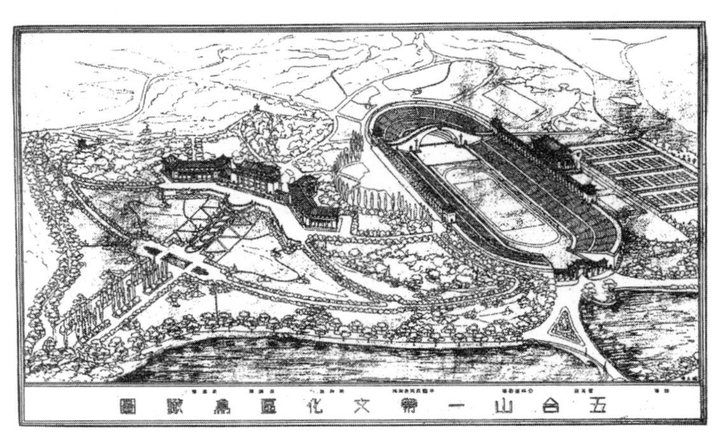

图 2–7–4 《首都计划》中五台山一带文化区鸟瞰图
（来源：国都设计技术专员办事处．首都计划 [M]. 南京：南京出版社，2006. 作者改绘．）

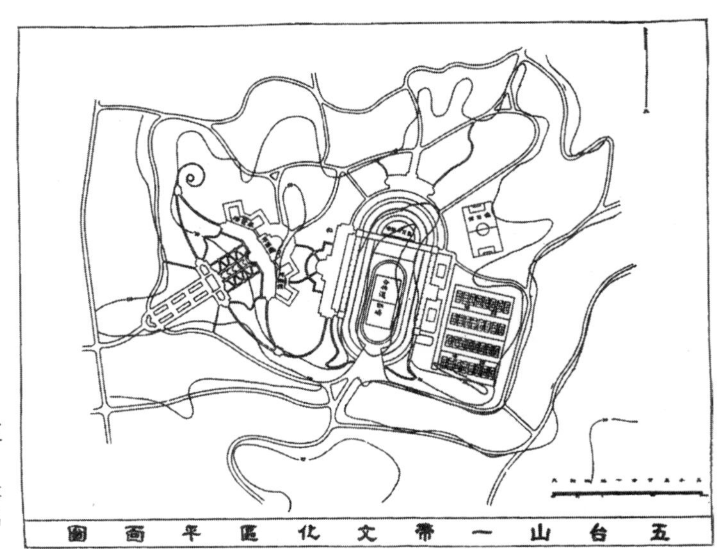

图 2–7–5 《首都计划》中五台山一带文化区平面图
（来源：国都设计技术专员办事处．首都计划 [M]. 南京：南京出版社，2006. 作者改绘．）

按照《首都计划》①，鼓楼、五台山一带为文教区，计划打造一批高等学府和一个规模宏大的体育场。但由于 1937 年之后战火不断，体育场建设暂时搁浅。

由于中央体育场内设 500 米跑道和两条 200 米直道，无法满足正规体育赛事的场地标准，而在 1950 年代国内体育运动赛事中对于 400 米环形跑道和 100 米直线跑道的需

① 国都设计技术专员办事处．首都计划 [M]. 南京：南京出版社，2006.

图 2-7-6　二十世纪五、六十年代的南京市五台山体育场
（http://book.kongfz.com/21389/810706672/[EB/OL]. 作者改绘 .）

求使得中央体育场举办标准赛事已经出现困难[①]。1952 年，南京市开始在五台山地区建设 2.5 万座的体育场，这是江苏省第一座专业灯光足球场。五台山体育场利用五台山顶的天然洼地建设运动场地和看台，由于当时人力、物力、财力都非常落后，为了减少开支，南京市共青团号召青年义务劳动，在简陋的施工条件下将体育场建设起来[②]。

1952 年 8 月 18 日开始，南京市在五台山挖山开路，修建体育场，体育场的建设充分利用山势地貌，山顶原有两个洼地，一个是现在的主体育场，另一个是练习场，现已改为网球场。体育场看台即以山体为依托，从山顶洼地向下开挖，体育场呈下沉式，练习场规模较小，形制和体育场相仿，也是利用洼地下挖而成，呈下沉式，由此节约了大量建筑材料和其他施工成本。体育场占地 55000 平方米，1953 年建设完毕，投入使用，是同时期全国少有的大型体育建设工程，为当时南京市的标志性建筑（图 2-7-6）。

后来逐步修建了练习场、游泳池、跳水池等室外运动场地。

1975 年，为了便于统一管理，在五台山体育场西侧的山顶空地处，兴建了一座可容纳一万名观众的体育馆。这个时候，体育中心的规划思想第一次被提出，五台山开始朝大型体育中心的方向发展。五台山地区逐步成为南京市的体育中心。

1990 年代新建了体育场北大门作为标志宾馆和管理用房。

1995 年 6 月，为了举办第三届全国城市运动会，建成跳水游泳馆。该馆建筑面积 1.1 万平方米，能容纳观众 1500 人，总投资八千多万元，总体格局为二馆三池（跳水池、

① 张天洁，李泽 . 20 世纪上半期全国运动会场馆述略 [J]. 建筑学报，2008（7）：96-101. 文中描述南京中央体育场“田径场占地约 5.13 公顷，场内设 500 米跑道和两条 200 米直道。跑圈内为一标准足球场，东西布置了沙坑、南北端分别设篮球场和网球场，以备举行各项运动决赛。”

② 杨颖奇主编 . 江苏通史 . 中华人民共和国卷 1949—1978[M]. 南京：凤凰出版社 . 2012 书中第三章第六部分中记载：1950 年 8 月，南京市五台山体育场开始兴建，其间南京市共青团市委曾发动青年工人、学生、干部参加义务劳动。

游泳池、训练池），跳水池和游泳池呈南北分置，中间以承重支柱隔开。

2001 年北部广场建设为生态广场，结合地形和人文特点，上为生态主题广场，下为停车场，后来一部分停车场作为“先锋书店”使用。

五台山体育中心举办过第三届全国城市运动，协办过第十一届全国运动会，直到 2006 年江苏队都把此地作为主战场，十五年的职业足球史伴随着江苏的存在，直到被河西的奥体中心取代，其成为大型活动和演出的会场。

五台山体育中心，距离南京市的商业中心新街口 1 公里，距离《首都计划》规划的南京市级行政中心鼓楼 1 公里，周边有南京大学、南京师范大学、河海大学等高校，在其建设时期周边处于主要城区的边缘，但随着时间发展，体育场已经被周边新建的居住区和商业建筑所包围，成为南京市深受市民欢迎的比赛和全民健身的体育运动中心，也是大型活动和演出的会场。体育场举办过第三届全国城市运动，协办过第十一届全国运动会，直到 2006 年江苏队都把此地作为主战场，十五年的职业足球史，都伴随着江苏足球的存在。

虽然五台山体育中心空间较为狭小，但室外运动设施情况频率也很高。从整个体育中心的范围来看，室外活动场地对于市民的意义反而要大于体育馆内部的空间，每天下午开始，周边居民开始陆续进入体育中心，在北部篮球场，南部围绕网球中心的室外环形跑道，以及周边运动设施进行各种体育活动（表 2-7-1）。

（2）五台山体育场

五台山体育场于 1956 年落成[①]，占地面积 43419 平方米[②]，最初建成的时候并没有设置除看台以外地上建筑部分（图 2-7-8），只设置了司令台部分和观众席位。体育场看台采用混凝土，没有设置单个座椅，设计容纳观众数量为 25000 个。体育场采用了近似椭圆的平面布局，功能在设计初期只包含了足球比赛场地、400 米跑道、司令台等最基本的功能，受到当时的经济水平制约，为了节约成本选择了五台山顶部低洼之处建成下沉式的看台。建设时在结构上面选择了混凝土看台，没有地下的空间，也没有雨篷和遮阳部分。体育场的北大门顺应山凹北部打开缺口的地形而设计，设置了类似石坊一样的大门，两侧设有门洞，并且靠近大门处还有随着地势下降而逐渐跌落的围墙（图 2-7-9、图 2-7-10）。

---

① 多处文献记载五台山体育场建成于 1953 年，但这些文献完成时间都较晚。根据南京市城市建设档案馆馆藏的五台山体育场施工图纸上所标记“根据 55 年本工程指标……”等内容可以看出，1955 年项目还未完工，再结合国家体委体育场地普查办公室主编的《全国体育场地普查资料汇编（1984 年）》中相关统计，得出五台山体育场建成时间为 1956 年。

② 根据五台山体育场施工图纸测量计算结果与《全国体育场地普查资料汇编（1984 年）》记录数据相接近，考虑到图纸扫描之后测量计算的误差，此处数据仍采用《全国体育场地普查资料汇编（1984 年）》记录结果。

五台山体育中心发展历程　　表2-7-1

简介	平面图	实景照片
古代，五台山古名红土山，又名小仓山，春秋时吴王夫差在此筑城，为冶城。袁枚死后葬于五台山北麓。“因建省体育馆需要，已妥迁他处安葬。”金陵四十八景之一，名为“谢公墩”		
1952年，五台山体育场建设立项。这会是江苏省第一座现代化专业灯光足球场。限于财力、物力以及工期要求，利用五台山顶的天然洼地进行建设。南京市号召青年义务劳动，用一年时间靠双手建设完成	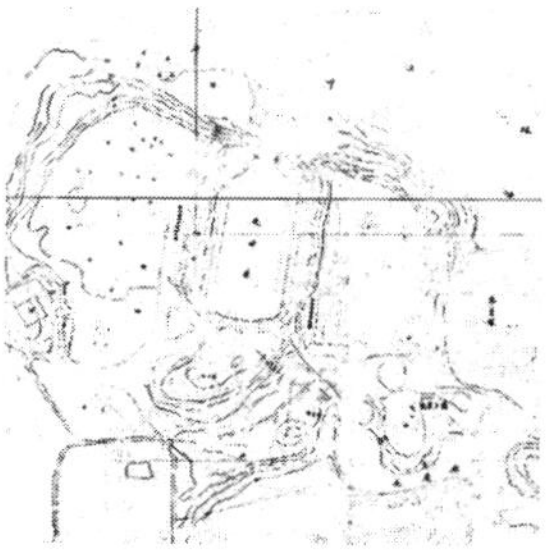	
为了“发展体育运动，增强人民体质”，1975年在体育场西侧兴建了一座可容纳一万名观众的体育馆。附近尚有练习场、游泳池、跳水池等，并拟建游泳馆及球类练习馆，计划这一地区将成为本市的体育中心	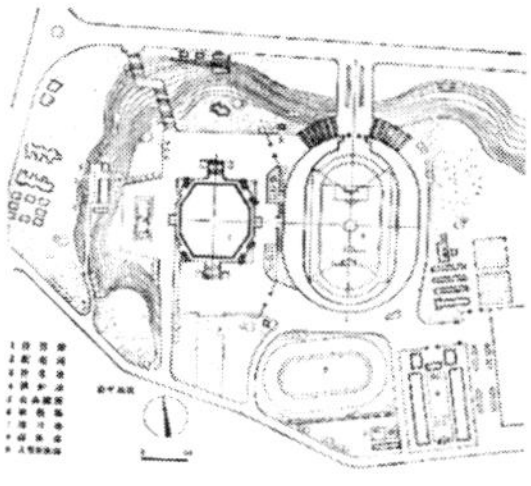	
1990年代，新建北大门作为标志宾馆和管理用房。2001北部广场建设为生态广场，上为生态主题广场，下为停车场。体育场举办过第三届全国城市运动会，协办过第十一届全国运动会	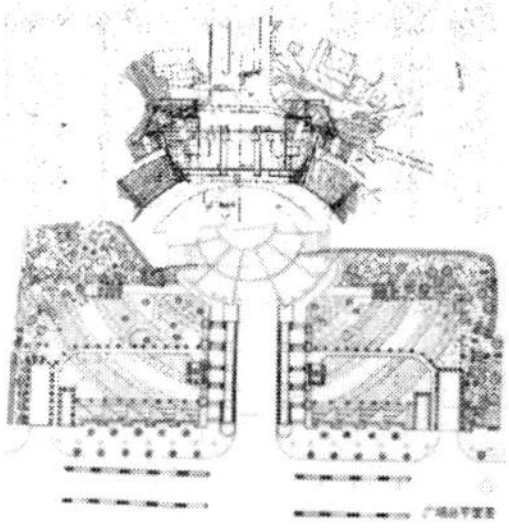	
1995年6月，为了举办第三届全国城市运动会，建成跳水游泳馆	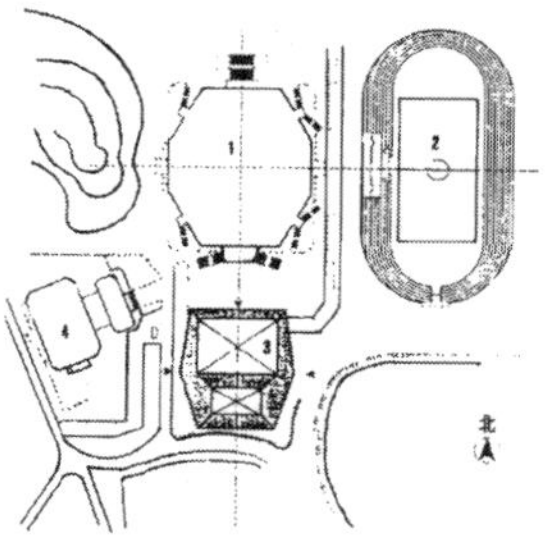	
2006年，江苏足球队主场变更为南京奥体中心体育场		

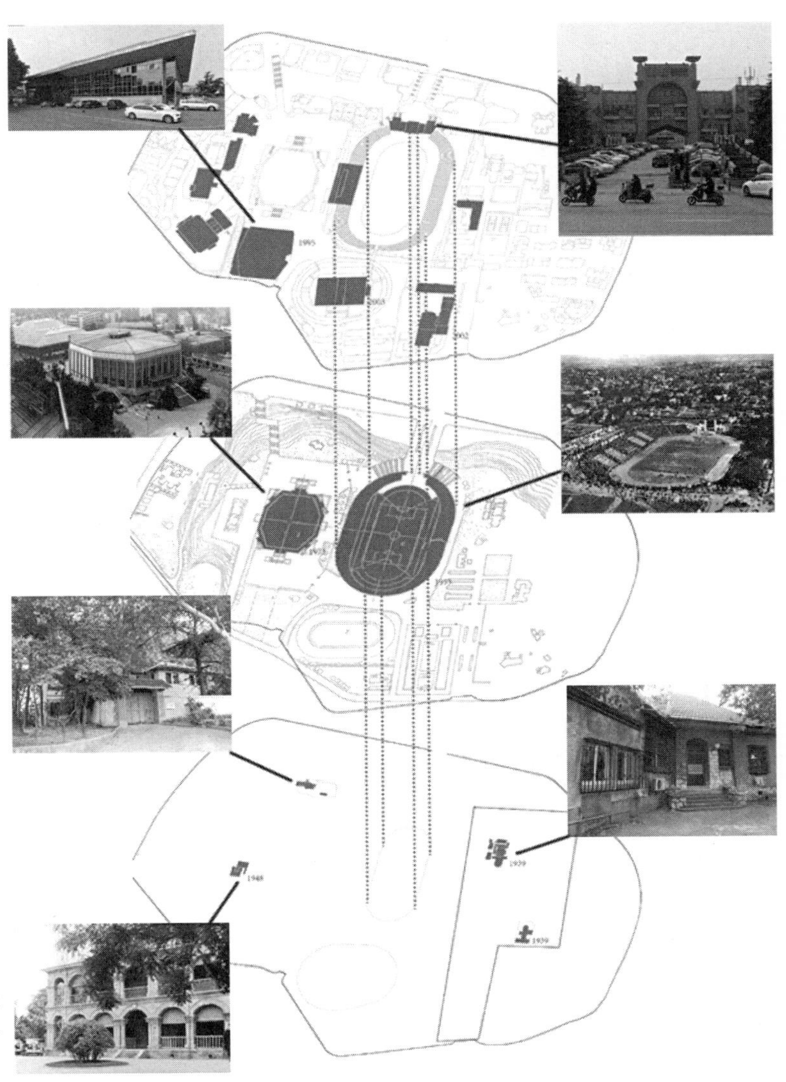

图 2-7-7　五台山体育中心不同时期建筑分布情况

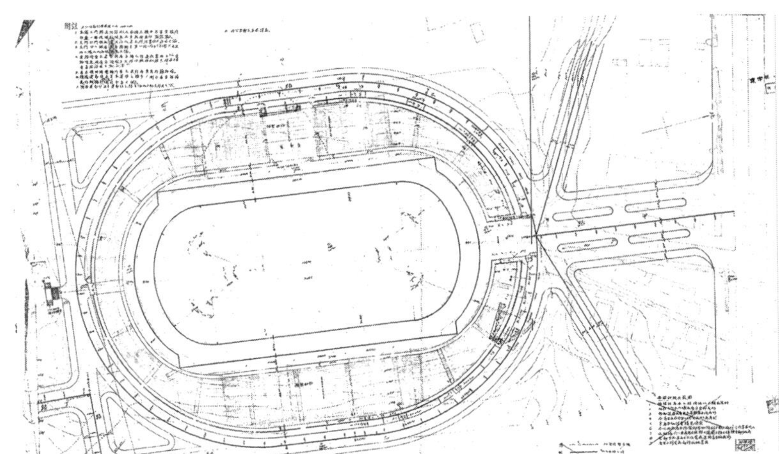

图 2-7-8　五台山体育场平面

（南京市城市建设档案馆馆藏五台山体育场施工图纸.）

图 2-7-9 五台山体育场现状鸟瞰

（漂亮南京 MP. 南京的“第一次”都给了谁，老南京人都知道了，你还被蒙在鼓里呢？[EB/OL]https：//m.sohu.com/a/125524931 378183.）

图 2-7-10 1950 年的五台山体育场

（漂亮南京 MP. 南京的“第一次”都给了谁，老南京人都知道了，你还被蒙在鼓里呢？[EB/OL]https：//m.sohu.com/a/125524931 378183.）

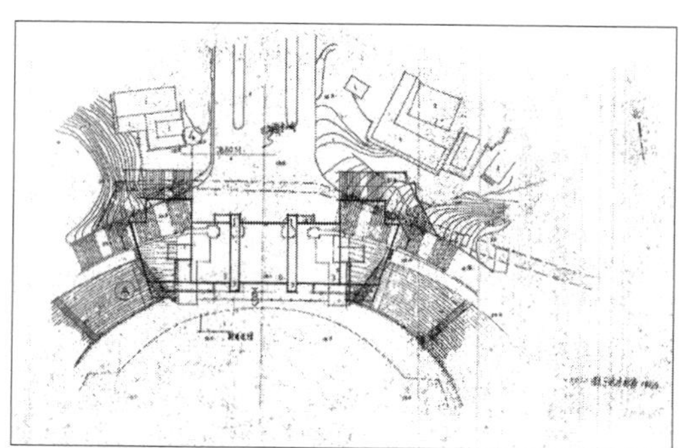

图 2-7-11 五台山体育场北大门总平面图

（南京市城市建设档案馆馆藏五台山体育场施工图纸.）

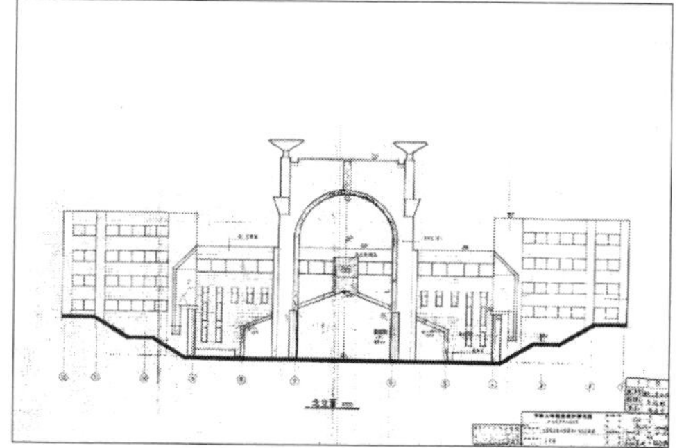

图 2-7-12 五台山体育场北大门北立面图

（南京市城市建设档案馆馆藏五台山体育场施工图纸.）

1994 年由齐康设计的北大门落成（图 2-7-11、图 2-7-12），建筑面积 5963.2 平方米[①]。新大门的设计也保留了原有大门从左到右三段式的布局，并且还回应了原有大门顶端的装饰，在新大门的顶部设置了倒三角形抽象的几何形体。新建了主席台贵宾接待室。

2012 年增加了钢结构张拉膜雨篷和体育场西侧的服务功能，与体育场北部的大门一起对体育场产生了围合效果。

（3）五台山体育馆

1961 年《国家体委关于一九六一年体育工作的建议》中要求“一律不新建体育场、体育馆”之后，第一次由政府层面正式提出要新建体育场地。1973 年举办的全国体育工作会议中提出“为了适应体育事业的发展，按照勤俭办一切事业的精神，保证必要的体育经费和场地、器材等物质条件”，借这个机会，上海、南京、沈阳和济南相继

① 南京市城市建设档案馆馆藏五台山体育场北大门施工图纸计算得出。

建成一批质量较高的体育馆，即上海馆、南京江苏馆（即五台山体育馆）、沈阳的辽宁馆、济南的山东馆，由于这些城市的工业加工设备能力较强，设计技术力量比较雄厚，以及若干年前早就酝酿和准备，建成馆的质量是较高的[①]。

在 20 世纪 70 年代中国同期落成的体育馆中，五台山体育馆是在设计思路和技术水平上都具有重要代表性的设计作品。

五台山体育馆开始建设于 1973 年，正值“文化大革命”后期国家体育政策发生微妙转变的时期，南京的五台山体育馆就是在这样的历史背景下建设的。

五台山体育馆建成之前，南京拥有的大型体育建筑有杨廷宝设计、建成于 1931 年的中央体育场，建成于 1953 年的五台山体育场和建成于 1958 年的南京市体育馆。南京市体育馆占地 4225 平方米，座位只有 3118 座[②]，观众容量较小，难以承办大型室内体育赛事，同时周边也缺乏大型体育场以举办田径赛。

南京市将新的体育馆的位置选择在了五台山体育场西侧的山顶空地处，当时的五台山尚不是繁华的城市中心区，南北有广州路、上海路等干道通过，交通方便，观众可以多路集散而不干扰市区交通，这样便于统一管理[③]。体育馆东有可容纳 5 万人的田径场，附近有练习场、游泳池、跳水池等，并拟建游泳馆及球类练习馆，这样，五台山地区可成为南京市的体育中心（图 2-7-13）。

五台山体育馆杨廷宝作为设计主持，齐康作为主要设计师，江苏省建筑设计院完成设计，为综合型体育馆。平面呈八角形，总建筑面积 17930 平方米，观众厅可容纳 1 万名观众。建筑檐口标高 25.2 米，建筑最高点标高 30.3 米，南北长 137.7 米，东

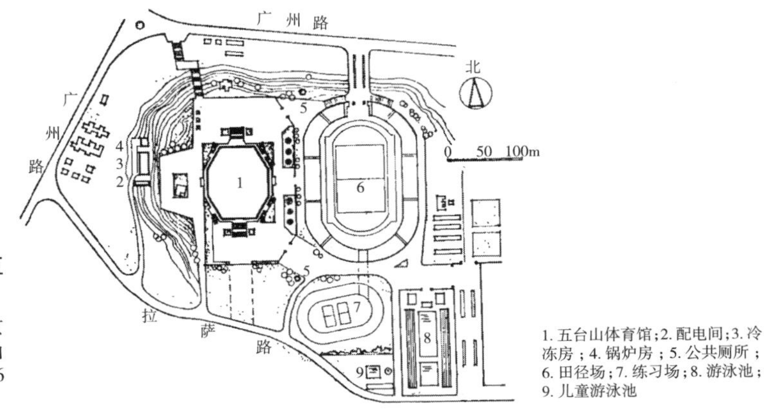

图 2-7-13 1975 年五台山体育中心总平面图
（江苏省建筑设计院、南京工学院建筑系．南京五台山体育馆 [J]. 建筑学报，1976（1）：20，作者改绘．）

① 张耀曾，刘振秀，郭恩章．我国体育馆建筑的实践与问题——体育馆建筑三十五年 [J]. 长安大学学报（建筑与环境科学版），1984：53-76.

② 国家体委体育场地普查办公室．全国体育场地普查资料汇编 [M]. 1984.

③ 江苏省建筑设计院、南京工学院建筑系．南京五台山体育馆 [J]. 建筑学报，1976（1）：20-23.

图 2-7-14　1975 年五台山体育馆鸟瞰图

（江苏省建筑设计院，南京工学院建筑系．南京五台山体育馆 [J]. 建筑学报，1976（1）：20. 作者改绘．）

图 2-7-15　1975 年五台山体育馆南入口

（江苏省建筑设计院，南京工学院建筑系．南京五台山体育馆 [J]. 建筑学报，1976（1）：21. 作者改绘．）

图 2-7-16　五台山体育馆现状

（江苏省建筑设计院、南京工学院建筑系．南京五台山体育馆 [J]. 建筑学报，1976（1）：21. 作者改绘．）

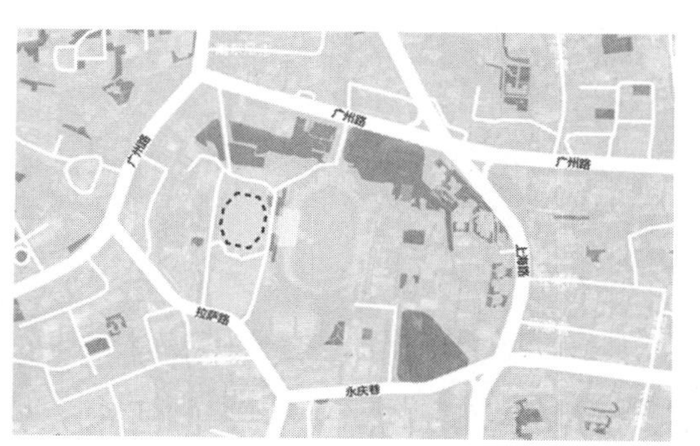

图 2-7-17　五台山体育馆区位

（百度地图，作者改绘．）

西宽 99.8 米。其中比赛大厅面积 5010 平方米，东西长 42 米，南北宽 25 米，地净高 18.95 米，可布置一个篮球场或 9 台乒乓球同时比赛以及球类、体操、举重等项目比赛。除此之外，体育馆还承担了大量的群众集会和大型室内演出等活动[①]（图 2-7-14~图 2-7-16）。

五台山体育馆的一大特点就是八角形的平面布局方式。在此之前的北京体育馆（1955 年）、天津体育馆（1956 年）、武汉体育馆（1955 年）、广州体育馆（1956 年）、广西体育馆（1966 年）和首都体育馆（1968 年）均是以矩形平面为主，而在后来的北京工人体育馆（1961 年）和上海体育馆（1973 年）则都选择了圆形平面为主要布局方式。在五台山体育馆之前，国内没有任何一座体育馆是选择了八角形的平面布局方式。

当时参与五台山体育馆项目的卫兆骥与杜顺宝在其文章中提到[②]，当时选择长八角

① 江苏省建筑设计院、南京工学院建筑系．南京五台山体育馆 [J]. 建筑学报，1976（1）：20-23.

② 卫兆骥，杜顺宝．体育馆建筑设计的几个问题——从南京五台山体育馆谈起 [J]. 南京工学院学报，1978（3）：1-22.

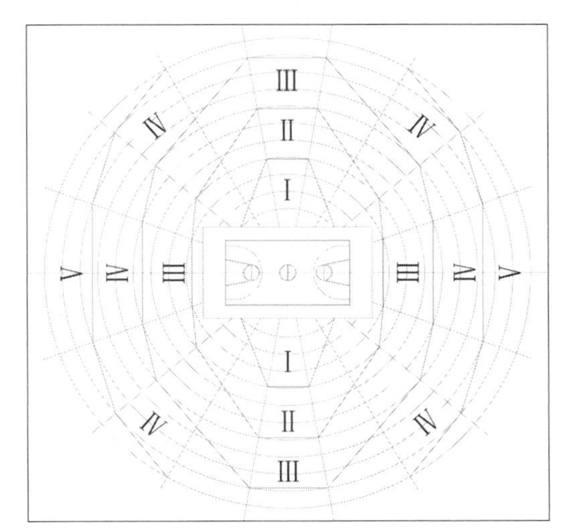

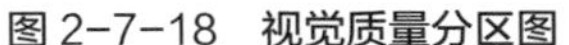
图 2-7-18　视觉质量分区图

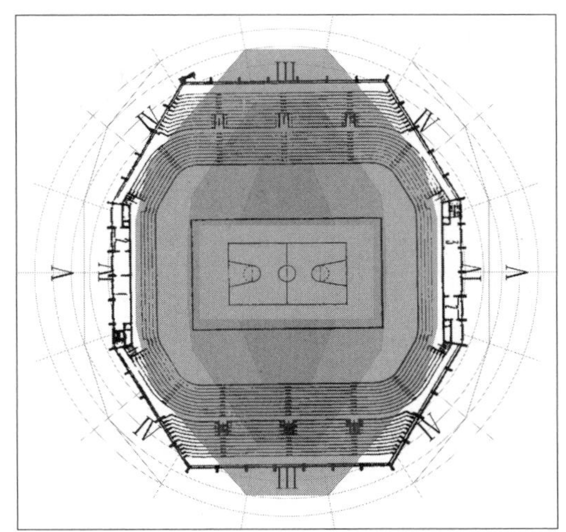

图 2-7-19　五台山体育馆视觉质量分区图

形主要因素在于，一方面长八角形比较接近视觉质量分区图形，视觉质量较好。视觉质量分区图是体育建筑设计中关于看台座位视觉质量等效区域分布的图像表达图。五台山体育馆的看台平面布局比较接近视觉质量分区图，从设计角度来说确实会获得较好的视觉质量（图 2-7-18、图 2-7-19）。

长八角形是屋盖采用的三向平板空间网架结构可供选择的形式之一，采用了当时较为先进的四角锥形空间钢管网架结构，上覆 1.6 厘米预制三角形钢丝网水泥板，这一结构方式在当时只有同期建设的上海体育馆采用。1955 年落成的北京体育馆使用了三铰拱落地式钢架，用钢量为 57.5 千克 / 平方米；同年建成的河南体育馆使用肋型屋架，用钢量为 39 千克 / 平方米，与之相比，五台山体育馆只有 27 千克 / 平方米，而建成于 1976 年并且同样采用空间钢网架的上海体育馆则达到了 47 千克 / 平方米，从单位面积来说，五台山体育馆的屋盖设计是用钢量最少的一种结构设计。

五台山体育馆建筑的造型也富有特色。立面设计以竖向肌理间隔落地窗为主的组合方式，在各个方向进行重复。体量处理上五台山体育馆使用了厚屋檐的方式将屋顶与立面处理成一个连续的面，完整的体量感更为强烈。同时，设计师在东南、东北、西南和西北四个立面的立柱之间设置了落地窗，并配置半透明玻璃和净白片玻璃，同时在南北两个立面的 7 个柱跨之间也采用了同样的方式，消解了体量本该由于其完整性而产生的过于沉重的感觉。由于落地窗的存在，使用者能够从室外看到室内倾斜的看台，从而显示出建筑物的功能，一定程度上增强了建筑本身功能上的识别性。同时通透的玻璃保证了在白天比赛厅的采光，白天进行群众集会可以不用人工照明，降低了能耗（图 2-7-20、图 2-7-21）。

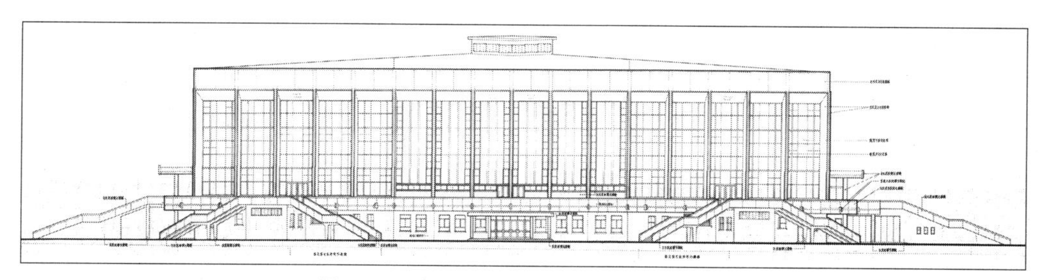

图 2-7-20　五台山体育馆东（西）立面图
（南京市城市建设档案馆馆藏五台山体育场施工图纸 .）

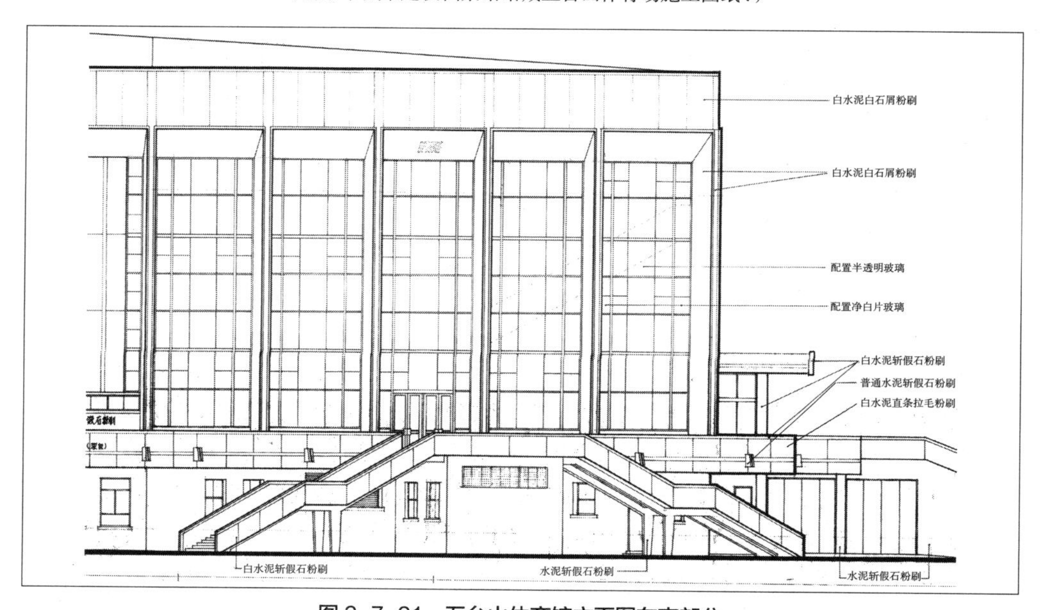

图 2-7-21　五台山体育馆立面图东南部分
（南京市城市建设档案馆馆藏五台山体育场施工图纸 .）

体育馆不同类型的入口布局方式有不同的优劣，在当时的文献资料中有相应的分析[①]，长轴一侧设置观众入口交通流线彼此独立，组织清晰，但观众绕行流线较长，比赛场地两侧服务功能不均衡；短轴一侧设置入口相比前者一定程度上用缩短距离的方

① 北京建筑设计院 . 体育建筑设计 [M]. 北京：中国建筑工业出版社，1981：34. 文中写道“常见的有三种：长轴一侧设观众入口，短轴一侧设观众口和长轴两侧设观众入口。其中长轴一侧设观众入口，总平面只设一个观众集散广场，这样一来比较节约用地，室外功能分区明确，不同交通流线之间自成体系，互不干扰。但这样一来造成的问题是运动员入场需要绕 90°，同时观众在入场时，一部分需走到较远的另一侧入席，路线会比较远，观众厅存在大量绕行，另外观众的服务设施由于人流不均衡也随之侧重于一侧，而使另一侧的观众使用不便。
如果选择短轴一侧设置观众入口，总平面功能分区与建筑外疏散情况与长轴设观众入口一致，而观众进入观众厅路线明确，运动员入场便捷，各种人流自成体系，互不干扰，同时观众服务设施集中于观众厅一侧，场地两边观众使用都较为方便。
如果选择长轴两侧设观众入口，则总平面一般必须设置两个观众入口和集散广场，同时人流车流干扰较大，同时贵宾、运动员入场后必须绕 90°。不过相应带来的是观众入场较为便捷，观众休息厅分设两处，使用方便，当然也增加了管理人员。”

式缓解了功能不均衡的问题；长轴两侧设置观众入口，一方面由于两个入口的设置保证了功能分布的均衡，另一方面根据视觉质量分区图可以看出，长轴两侧集中了更多的较优视觉质量区域，座位分布也应较多，在长轴两侧设置观众入口，更好地缩短了观众入场的流线。

五台山体育馆入口布局选择从长轴两侧设置入口进入，这是综合考虑观众入场便捷性而做出的选择。观众厅外部以环廊连接南北两个较大的门厅和东西两个较小的门厅。楼座部分可以通过四个门厅的楼梯分别到达。

观众门厅及休息厅设于二层，这一人流分层的方式国内最早见于广西体育馆，是第一个将观众流线抬升一层进入二层，运动员、贵宾和教练员等人群从一层入口进入的组织方式，这样的组织方式很好地将观众流线与其他流线分开，互不干扰，提高了交通效率（图 2-7-22）。

比赛场地尺寸 41.8 米 ×25 米，略小于常用体育馆场地分类中的第二类场地[①]，即以手球比赛场为基础，满足篮球、排球、羽毛球、乒乓球、七人制手球比赛和不搭台体操比赛的场地。

在后来的使用过程中，由于篮球标准场地尺寸的变化，比赛场地进行了一部分扩大，从长 28 米、宽 15 米扩大到了长 28.65 米、宽 15.24 米（美国职业篮球赛标准），将较低的数排看台拆除，形成了今天的体育馆现状。

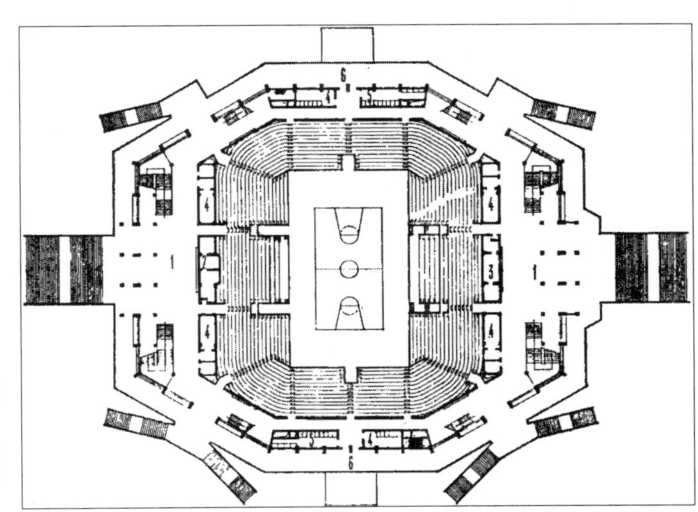

图 2-7-22　五台山体育馆二层观众厅平面图
（江苏省建筑设计院，南京工学院建筑系．南京五台山体育馆 [J]. 建筑学报，1976（1）：21. 作者改绘．）

① 在《体育馆建筑设计》（1981 年）一书中，作者将体育馆场地分为三类，第一类场地：以篮球比赛场为基础，场地通用范围是篮球、排球、羽毛球、乒乓球等比赛以及一般性体操比赛和室内足球比赛，不小于 36×22 米。第二类场地：以手球比赛场为基础，场地通用范围是七人制手球比赛、国际性不搭台体操比赛以及第一类场地通用的比赛项目，不小于 44 米 ×24 米。第三类场地：通用范围是国际性体操搭台比赛、乒乓球邀请赛或锦标赛、室内足球比赛及第二类场地通用比赛，不小于 44 米 ×32 米。

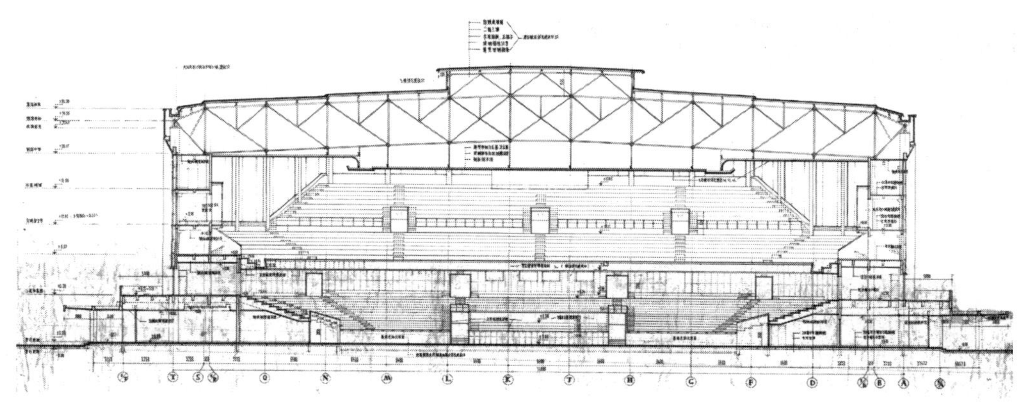

图 2-7-23　五台山体育馆长轴剖面

从 1977 年竣工后，五台山体育馆一共经历了两次较大规模的翻新改建活动，第一次是在 2001 年前后，第二次是在 2011 年前后。

2002 年中国第六届艺术节在五台山体育馆举办，体育馆在 2001 年对贵宾区和通风系统进行了全面改造，同时着重强化了建筑的抗震性能①。体育馆在设计之初，并未考虑抗震的要求。1976 年的唐山大地震对于全国的影响，人们对于地震对建筑影响的认识和研究逐渐地深入，新颁布的抗震规范对于新建建筑物的抗震设防提出了更为严格的要求。最早的抗地震计算结果显示，体育馆在多遇地震下，结构承载能力及变形满足当时的规范要求，但框架梁、柱配箍筋不满足当时抗震规范要求，同时在罕遇地震中整体抗倒塌能力不足，因此对其主要结构柱进行了加固，以满足当时的抗震规范要求②。

2014 年青年奥林匹克运动会在南京举行，虽然主场馆设置在南京奥体中心，但五台山体育馆也承担了一部分的赛事运营任务。南京市政府投资 300 万元，五台山体育中心投资 300 万元在 2011 年进行第二次大规模翻新。这次翻新主要改造了建筑外立面、座椅、空调系统、灯具照明、消防和抗震等方面，体育馆也从原来的贴砖立面变成了现在的铝塑板幕墙面。

五台山体育馆在其特定的时代背景之下，顺应了“侧重抓提高”的竞技体育政策，很好地处理了对于江苏省所要承办的各种赛事，满足了不同体育赛事对于场地的需求，同时独特的八角形平面布局，既配合了体育馆视觉质量分区图的要求，又与屋顶的空间网架结构的需求相一致，同时也结合了设计师自身对于体育馆建筑造型的理解，为使用者在外部不同角度带来视觉享受。考虑到其历史条件的局限性，在当时甚至之后的很长一段时间都是一个优秀的体育馆建筑。

---

① 来源：对五台山体育中心办公室主任王主任的访谈 .

② 陈巍，胡孔国，王言诃 . 江苏省五台山体育中心体育馆抗震性能分析 [J]. 建筑结构，2010，40（S2）：4–6.

在近70年的历程中，随着城市的发展，五台山体育中心经历了诸多变化。

从五台山体育场建设初期到五台山体育馆落成，五台山地区虽然靠近南京市中心新街口，但尚不算繁华。当时还没有全民健身的概念，体育场馆设立只是为了大型比赛和演出集会等单一功能。

2005年以来，在脱离了“侧重抓提高”这一政策背景之后，随着“全民健身”政策的普及，五台山体育中心成为南京市民健身锻炼的重要场所，变得热闹非凡。

同时，场馆本身也已经难以适应其功能需求。例如体育馆，局促的空间也要满足现在城市居民对于健身功能的需要，曾经的优秀体育馆现在面临巨大的挑战。由于利用门厅作为训练场地的成本远低于比赛厅，因此主要出入口大厅改造成为乒乓球训练补习班的训练场地，二层楼座的疏散平台，则成为跆拳道、散打等训练班的训练场地。有赛事活动时，就将这些设备收纳好，把地面铺设的训练垫子收起来以供观众交通使用；没有赛事活动时，体育中心将门厅和交通空间出租以补贴体育馆运营开销[①]（图2-7-24~图2-7-27）。

图2-7-24　五台山体育馆门厅（1976）

（江苏省建筑设计院、南京工学院建筑系．南京五台山体育馆[J].建筑学报，1976（1）：22，作者改绘．）

图2-7-25　五台山体育馆门厅现状

（江苏省建筑设计院，南京工学院建筑系．南京五台山体育馆[J].建筑学报，1976（1）：22.作者改绘．）

图2-7-26　五台山体育馆楼座平台（1976）

（江苏省建筑设计院、南京工学院建筑系．南京五台山体育馆[J].建筑学报，1976（1）：22，作者改绘．）

图2-7-27　五台山体育馆楼座平台现状

① 来源：对五台山体育中心办公室主任王主任的访谈．

4. 南京奥体中心

2001 年初，国务院办公厅发布《关于取消全国运动会由北京、上海、广州轮流举办限制的函》，我国第一次采用申办形式推选全运会承办单位，江苏、辽宁、浙江、湖北、陕西 5 省申办，最终南京成为第十届全运会举办城市。

南京奥体中心立项于 2001 年 5 月[①]，在此之前，1995 年颁布的《全民建设计划纲要》中，第一次正式提出“近期内国家体委拟与有关部委配合，准备实施‘全民健身计划’，把全民健身作为一项系统工程在全体国民中推行”[②]，这是从国家层面要求实施“全民健身计划”，因而，在此之后建设的南京奥林匹克体育中心在设计中就着重考虑了“全民健身”在体育场馆中的体现。

（1）选址

南京奥体中心选址的可行性研究，用了将近一年时间，曾经存在三个必选方案，即城东郊区、绕城公路以南地区和河西地区。

城东郊区方案与南京市总体规划，土地利用规划和城市空间发展方向不一致，而且赛后场馆的利用率不高。绕城公路以南地区方案，也与南京市城市空间的发展方向不一致，且与城南区拟规划建设大型空港不相符合。

后来确定了江宁开发区，河西地区以及雨花台花神庙三块备用地块，因此，在综合考虑了区位特征、商业价值、功能多样、社区功能、注重环保等各方面要求，且能满足国内大型体育赛事和国际单项比赛的需求后，经南京市政府决策，决定将奥体中心选址大方向定在河西，主要考虑到充分利用南京市现有的基础设施，便于组织交通。

南京奥体中心的原来选址于水西门大街西延线和集庆门大街西延线之间的狭长地带，这一地块当时是南京外来人口聚集地区，周边有大量的老旧小区，拆迁费用高，环境整治难度大。从城市规划角度看，此地位于河西地区的北部地段，仅南京老城区约 4 公里，对新城的建设发展拉动作用也不明显。

后经深入研究论证，后来决定将南京奥体中心向南移动 2.5 公里，搬到了河西新城的中部地区，并扩大了用地面积，达到 89.6 公顷，总建筑面积也从原计划的 17.4 万平方米扩大到 40 万平方米。这看似简单的南移，不仅拉开了南京的城市框架，也为国家节省了大量的资金。为了拉开南京河西新城区发展框架，为日后城市发展腾出空间，使南京市的中心商务区（CBD）第一次跳出明城墙，实现跨越式发展，经过深思熟虑、严格论证，政府决定将奥体中心南移 2.5 公里。这个决策对新南京的城市发展产生了深远的影响。

---

① 南京奥体中心官方网站 . 奥体大事记 http：//www.njaoti.com/into[EB/OL].
② 国家体育总局 . 中国体育年鉴（1996）[M]. 北京：中国体育年鉴社，1999：159.

南京市政府在南移奥体中心的同时，把奥体中心附近定义为城市副中心，它将是一个拥有70万人口的南京河西新城的商业中心、体育中心、文化中心、行政中心和居住中心。

选址的变化，有利于体育中心的规划设计，有利于拉大南京城市建设的框架，增强奥体中心的辐射作用，带动河西地区的整体开发，实现新城的跨越式发展。

南京奥体中心选址于南京河西地区，距当时的南京老城区大约6.5公里，在历史上长期属于江滩农田。以承办十运会、建设奥体中心为契机，南京市的决策者把战略目光对准这里，提出调整城市空间布局，规划建设河西新城，从而达到增强南京综合竞争力、提升城市功能、增强南京未来发展后劲的目的。

奥林匹克体育中心所处的河西新城在历史上长期为农田，在2000年前后河西北部新城才逐渐建成，奥体中心建设的年代正是河西新城大规模建设的初期，竣工之后的奥体中心成为河西地区的地标性建筑，其庞大的规模和在当时比较先进的技术水平，使得奥体中心取代了五台山体育中心，成为江苏省规模最大以及最先进的体育中心。奥体中心立项之初的一个重要目的，就是为了迎接第十届全国运动会。此次运动会是江苏省第一次承办全运会，南京也是除北京、上海和广州之外第一个承办全运会的城市，其重要性不言而喻。

南京奥体中心定位为综合性的文化体育设施，对河西新城的发展产生了很强的经济影响。其建设的年代正是河西新城大规模建设的初期，建设奥体中心像催化剂，直接带动南京河西新城的开发，使一个现代化的新城区初现规模。

从2004年初到2005年十运会召开，河西新城的投资高达326亿，地铁一号线通车运营，大量公共建筑、文化教育设施完工。奥体中心及周边逐步发展成南京的城市副中心。

仅仅经过3年的建设，奥体中心对南京河西新城区的发展开始发挥积极效应：一是集聚效应。医疗、教育、商务等配套设施逐步到位，一个城市副中心基本成形。二是环境效应。南京奥体中心立足于建设一个高品位的综合性文化体育设施，实现了南京古都特色与现代文明的相互交融，周边景观与大型建筑的相互融合。三是经济效应。南京奥体中心的建设，带动了周边房地产大幅度增值，以台湾明基医院、艺兰斋艺术馆和奥体新城、金马郦城为代表的一大批公共配套设施和高档居住区竞相落户，一个功能齐备、环境优美的城市副中心正在崛起。

围绕着奥体中心，七纵五横的城市道路框架已经拉开，棋盘式布局的36条主支干道在十运会前全部完成，南京的“井”字形快速内环接轨河西。奥体中心北侧应天西路高架从赛虹桥延伸到经四路。东侧江东南路扩成双向7车道。建成长江三桥、过江隧道连接河西与江北。

南京地铁一号线一期工程，是南京市南北线路客运走廊的骨干交通线，原长16.9

公里，为了配合十运会和奥体中心工程建设，地铁一号线一期工程向西延伸了 4.82 公里，终点站为南京奥体中心，总投资约 85 亿元。工程建成后，南京地铁一号线，南起河西奥体中心，北止迈皋桥，贯穿南京市主要城区的南北向中轴线。不仅在十运会期间解决大量观众集散问题，而且在十运会后为南京市民的出行提供了一个新的出行方式，缓解了南京日趋拥挤的城市交通，改变了城市客运的格局，拉开了城市发展的新途径。

河西新城区规划绿地面积 1650 公顷，占总用地面积的 30%，人均绿地面积 30 平方米。商务中心绿轴、滨江风光带、城市公园及主题广场、主次干道两侧、待用开发用地等多个“点睛”绿地景观体系将把河西新城装点得更加靓丽，也极大地提升了河西的居住空间和生存环境。

奥体中心的建设，最重要的表现就是土地价值的升温，大大促进了河西地区房地产业的迅速发展。由于十运会场馆建设的需要，河西地区有了完善的基础设施、优美的生活环境和现代化的健康产业，住宅需要迅速增加，河西地区逐步发展成为“以生活居住区为主体”的新区。从 2004 年初到 2005 年十运会召开，近 160 万平方米的住宅建成上市，河西地区成为南京房价最高的区域之一。

（2）总体规划

南京奥林匹克体育中心位于南京建邺区梦都大街以南，乐山路以东，江东中路以西，奥体大街以北，因其位于河西 CBD 西侧，道路规划宽敞，在体育场东西两侧各有一个地铁站，周边设置有多个公交车站，公共交通比较便捷（图 2-7-28~ 图 2-7-31）。

南京奥体中心是 2005 年第十届全国运动会的主赛场，2001 年立项，2002 年开工建设，2005 年竣工，由澳大利亚 HOK 公司完成方案设计，江苏省建筑设计研究院完成施工图设计。

南京奥体中心是一个多功能复合型的国家级体育馆，主要建筑为“四场馆二中心”，主要由主体育场、热身场、体育馆（太空舱形）、游泳馆（海螺形）、新闻中心（桅杆状）、

图 2-7-28　南京奥林匹克体育中心现状

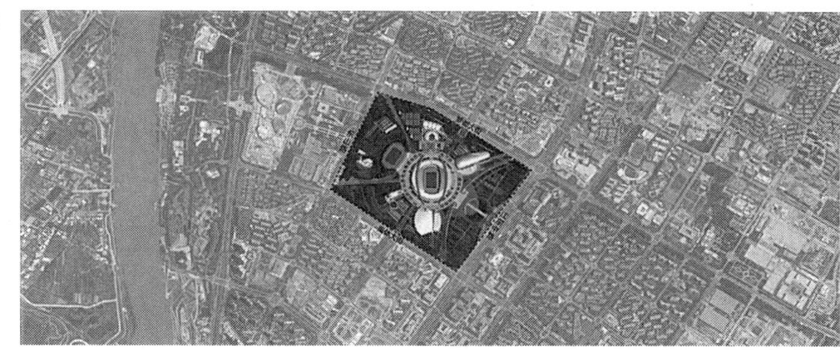

图 2-7-29 南京奥林匹克体育中心区位
（作者根据百度地图改绘 .）

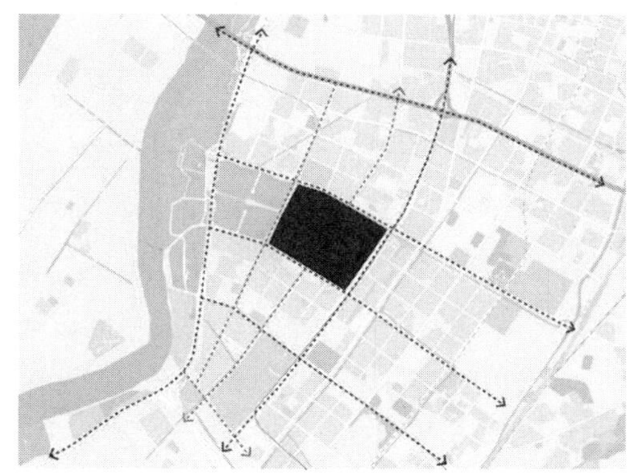

图 2-7-30 南京奥林匹克体育中心周边道路
（作者根据百度地图改绘 .）

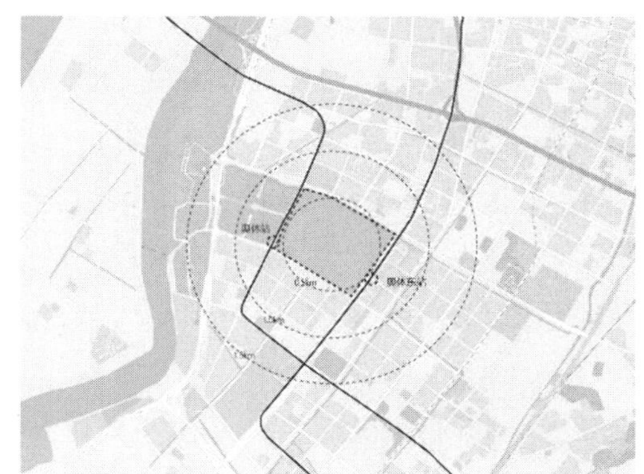

图 2-7-31 南京奥林匹克体育中心公共交通
（作者根据百度地图改绘 .）

网球中心（莲花瓣）、棒球场、垒球场、体育科技中心和文体创业中心，以及交通工程、环境景观、能源中心等配套工程和体育公园组成，占地面积 89.7 万平方米，建筑面积 40 万平方米，中心绿化率为 48%，水域面积为 5.9 万平方米。

南京奥体中心于 2002 年 8 月 18 日正式开工，2004 年底建成，2005 年 5 月 1 日交付运行，总投资 21.67 亿元人民币。2007 年荣获第 11 届国际优秀体育建筑和运动设施金奖，是中国第一个获此殊荣的体育建筑。

南京奥体中心在其建成时期，是亚洲最大规模的体育中心，是当时国内最具规模、功能最全、标准最高的综合性大型体育建筑群和体育公园之一，是江苏省有史以来规模最大的社会公用事业项目。

奥体中心占地面积 110618 平方米，总建筑面积 264491 平方米，投资达 2.85 亿美元，其中主体育场建筑面积达 136340 平方米，东西 291 米，南北 293 米，能容纳 6 万名观众。占地面积约 7 万平方米①。方案设计由澳大利亚 HOK 建筑顾问公司和江苏省建筑设计研究院有限公司合作完成②。

---

① 笔者根据南京城市建设档案馆馆藏施工图纸测量得出 .
② 江苏省建筑设计研究院 . 南京奥林匹克体育中心总体规划设计 [J]. 建筑学报，2006（6）：53-67.

体育中心整体以接近“X”的形状布局，“X”的两条斜线成为除体育场之外其他建筑的排布轴线。场地南、北和东面为城市主干道，“X”的开口则主要朝向这些城市干道，以期留给城市更多的绿化广场并形成视觉缓冲，同时也扩大了行人的视野。中心内部贯穿南北的主要道路被体育场一分为二，进入10万平方米的环形平台。该平台连接了体育场二层与其他各个场馆，并且在纵向上区分了行人与车辆流线，使得体育场流线互不干扰。同时平台也抬高了体育场的基座，强调了其在这片区域的地位（图2-7-32）。

环形平台之下，是体育场的后勤服务区出入口，除此之外还容纳了办公、售卖、停车和仓储，平台上下相连依靠的是环绕体育场的四个坡道。赞助商、运动员、官员、运作人员及贵宾可以将车辆停于平台下面一层，并由两个主要进口的楼梯及电梯进入平台，这些进出口的分布间距不大于60米。东区广场为场地中最具经纬轴线规划的区域。因为车辆行进的动线，其中心点也是大量车辆通过的中心点。轴线的设计目的是从抵达东区广场的开始便带领行人经动线由壮观的楼梯或者其旁边的电梯往上到平台上。

（3）体育场

主体育场占地面积11公顷，总建筑面积26万平方米，能容纳6万名观众。作为南京规模最大的体育场，奥体中心主体育场在承办了第十届全国运动会之后，还成为2014年青奥会的主体育场。

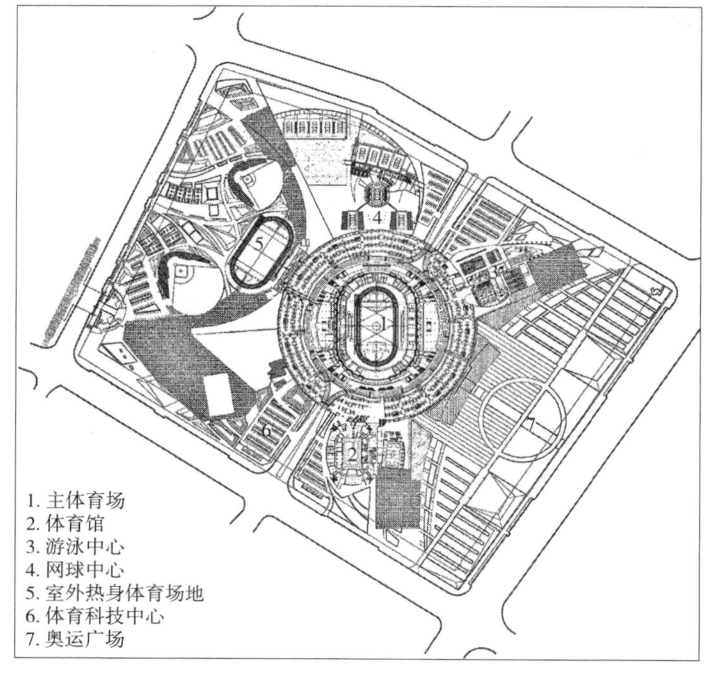

图2-7-32　南京奥体中心整体一层平面图

体育场平面整体采用正圆形，这一选择消除了位于场地正中的体育场的方向性，从而避免了与整个场地中“X”轴线的四个方向产生冲突。由于体育场容纳6万名观众，尺度巨大，大型体育场要最大程度满足视觉需求只能采用椭圆或者圆形的平面方式，这也与奥体中心主体育场方案的设计思路吻合。体育场底层设置办公、商业和停车等功能，二层开始设置观众席位，共三层看台，各层都设置相应的楼电梯间、卫生间以及商业休闲功能。在体育场的第六层和第七层的东西两侧均设置了退台式的城市观景平台，具有开阔的视野，能够看到河西新城的城市面貌（图2–7–33）。

体育场一层看台共设置52个疏散口，二层看台主要以包厢为主，和三层看台共用24个疏散口，同时还在外层设置4个楼电梯间方便疏散，全程无障碍，整个体育场疏散路径较短，各层都能较为便捷地到达环形平台进一步疏散（图2–7–34 ~ 图2–7–39）。

体育场最为独特的是两个巨型红色钢拱。钢拱跨度361.58米，向外倾斜45°，达到了力学上的自平衡。选择钢拱的原因在于，常规的钢桁架屋顶结构厚度较大，在一定程度上会影响观众的观看效果，同时建筑体量感会较为沉重。使用钢拱之后，体

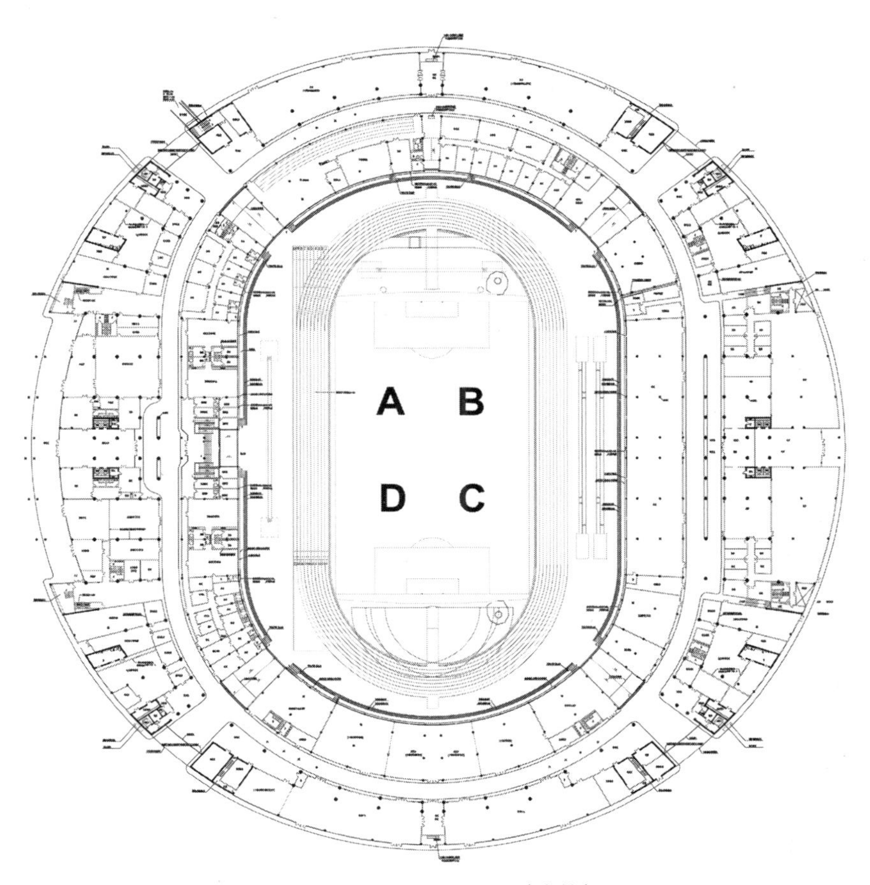

图2–7–33 一层平面图（完整）

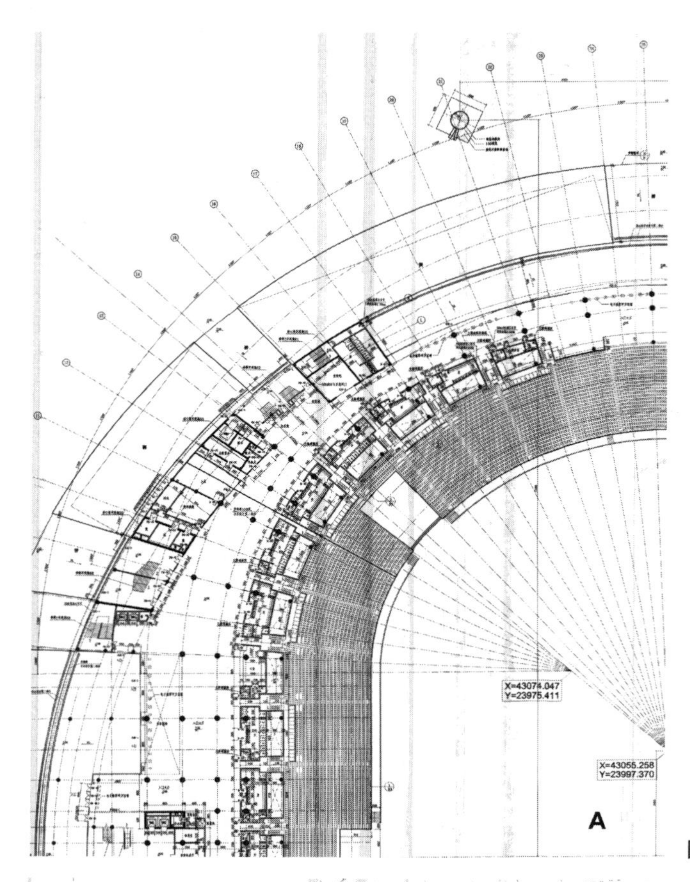

图 2-7-34　二层平面图（A 区）

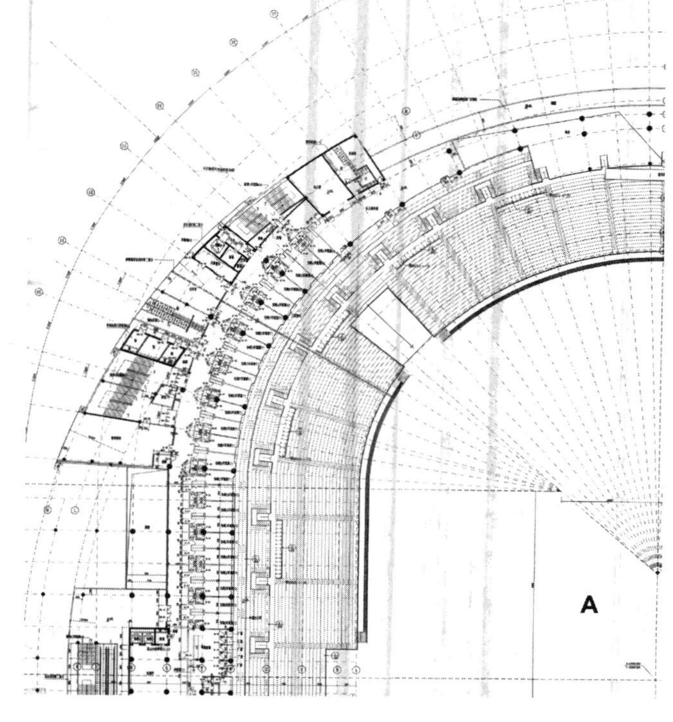

图 2-7-35　三层平面图（A 区）

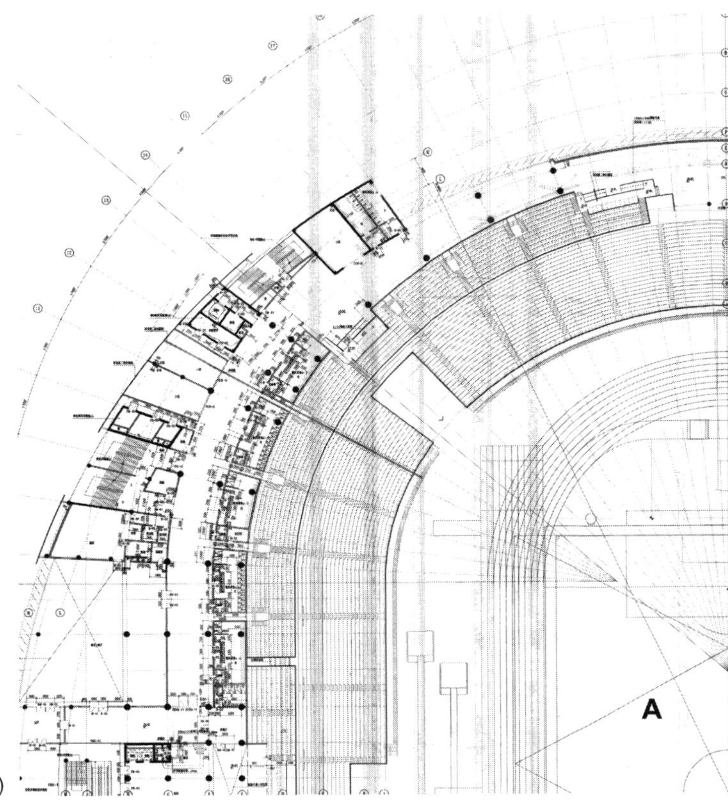

图 2-7-36　四层平面图（A 区）

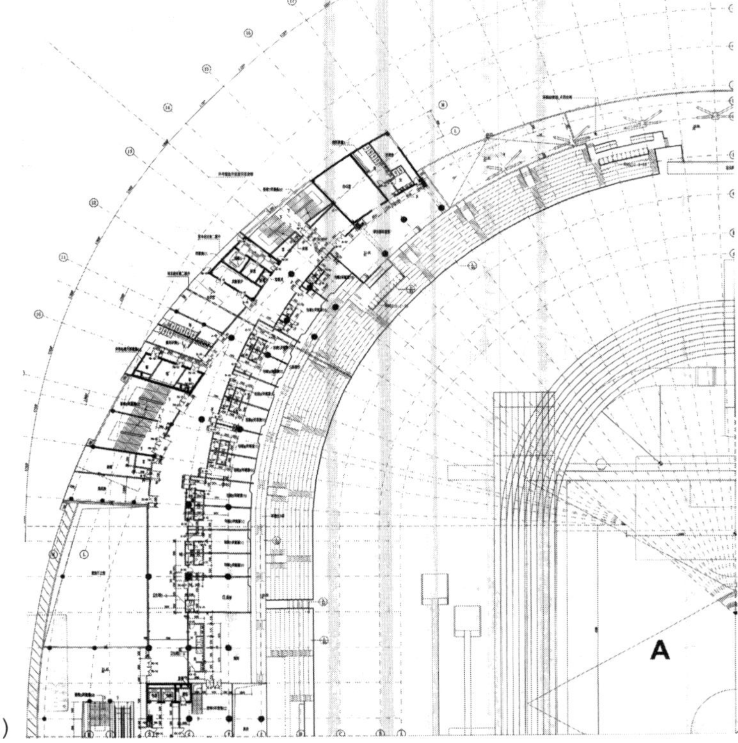

图 2-7-37　五层平面图（A 区）

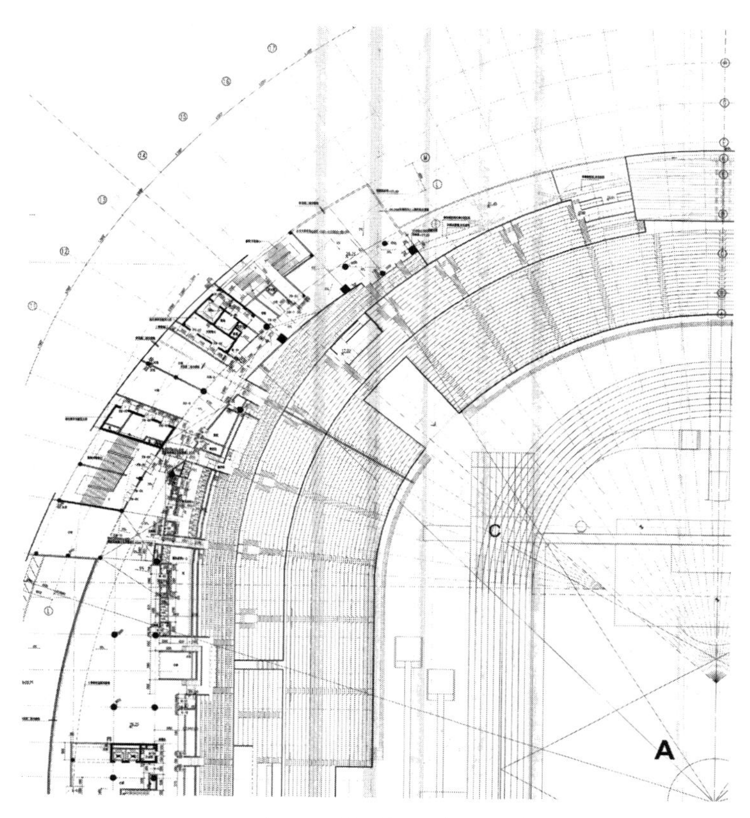

图 2-7-38　六层平面图（A 区）

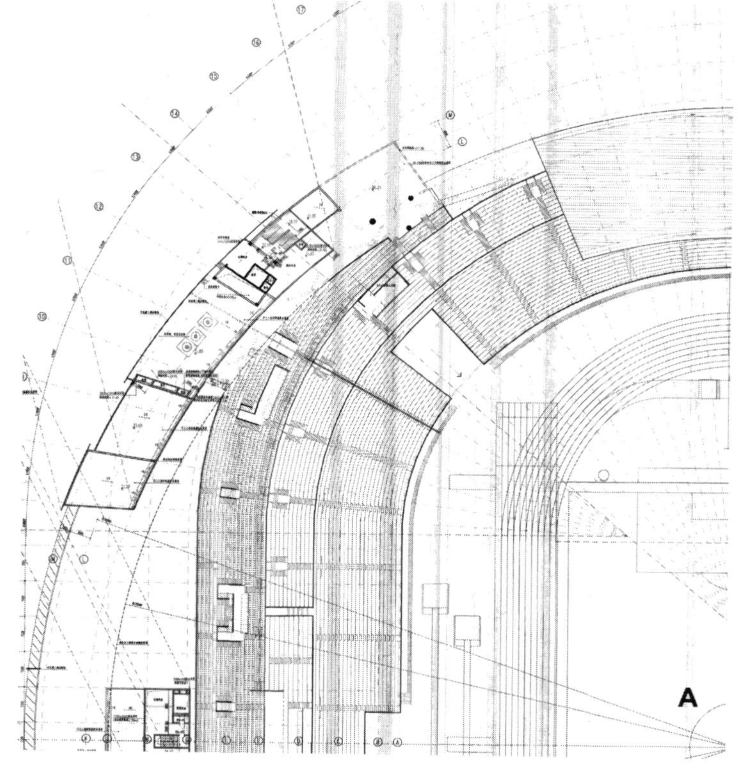

图 2-7-39　七层平面图（A 区）

育场屋盖的荷载依靠钢拱承载，屋盖的结构只需要满足其自身的结构稳定性即可，因此可以采用结构厚度较低的钢梁作为屋盖的结构（图 2–7–40）。

钢拱承重的结构方式除了在视线上能够更少地影响观众观演之外，还能够在建筑形体上让人感觉屋顶更为轻盈，结合第六层和第七层的城市看台，能够强化体育场和城市之间的关系，在外观上使体育场不再是一个完整的形体，而是层次丰富的组合，减少巨大体量带给人的压抑感（图 2–7–41、图 2–7–42）。

图 2–7–40　南京奥体中心体育场巨型钢拱

图 2–7–41　南京奥体中心体育场屋盖结构

图 2–7–42　南京奥体中心体育场外观局部

（4）体育馆

体育馆位于奥体中心南部，体现流动性和动态感。设计灵感来源于太空站的联想和创意，曲面玻璃屋顶、玻璃幕墙、镂空金属板、金属隔栅巧妙组合，白天和夜晚分别在室内空间和室外空间创造出梦幻般的光影效果（图 2–7–43、图 2–7–44）。

体育馆建筑面积 6 万平方米，分主馆和副馆两个部分，可举办篮球、排球、体操等多种体育项目，并设有冰上运动比赛场馆。主馆观众席 12893 座，其中固定座椅 10004 个，活动座 2011 个，移动座椅 878 个。冰球训练馆固定座椅 584 个。体育馆共有观众席 13477 个。主馆屋面投影南北长 200 米，东西达 120 米，馆高 40.1 米。主体为钢筋混凝土框架结构，框架梁、板均采用预应力钢绞线。屋盖采用平面钢桁架结构，钢屋架最大跨度 120 米。钢屋架采用高空滑移技术，总重 1261 吨。61 × 30 米的滑冰场，使南京成为继北京、长春、哈尔滨之后，第四个能够承办世界级冰上比赛的城市（图 2–7–45）。

（5）游泳馆

游泳馆位于奥体中心东北部，馆身长达 258 米，跨 76 米宽，呈 30 度角倾斜。主副馆如同两片大小不同的螺蛳壳吻合在一起，构成了独特的艺术设计，体现了人类对水上运动的热爱，象征运动员的两只手臂在碧池中奋力划动，直冲终点，给人强烈的场所感和水运动氛围。

图 2–7–43　体育馆主入口

图 2–7–45　体育馆内赛场

图 2–7–44　体育馆外部局部

建筑面积 3 万平方米，设有 3000 个观众席，内有游泳池、跳水池、训练池及戏水池各一个。10 米高的跳台立在游泳馆的一端，除了正常比赛外，还设有成人、儿童戏水池，仅更衣室就可以容纳 2000 人，全运会后这里成为市民的水上游乐场。

（6）网球中心

网球中心位于奥体中心北部，屋顶就像层层相叠的莲花瓣，覆盖在半开敞观众席的上方。

网球中心总建筑面积 66 万平方米，设有 1 个决赛场、2 个半决赛场、14 个露天比赛场及 4 个室内比赛场和一万多平方米的综合服务设施，共分 21 片场。左右两边对称分布着两片敞开式半决赛场的网球场地，分别设有 2000 个座位。决赛场地设有 4000 个座位。

5. 南京青奥体育公园

2010 年 2 月 11 日，南京成功申办 2014 年青年奥林匹克运动会，成为继新加坡之后第二个承办青奥会的城市。

为办好 2013 年亚青会和 2014 年青奥会，满足青奥会曲棍球、小轮车、橄榄球等竞赛项目举办的需要，进一步完善江北地区竞技体育及全民体育设施建设，满足全民健身需求，南京市决定在浦口新城建设南京青奥体育公园。主要由 6 个部分组成：

①青奥会室外赛场，包括曲棍球、小轮车、橄榄球赛场，办赛辅助用房；

②南京市青少年奥林匹克培训基地，包括科研教学和生活配套设施；

③市级体育中心，包括体育场、多功能体育馆；

④全民健身中心，包括游泳馆、田径馆；

⑤体育开放公园，主要包括篮球场、足球场等体育健身设施；

⑥“长江之舟”酒店。

整个地块被城南河分为南北两个地块，总用地面积约 1016329 平方米，其中城南河水面约 162886 平方米，绿化用地约 191745 平方米，道路建设用地 83735 平方米，体育建设用地 563982 平方米（图 2–7–46、图 2–7–47）。

项目 A 地块主要布置了青少年培训基地、青奥会赛场及辅助用房、体育开放公园；B 地块主要布置了市级体育中心（2 万座的体育场）及热身训练场和 18000 座的多功能体育馆项目，有一条交通主轴跨越城南河，串联起两个地块的各个建筑，使整个项目融为一体。

南京青奥体育公园总体规划满足比赛、全民健身、教学及展览、演出、休闲等多功能要求，包括青奥体育中心、橄榄球曲棍球等室外比赛场、体育运动学校和酒店、会议中心，组成体育休闲综合体（图 2–7–48 ~ 图 2–7–50）。

图 2-7-46　南京青奥体育公园总平面图

图 2-7-47　南京青奥体育公园鸟瞰效果图

图 2-7-48　南京青奥体育公园鸟瞰图

图 2-7-49　南京青奥体育公园内举办森林音乐节

图 2-7-50　南京青奥体育公园内的美食街

（1）市级体育中心

市级体育中心总规划基地面积为17.98公顷，总建筑面积17.6万平方米。包含一个2.1万余座体育馆和一个1.8万座体育场，为甲级体育建筑，满足全国性和单项国际比赛的要求，成为集合了体育馆、体育场、商业设施等复杂内容的综合体建筑，满足比赛、全民健身、展览、演出、休闲等多功能的要求，总建筑面积约17.6万平方米。

根据地形及体育工艺要求，基地从左到右、从下到上依次布置训练馆、体育馆、大平台、体育场、热身场，体育场及热身场均为正南北方向。体育馆和体育场的屋盖部分联成一个整体，主入口广场呈弧形，分别由临江路及康华路进入，其中临江路入口正对珠泉东路。供人流疏散的大平台标高为5.4米，位于体育馆及体育场之间，局部被大屋顶覆盖，并和跨城南河步行桥连接成一个整体，田径热身场位于体育场西侧（图2-7-51）。

基地西侧规划有城市快速路临江路，红线宽度66米，在基地附近为高架，保证在康华路、珠泉路、同心路与临江路上可实现所有方向转向，同时提高由南向北主线通行能力。基地北侧规划有康华路，红线宽度24米，基地东南侧规划有下河街，红线宽度24米。地铁10号线滨江大道站距离基地约550米，珠江东路站距基地1500米。

规划共设计5个人行集散广场，其中临江路和康华路两个主入口广场连成一体，通过主广场可直接进入观众主门厅。在主入口广场处设计坡道和台阶，可到5.4米标高大平台，和环绕体育场、体育馆的观众疏散平台联成一体，同时大平台连接沿下河街主入口广场和通往A地块的步行桥。沿康华路和下河街道路另设计3处观众集散广场，主要供散场时疏散观众使用。公交站台建议设于临江路及下河街。

沿临江路在主入口广场两侧设计车行出入口，连接基地环形道路及地面集中停车场，此处设计一处地下车库出入口。沿康华路设计2处车行出入口，其中一处为机动

图2-7-51　南京青奥体育公园市级体育中心

车疏散出口，连接地面停车场，可与体育场环形道路相连，也可由此进入地下停车库。沿下河街设计 3 处车行出入口，从南到北分别连接体育场环形道路和基地内环形道路，进而连接到体育馆周围环形道路，同时也与两个地下车库出入口相连。沿体育馆及体育场周边设计环形通道，赛时可进行管制，供运动员、裁判、新闻、组委会、贵宾等内部人员使用，而不受干扰。沿临江路入口设计有出租车出入口及出租车临时车位。沿下河街设出租车停靠点。基地内道路相互联系，通畅便捷（图 2–7–52、图 2–7–53）。

图 2–7–52　南京青奥体育公园市级体育中心鸟瞰图

图 2–7–53　南京青奥体育公园市级体育中心入口广场

体育馆是目前国内最大的室内体育馆，定位为甲级体育建筑，规模为特大型，满足全国性和单项国际比赛能够举办 NBA 比赛，设计强调体育的娱乐化、表演化，强调观众的舒适性、安全性，强调运营的便捷化、效益化。

体育馆建筑面积约 12.8 万平方米，其中地上 8.8 万平方米，地下 4 万平方米，看台座位数 21376 座。可以满足大型文化演出、高水平体育竞赛的举办要求，可举办篮球，羽毛球、轮滑、乒乓球、冰球、体操、手球等比赛，满足奥运会比赛标准，综合了商业、展览等功能。

体育馆位于基地的南端，与体育场之间用大平台联系。大平台下设计观众主入口和体育休闲商业设施。

体育馆设地下一层，地上六层，观众看台四面环形布置，便于举办体育比赛和其他文化活动。从比赛场四边向下延伸有活动座席，任何座位的视线都不会受到遮挡。

看台设计有 VIP 包厢和无障碍座席，并有专用出入口。主席台，媒体席等专用座席可临时搭建。

内场尺寸为 53 米 ×84.2 米，能进行篮球、手球、标准搭台体操比赛。

训练场设计于地下一层，可同时供两支球队进行篮球比赛热身。训练场一侧设计部分活动看台。

设计一个斗屏，两道环屏，另设有一个大屏，以满足国内常规比赛的要求。

屋顶钢结构荷载考虑演出的要求，并预留升降舞台台仓，使得这个建筑在举办体育活动之外，具有广泛灵活的多功能性。

普通观众进场人流通过大平台下主入口进行安检及检票，随后进入体育馆，再分散至各层。如果需要，也可以在体育馆南侧增设次入口。安检设施可以考虑设置于体育公园的入口处。

普通观众散场疏散人流通过室内垂直通道从不同方向疏散至室外地面，或经大平台疏散至地面。普通观众疏散力求迅速、便捷。

运动员、媒体、赛事组委会、裁判、贵宾及安保等不同功能用房均位于一层，与观众使用部分完全分开。

贵宾入口位于首层北侧，设有专用停车位。贵宾在此下车进入首层贵宾大厅，贵宾休息室。通过贵宾专用电梯到达主席台。贵宾车辆可沿首层的环形车道到达位于北侧的包厢专用门厅，由位于此门厅的包厢贵宾专用电梯和扶梯到达包厢层，进入包厢。

媒体下车点位于首层东侧入口，媒体人员进入新闻中心门厅，到达媒体工作区和媒体服务区，在此设有专用电视转播车停车位。

运动员和随队官员下车点位于体育馆的南侧，设计专用客车停车位。运动员和随队官员在此下车，经热身、检录后，通过赛时专用通道进入体育馆比赛区。

工作人员下车点位于体育场首层西侧，工作人员进入专用门厅，并由此进入首层各办公室。

设有中央厨房二处，共计 1130 平方米。设计两个货物电梯，一个厨房专用电梯，方便货物和食物的垂直交通和运输。货物电梯可直达各层看台及马道层。

整个体育馆考虑演出的需要，屋顶马道预留演出时安装灯光、音响及其他吊装的需要，内场设计预留两个升降舞台台仓。内场预留设备管沟，可改造为标准冰球场。

训练馆独立设计，便于平时开放作为全民健身用房。设计活动看台，也可满足会议、多功能演艺的要求（图 2–7–54）。

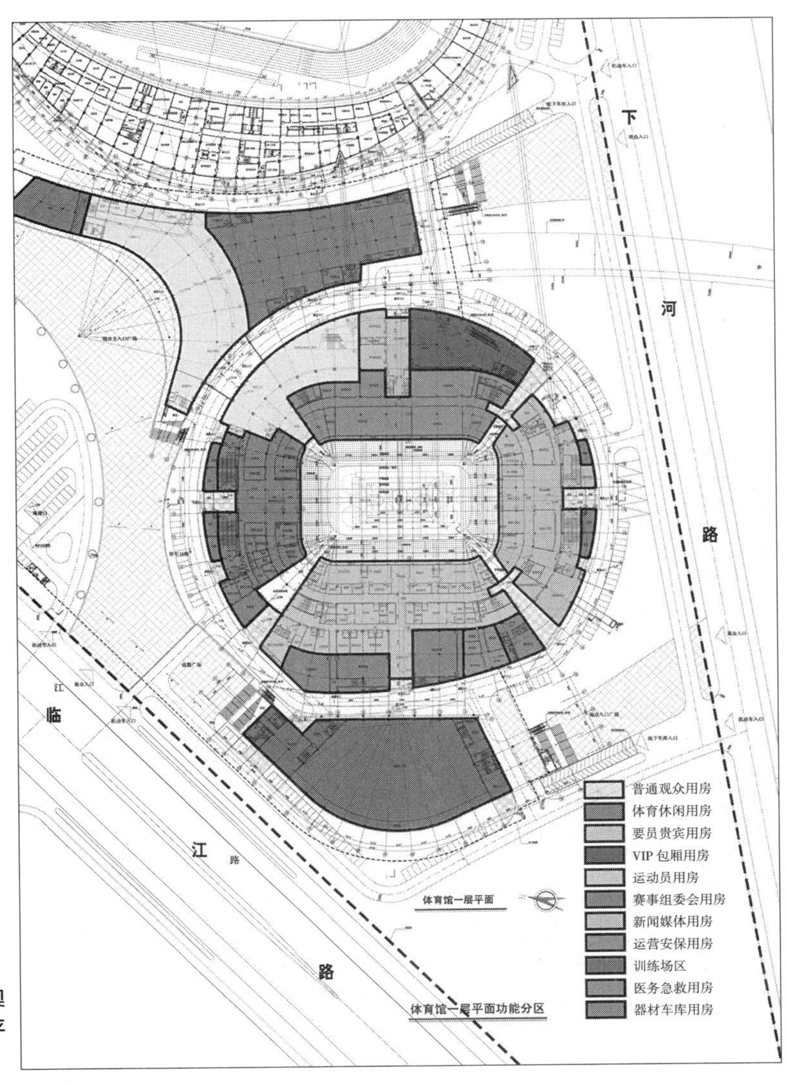

图 2–7–54　南京青奥体育公园体育馆一层平面图

在体育日益表演化的背景下，青奥体育中心体育馆在设计中充分考虑了体育馆的演艺功能，其功能配置和上海世博会演艺中心类似，主场具有以下特点：

①充分考虑观众的舒适度：

A. 所有座椅均为软椅；

B. 采用自动扶梯解决观众交通问题；

C. 观众休息厅宽敞明亮，并考虑多功能利用；

D. 配置大型厨房及餐饮包厢和餐饮区；

E. 斗屏和环屏保证了视觉效果。

②充分考虑运营的便捷性

A. 吊顶荷载达 50 吨，满足演出悬吊的需要；

B. 5 吨货梯直通马道，货车直接驶入内场，方便布场；

C. 预留大型团体操等演员候场及出入口；

D. 齐备的媒体和电视转播设施。

青奥体育公园体育馆，是我国最大的体育馆，不论是从比赛场地规模，还是从观众座席数、包厢数量、灯光、音响、大屏幕等方面全面满足商业化、表演化需求，可以举办 NBA 比赛（图 2–7–55）。

青奥体育馆更是可以胜任各类多功能综合演艺表演，其本质上是一座综合演艺馆。同时，训练馆可兼做小型演艺厅及排练厅（图 2–7–56）。

图 2–7–55　南京青奥体育公园体育馆比赛大厅

图 2-7-56　南京青奥体育公园体育馆演出活动

人流数量是一座建筑商业价值大小的重要标志之一，而体育比赛能够在短时间内汇集大量人流，并且会停留、聚集在体育建筑内一段时间，这一特征为体育建筑带来相当高的商业价值。南京青奥体育馆的观众休息厅宽敞明亮，空间舒适，可以布置轻餐饮、商业等，也有一定商业机会：比如观众赛前提前进入休息厅，赛后在此购买纪念品，或前往馆内休闲吧消费（图 2-7-57~ 图 2-7-59）。

体育场定位为甲级体育建筑，规模为小型，看台座位数 17947 座。体育场总建筑面积 32569.16 平方米。看台顶棚投影面积 15337.66 平方米。结合东、西看台的建筑主体为五层。

图 2-7-57　南京青奥体育公园体育馆观众入口

图 2-7-58　南京青奥体育公园体育馆观众大厅散场

图 2-7-59　南京青奥体育公园体育馆观众休息厅的商务活动

热身场地位于比赛场地的东侧，设置有 300 米小型跑道和一个小型足球场（图 2-7-60、图 2-7-61）。

看台除普通观众席外，设有主席台、无障碍座席和包厢，并有专用出入口进出。记者席、评论员席、运动员席等专用座席可临时搭建。

图 2-7-60　南京青奥体育公园体育场

图 2-7-61　南京青奥体育公园体育场主看台

体育场看台外轮廓为四心椭圆，看台最高点标高为 17.26 米。体育场看台共设固定座席 17947 席（其中普通观众座席 17435 席、主席台 222 席、残疾观众席 40 席、包厢 250 席）。普通看台排距 800 毫米，座位宽 480 毫米；主席台排距 1200 毫米，座位宽 600 毫米。

按标准 400 米综合田径场设计，同时设置有一个国际标准尺寸草坪足球场和英式橄榄球场。

图 2-7-62　南京青奥体育公园体育中心体育场外观

青奥体育馆与体育场通过参数化设计的屋面连为一体，总长度达到 400 米，绵延在长江北侧，与南京主城区隔江相望。未来既是浦口新城，更是南京城的新地标。体育中心建筑立面设计采用一个非线性曲面屋顶，把体育馆、体育场连成一体，以灵动的线条打造出长江江畔展翅欲飞的“江鸥”造型，与酒店“长江之舟”组成一幅“长江水阔浪逐流，笛伴鸥鸣送远舟”的动人场景（图 2-7-62）。

（2）长江之舟酒店

“长江之舟”酒店，位于青奥体育公园 A 地块的中部，紧靠橄榄球比赛场地，和市级体育中心通过步行桥相连。

“长江之舟”定位为高端商务休闲酒店，由三座主体建筑共同构成，分为五星级的华邑酒店和运动主题的逸衡酒店以及综合楼，集商业、餐饮、酒店住宿、健身休闲、会议会务等功能为一体，可同时容纳 500 人以上的大型会议和宴会，并提供 410 多个各种类型及标准的酒店景观客房。

建筑造型寓意长江之舟，犹如在长江上破浪航行的游轮，设计借鉴了中国木构古船向现代游轮过渡的形象，以抽象的手法展示。靠近橄榄球场的建筑辅楼“小船”，取意来自郑和下西洋的宝船，北侧靠近体育公园的建筑主体如同巨型的豪华游轮在长江上破浪航行。建筑轮廓丰满且充满张力，与城南河对岸的圆形体育场馆形成呼应。高低起伏、舒展的船型轮廓线也体现年轻人对速度和力量的追求，既与青奥体育公园的属性有所关联，同时也使建筑具有诗意和浪漫的特征（图 2-7-63）。

（3）青少年奥林匹克培训基地

青奥培训基地综合楼总建筑面积约 7.1 万平方米，主要功能包含各种综合训练用房、射击训练场、体育教学实验用房、图书馆、报告厅、理疗中心、食堂、运动员及

图 2-7-63 南京青奥体育公园长江之舟酒店

图 2-7-64 南京青奥体育公园青少年奥林匹克培训基地

教练员宿舍、招待所、车库等。在青奥赛时可作为宾馆、媒体发布中心、餐厅、医疗站等功能使用，赛后转化为培训基地。承担 2014 年青年奥运会橄榄球、曲棍球、沙滩排球、小轮车比赛的配套需求。赛后该基地一部分作为专业的训练场地保留，另一部分拓展项目，将体育资源与社会共享，让更多青年参与到体育文化运动中来，使之成为国内一流的“国家高水平体育后备人才基地”。

青少年奥林匹克培训基地体现青年人充满活力的特点，建筑造型风格与奥运会体育主题相契合，将“艺术体操彩带”抽象成为场地和建筑的设计元素，建筑群体运用飘逸轻盈、富有活力的线性组合形式，造型流畅，一气呵成，充分体现“青春活力，潮涌浦口”的概念。建筑外墙以白色为基调，点缀象征年轻人热情、奔放性格的红色，并在建筑各主要出入口处以奥运五环色装饰，强调青奥主题和青春活力（图 2-7-64）。

（4）游泳馆、室内田径馆

南京市体育训练中心游泳馆、室内田径馆项目作为青奥会结束后的二期启动项目，游泳馆定位为训练场馆兼全民健身，室内田径馆定位为平时进行田径项目及球类项目的训练场馆，赛时为能承办室内田径锦标赛的比赛场馆，近期目标为承接 2020 年世

图 2-7-65　南京青奥体育公园游泳馆、室内田径馆

界室内田径锦标赛。田径馆高度为 21.15 米，游泳馆高度为 11.15 米。地下部分规划为一层的设备用房。

两馆建筑立面整体统一而富于变化，简洁有力，相间的色块体现了“南京魔方”的设计初衷。用较为简单的饰面砂浆与玻璃、百叶的肌理，打造整体内敛低调谦和的统一形象，并且通过总体一高一低的形态的变化，呈现出空间在不同角度、不同高度的丰富视觉变化（图 2-7-65）。

（5）城市发展的意义

南京市借鉴国内外沿江城市在城市化上的成功经验，提出了沿江发展战略和跨江发展目标，沿江开发整体上以主城、浦口新市区为核心，因地制宜地推进两岸的城市化进程。江南主城段重点优化提升城市功能，江北浦口新城要加快推进城市化过程，沿江其他新城要以产业化带动城市化。

2002 年 5 月，新浦口区正式成立，标志着南京由隔江发展转向跨江发展的历史性跨越。浦口规划新城总面积约为 300 平方公里。浦口新城建设将重点启动顶山中央商务区、台湾高科技产业园、三桥产业园等十大功能区建设，期望用 10 年时间，将浦口打造成一座特色鲜明、功能齐全、结构优化、品质卓越、充满活力、文明和谐的现代化浦口新城。

青奥体育公园的建设使得浦口新城在产业转型、商业配套、交通路网和体育休闲等方面得到了大力发展的契机，为今后浦口新城的发展注入了新的活力。

为了给青奥会的体育赛事提供良好的外部交通条件，青奥体育公园附近建设了城南河路、临江路、康华路，改善了交通。

青奥体育馆是浦口新城的标志性建筑，改善了城市面貌。

2018年世界羽毛球锦标赛在南京青奥公园体育馆举行，这是世界羽毛球界顶级赛事之一，也让南京成为继北京、广州之后第3个举办该项赛事的中国城市。2019年国际篮联篮球世界杯首次落户中国，南京青奥体育馆举办了10场比赛。高水平的比赛、演唱会的举办，也提升了城市的影响力，对提升南京体育的国际影响力产生了非常显著的影响。2018年，英国体育市场情报研究机构和数据服务机构——SPORTCAL在世界体育大会上发布了年度全球体育影响力100强城市排行榜，南京的排名比上一年上升了9位，为第10位，在国内城市中仅次于排在第9位的北京。

第三章

体育建筑功能与运营模式的演变

随着技术、经济和社会的发展，体育场馆也在发展。从世界上最早的公元前776年古希腊奥林匹克竞技场，逐步发展到今天规模庞大、功能复杂的体育场馆，体育场馆的功能也随着时代的发展而演变。

纵观我国的体育发展史，是一个建筑技术和建筑艺术结合的发展史，也是社会经济和文化发展的一个缩影。

1949年以前，我国体育事业发展缓慢，体育场馆数量少，设施简单。1949年以后，尤其改革开放后，体育事业发展迅速。改革开放以来，我们的社会发生了翻天覆地的变化，随着社会体制的变革，体育运动由国家兴办的体制向社会化方向逐步转变。

目前国内体育场馆设计理论的研究，主要集中于体育场馆技术层面，特别是体育场馆的结构选型、建筑美学、建筑技术、建筑材料的运用、建筑选址与规划、建筑声学、体育工艺灯光照明等方面，对功能和运营模式的研究较少。相比较而言，由于竞争激烈的市场环境，住宅市场的经济策划、市场理论研究已经十分成熟，住宅成为一种房地产开发产品。

但体育场馆不仅仅是结构复杂、技术含量高的建筑物，同时也是功能复杂、经营管理要求高的建筑物，并且已经融入商业化的洪流中。如果用长远的目光看，随着民间资本不断参与甚至主导体育场馆的建设和运营，相当一部分体育场馆将逐渐变成一种特殊类型的房地产产品，因此需要格外关注其在不同运营管理模式下的功能变化。

第一节　市场经济与体育场馆建设

对我国体育场馆功能的演变，影响最大的是运营模式市场化，而最根本的原因是改革开放和社会主义市场经济的确立，对体育事业所产生的意义深远的影响和变化。

计划经济时代，体育场馆的主体基本是政府，场馆的功能定位主要是满足体育赛事或专业训练。场馆的建设和运营基本上靠国家和政府的财政支出，大部分场馆对后期的经营管理缺乏详尽的考虑和计划，对经济和成本的关注度不高。

1980年以前，我国的体育事业的模式是计划经济时代的举国体制，这种体制在经济基础十分薄弱的情况下，具有巨大的优势，它可以集中力量办几件事、办大事。我们利用举国机制下的专业队体制，迅速在世界上取得了几个具有压倒性优势的项目，如被誉为国球的乒乓球，还有跳水、体操、女子举重等项目。举国机制，对新中国成立之初的中国体育事业的发展起到了重要的作用。

随着中国改革开放的全面展开，经济高速增长，市场经济得以确立，举国体制中不适应市场经济发展的缺点也开始暴露出来。举国机制下，体育的发展完全依靠国家的投入，体育职能部门既没有产业化经营的制度条件，也没有市场基础，因而不可能成为独立自主、自负盈亏的市场主体。举国机制忽视了经济运行的规律，缺乏活力，最终可能导致体育资源的严重萎缩。

从20世纪80年代开始，为了解决体育发展经费的不足，体育事业也开始了一系列新的尝试，体育系统开始有偿服务。1980年举办的“万宝路广州网球精英大赛”，标志着我国竞技体育市场化的起步[①]。

1992年，随着市场经济在中国的确立，中国经济开始大规模转型。很多人开始意识到，中国体育的唯一生存之道是商业化、产业化，在一些有市场基础的项目和行业，率先进行了体制改革和机制转型，进入了以实体化、俱乐部制和产业开发为重点的竞技体育职业化的历程。

1994年，中国足球甲级联赛，开创了中国竞技体育的职业化和商业化的先河，标志着中国体育市场的形成。足球成了很多人生活中不可缺少的重要组成部分，大家开始感受到职业体育的魅力。足球不再是一种体育赛事，它开始成为一种快乐的、充满激情的生活方式。

1995年，中国体委颁布了《体育产业发展纲要》，同年全国人大八届四次会议通过了《国民经济和社会发展九五计划和2010年远景目标纲要》，为我国体育的社会化、产业化发展指明了方向、奠定了理论基础和法律基础。在其影响下，职业化的浪潮席卷了整个中国体育界。中国篮球协会于1995年推出CBA篮球职业联赛，中国排球协会于1996年推出第一个跨年度主客场俱乐部职业联赛，中国乒乓球运动管理中心于1998年推出乒乓球俱乐部联赛。与此同时，体育用品、体育经纪、体育广告也都得到了巨大的发展。

随着人们生活水平的提高，人们的生活方式、消费观念有了很大的改变，体育健身活动逐渐成为生活的一个重要组成部分，大众体育的产业化也迅速发展。

《国民经济的发展“九五”计划和2010年远景目标纲要》中明确提出：“要形成国家和社会共同兴办体育事业的格局，走社会化、产业化的道路。”它战略性地指明了中国体育事业的发展方向，体育事业将从计划经济体制下单纯依靠国家拨款的“清水衙门”变成具有巨大经济价值和开发潜力的产业，它将变成我国社会消费的热点和国民经济的一个新的增长点。

---

① 邱光标，陈伟霖．在社会主义市场经济体制下，我国体育商业化的思路和走向[J]. 福州大学学报（社会科学版），1996，10（1）：58-60.

随着体育社会化、产业化的发展，体育场馆也不再是一种政府为公众提供的福利设施，而开始具有其自身价值和发展规律，与社会需求和市场密不可分。场馆运营管理也开始由事业单位为主向企业为主转变，逐步实现专业化、市场化，更好地为公众提供体育文化休闲娱乐服务。体育场馆运营，呈现更加市场化、多功能多业务联动经营的发展趋势。

目前，我国体育场馆的数量将持续增多，发展方向将逐渐明确。国家从各个层面出台了有关体育场馆运营的相关政策条例，引导体育场馆的所有权和经营权分离，积极引入市场化运作模式。我国体育场馆的运营模式，在兼顾体育事业公共服务属性的基础之上，传统的“政府型”“公益型”正逐渐向“经营型”“产业型”转变，出现了多种不同类型的体育场馆。

不同类型的体育场馆，有其相应的供给机制和经营管理模式。从供给侧可将体育场馆分为营利性产品、公共产品、准公共产品三种类型。相对应的是职业俱乐部场馆和经营性健身会所、政府投资运营的公共体育场馆、政府和企业共同运营的体育场馆。

公共体育场馆，包括健身步道、健身公园、健身中心等若干公共设施，服务于广大群众，在使用过程中基本免费，这类场馆属于公共产品。

随着《全民健身条例》的颁布，很大一部分体育设施开始逐步面向社会开放，尤其是占全国体育场地 67.7% 的学校体育设施也逐步开放。这些体育设施在使用过程中，会收取一定的费用，用于场馆的维护。场馆收费并非以营利为最终目的，主要用于维护正常的运转。这些场馆属于准公共产品。

商业体育场馆包括各类营利性俱乐部，如足球俱乐部、休闲会所、高尔夫场馆等，这类场馆主要是为满足特殊人群的休闲健身、娱乐需求，以营利为最终目的，属于私人产品（图 3-1-1）。

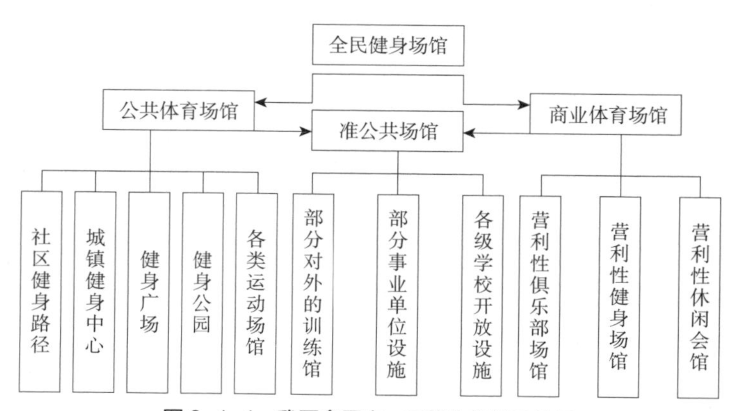

图 3-1-1　我国多层次、网络化的健身体系

（王忠杰，崔瑞华．全民健身场馆产品属性、配置及优化策略 [J]. 武汉体育学院学报，2012，46（8）：49-53.）

场馆的投资结构也由原来的国家投资，变成个人、企业、国家共同参与投资的多元结构。

公共性场馆，直接服务于大众，属于维持性体育产品，所需数量巨大，免费使用，主要目的在于促进人们健康，提高生活质量，进而促进社会发展。它们属于基础性公共设施，一般由国家主导建设。

准公共性场馆，不以营利为目的，收费以维持合理的运营。这类场馆设施应以政府主导，企业和个人参与建设为主要投资方式。投资的企业和个人可以按照相关政策、法规收取一定费用，用于设施维护、场馆正常的运营。

以营利为目的的商业性体育场馆，根据商业规则，决定投资结构和运营模式。

近年来，体育场馆建设也出现“PPP”模式，一种政府、企业、社会多方共赢的公共产品或服务的提供方式。“PPP”模式最直接的优势就是快速提升基础设施融资能力；企业参与建设、运营全过程，有利于解决重复建设和建设质量问题；社会使用者则会得到高效率的服务。而政府除了同企业共同做好前期规划设计、规定服务标准外，还需事先规定定价或补贴的政策，包括动态调整的公式，并监督企业运营项目的质量和履行好维护设施的承诺。

改革开放以来，随着社会主义市场经济的发展，影响我国体育场馆建设的因素主要有：体育产业化，竞技体育职业化、商业化，全民健身的发展。

1. 体育产业化

体育产业化是在符合体育运动基本规律的基础上，充分发挥体育的经济功能，建立体育市场运行机制，培育和开发体育市场，实现体育事业的良性循环发展。

体育活动是人类的基本愿望和普遍行为，在2000多年前的古希腊就开始举办奥林匹克运动会，但是早期的体育活动并没有产业化。体育产业化并达到一定规模，要以较高的收入水平作为支撑。从国际经验看，经济发展进入上中等收入阶段即人均GDP超过4000美元后，对体育消费较大规模的有效需求开始形成，进入高收入阶段后，体育产业将成为支柱型产业，这是体育产业快速增长的时期。我国于2010年人均GDP达到4550美元，进入中等收入阶段，预计2024年进入高收入阶段。

体育产业是指为社会提供体育产品的同一类经济活动的集合以及同类经济部门的综合。体育产品既包括有形的体育用品，也包括无形的体育服务。体育经济部门不仅包括市场企业，也包括各种从事经营性活动的其他各种机构，如事业单位、社会团体乃至个人。

广义的体育产业指“与体育运动相关的一切生产经营活动，包括体育物质产品和体育服务产品的生产、经营两大部分”。狭义的体育产业是指“体育服务业”，或者是体育事业中“既可以进入市场，又可以营利的部分”。通俗地讲，体育产业就是专门从事围绕消费者的体育服务或劳务的生产经营活动，包括体育竞赛市场、体育健身娱乐市场、体育培训市场等。

体育产业和体育事业既有区别又有联系。体育事业的主要任务是满足社会精神文明的需求，更注重社会效益，具有公益、福利的性质。体育产业的重要目的则是注重经济效益，具有商业的性质。

国家体委1996年颁布的《体育产业发展纲要》，把体育产业划分为三大类：

（1）体育主体产业，是指由体育部门归口管理的、发挥体育自身价值和功能的、以提供体育服务为主题的体育产业经营活动，如竞技体育产业、群众体育产业、体育教育、科技产业，体育彩票和体育赞助等。

（2）体育相关产业，是指与体育有关的其他产业的生产经营活动，如体育场地、器材、服装、食品饮料、广告和传媒的生产经营活动。

（3）提办产业是体育部门为创收和补助体育事业发展而开展的、体育主体层以外的各类生产经营活动。

体育产业是经济学中产业学的一个分支，专门研究体育活动中的经济现象，侧重于中间产品的生产与交换的关系，涉及宏观经济学和微观经济学。

体育产业，是一个充满朝气、发展迅猛的新兴产业，是拉动国民经济发展的火车头，逐步得到各界人士的重视。2005年，上海成立了中国体育科学学会体育产业分会。国家体育总局在2005年、2007年分别召开全国体育产业工作会议，将体育产业作为政府体育部门重要的工作任务之一，体育产业的研究开始引起社会各方面的广泛关注。

体育产业在西方发达国家有200多年的历史，已经成为国民经济的支柱产业。

美国是世界上体育产业最发达的国家，美国的体育产业包括大众健身服务业、体育用品生产业和体育观赏业等。1828年纽约的一家赛马俱乐部会员，考科尔顿建议俱乐部出售股票，并向观众出售门票，由此开启了体育商业化的先河，其中由于全美棒球协会运作得最为出色，很快推广到篮球、美式橄榄球和冰球等项目中去，美国的职业棒球大联盟（MLB）、职业篮球联盟（NBA）和冰球联盟（NHL），是当下世界上运营得最完善的体育产业，仅以NBA著名运动员乔丹代言的品牌，为NBA创造了100亿美元的产值，就足以证明美国体育产业的发达程度。

今天的体育运动，可以超越社会、种族、语言的界限，成为世界各地人们沟通交流的桥梁。一项世界范围内的调查结果显示，20世纪对人类社会影响最深远的3件大事，除了第一次世界大战和第二次世界大战，就是体育运动在全世界范围内的繁荣和发展，体育运动成为世界上除音乐以外的世界通用语言。

体育运动为公众所喜闻乐见，是国民提高生活品质的方式。体育还为人们创造了具有吸引力的、富有精神性的就业机会，成为一种投入和产出规模庞大的产业，已成为国民经济部门的重要组成部分。体育形成的经济产业链，使其日益成为影响国民经济发展的、举足轻重的部门，在许多经济发达的国家，体育产业甚至成为支柱性产业之一。

在我国，体育多年来被视为“体育事业”，竞技体育为国争光以及群众体育提高人民体质是社会各方面对其的主要定位，主流经济学界对其关注和研究很不够。

我国的体育产业，是在改革开放之后、计划经济向社会主义市场经济转轨时期才逐步发展起来的，目前还处于起步阶段。

1980年代是体育产业发展的初期，主要关注体育与经济的关系、体育劳务、公共体育场馆的承包经营等。

随着体育产业的发展，体育产业由体育多种经营项目向体育服务业方向转变，关注的重点集中到体育产业内涵及体育市场开发、体育健身行业发展、体育产业布局与财政政策选择等多方面，涵盖区域体育产业发展战略布局、居民体育消费、体育投资融资、体育赛事市场开发与营销、职业体育市场开发、体育场馆经营管理等内容。

2000年后中国体育产业呈一个加速上升的态势，2013年总产值达3919亿元，相比2012年同比增长25%。

我国的体育产业虽然经过了多年发展，但和美国等发达国家相比差距仍然巨大。2013年中国体育产业产值占GDP的比重仍仅为0.68%，美国2013年体育产业占GDP的比重接近3%，一般的国际发达国家的平均水平为2%。

国务院2014年《关于加快发展体育产业促进体育消费的若干意见》指出，到2025年体育产业总规模超过5万亿元，成为推动经济社会持续发展的重要力量，人均体育场地面积达到2平方米，群众的体育健身和消费意识显著增强，人均体育消费支出明显提高，经常参加体育锻炼的人数达到5亿，体育公共服务基本覆盖全民。

长三角地区三省市体育产业起步早、发展快，占全国体育产业增加值比重超过30%。目前长三角体育产业业态主要为体育健身休闲业、体育竞赛表演业、体育馆馆业、体育用品业四大方面，有望成为长三角地区国民经济新的增长点。

在2015年南京举办的江苏体育产业大会上发布的《体育蓝皮书·长三角地区体育产业发展报告》显示，上海、江苏、浙江三省市的体育产业增加值总量已破千亿元，其中江苏2013年体育产业增加值达626.11亿元，占江苏GDP比重达1.06%。浙江2012年体育产业增加值达到279.29亿元，占GDP比重上升到0.81%。上海2011年体育产业增加值为112.42亿元，三省市体育产业GDP占比近年来一直呈上升趋势。

在 1985 年制定的三次产业划分标准中，体育产业被置于第三产业的第四层次，构成卫生、体育和社会福利业，体育产业没有次级分类，对体育的描述是“包括组织和举办的各种室内外体育活动以及对进行这些活动的场所和设施的管理。”

2003 年，国家统计局制定了新的三次产业分类标准，体育产业在新的《国民经济行业分类》（GB/T4754—2002）大类中独立存在，对体育产业小类所包括的各种产品生产或劳务（服务）活动的范围进行了详细说明和解释。对体育场馆所包含的产业内容也作了规定，包括体育系统内部的管理活动和对外经营管理活动（不包括投资建设活动）。

体育产业的核心和重要基础是竞技体育和全民健身。

体育赛事是现代体育产业的核心和发展原动力，体育产业最初是因体育赛事直接的或者间接的需要而产生的，因此，稳定的赛事成为体育产业良好运行的基础。体育赛事巨大的影响力，吸引了传媒业。同时，体育传媒的传播也成为体育赛事成功的重要条件。体育赛事职业化促进体育中介的产生和发展，催生职业俱乐部的出现，并成为体育产业化的重要特征和基础。体育赛事的举办和场馆的新建与运营是分不开的，并促进体育金融业的产生。

体育健身是体育产业另一个重要的基础，可以带动体育产品销售、体育场馆利用以及体育培训等行业。

体育产业化，意味着社会资本进入体育，使得体育及体育场馆的投资和运营模式多元化，对体育场馆建设带来深远影响。

2. 竞技体育的发展

竞技体育是指在全面发展身体，最大限度地挖掘和发挥人（个人或群体）在体力、心理、智力等方面潜力的基础上，以攀登运动技术高峰和创造优异运动成绩为主要目的的一种运动活动过程。

竞技体育是一种制度化、体系化的竞争性体育活动，以打败竞争对手为目标，强调通过竞赛来显示体力和智力，在一定的规则限制内进行。

体育运动还是一个重要的商业化平台，体育对于人们情绪和情感有触动作用。许多跨国公司和企业在意识到体育市场对牵动消费的作用后，相继建立了运动行销部。

随着体育运动的商业化，竞技体育也日益职业化。

竞技体育的职业化，最早可追溯到 1830 年的英国。第二次世界大战后，欧美国家经济腾飞，为职业竞技的发展提供了经济和社会基础。职业体育的发展，也带来了强大的经济效益和社会效应。奥林匹克宪章修改后，允许职业运动员参加奥运会，竞技体育职业化已经是国际竞技体育发展的总趋势。

竞技体育的代表奥林匹克运动，一直致力于以业余体育为基础。但从1960年以来，社会经济的巨大发展，迫使奥林匹克运动不得不放弃纯粹的理想主义色彩，商业化就必然成为竞技体育在市场中的归宿。职业化已经成为竞技体育发展不可逆转的潮流。

1976年，现代奥林匹克运动在经历了80年辉煌而艰辛的历程之后，陷入了前所未有的困境，只有美国洛杉矶市提出了申办申请。1984年奥运会，一个以征集赞助商、出让电视转播权和高价销售门票为筹资渠道的顶级商业计划大获成功，一举扭转了奥运会的命运。自此之后，奥林匹克运动呈现出一片欣欣向荣的景象。在一个以市场经济为导向的社会体制中，商业化就成了竞技体育在市场经济中求得生存的必然归宿，商业化趋势不可阻挡，职业化成为竞技体育发展不可逆转的潮流。商业化是促使体育运动适应现代社会的一个有利因素。利用商业手段，体育赛事可以摆脱经济上的困境，寻求更大的发展。

因此，在市场经济的背景下，我们要重新审视竞技体育的本质和它在现代社会中存在的意义，反思现代体育场馆设计的准则和目标。在现代商业社会中，体育场馆是一种有其自身存在价值、有其自身发展客观规律的建筑，它的存在、发展与其社会需求和市场需求密不可分。

新中国成立后，竞技体育采取的是“举国体制”，以业余体校、体校、专业运动队为基础的三级运动训练管理体系，完善建立了运动员、裁判员注册制度和国家队集训制度。每四年举办一次全国运动会和省（市、区）运动会，发现和培养优秀的竞技体育人才。

改革开放之后，我国竞技体育也开始走上职业化道路。竞技体育职业化，足球和篮球是发展最快的，同时排球和网球职业化进程也有了新的发展。1994年男足项目以甲A联赛为试点，推出“职业联赛”，将中国足球推向市场并逐步与国际接轨，实行俱乐部、教练员和运动员注册制。1997年，篮管中心正式成立，同时篮球甲级联赛改为CBA（甲A）职业联赛。

我国已经初步形成了体育职业赛事体系，中超足球、CBA和乒超是国内公认的三个最好的联赛，中国的体育市场潜力逐步显现，蕴含着巨大的商业价值。CBA篮球职业联赛2015年总决赛，北京男篮主场万事达中心全场1.8万个座位座无虚席，票价从80元到6000元不等，甚至出现一票难求的情况，一场比赛仅门票收入就可以达到5000万元，同时还能带动广告、餐饮等收入。

职业体育赛事创造了火爆的消费市场，将成为体育场馆最核心的形态。实现体育场馆的商业价值，通过创新体育场馆运营机制，积极推进场馆管理体制改革和运营机制创新，将赛事功能需要与赛后综合利用有机结合。鼓励场馆运营管理实体通过品牌输出、管理输出、资本输出等形式，实现规模化、专业化运营。增强大型体育场馆复合经营能力，拓展服务领域，延伸配套服务，从而实现运营的最佳效益。

走职业化道路，意味着将竞技体育作为一种商品，投入市场进行商业化运作。职业性竞技体育，指那些提供商业性体育竞赛表演的产业，核心产品是“比赛”，例如中超、CBA 等。

职业体育俱乐部以经营比赛来实现收入和营利目的，运动员、教练员和其他从业者以此为职业获得收入，观众则愿意付费观看比赛。

职业体育的收入来自三个部分：比赛日收入（门票及现场餐饮消费等）；转播权收入；商务开发收入（特许商品、赞助等），其中转播权收入是最主要的收入。

比赛日收入取决于现场观众人数和人均消费数额。最近几年我国职业体育市场持续扩张。中超现场观众人数由 2007 赛季的 223 万人次增加到 2016 赛季的 580 万人次。CBA 现场观众由 2007—2008 赛季的 105 万人次增加到 2015—2016 赛季的 179 万人次。

即便如此，目前我国职业体育比赛现场人数占比重仍然很低，中超现场观众数仅占全国人口总数的 0.4%，CBA 现场观众数仅占全国人口数的 0.13%[①]。而欧美发达国家，欧洲足球五国中最低的法甲为 11.1%，美国四大联赛之末的 NBA 现场观众比重为 6.1%。亚洲国家韩国，2016 年职业棒球联赛（KBO）的现场观众比重达 16.3%。显然，我国的发展空间依然非常巨大。

虽然比赛日的收入在职业体育总收入中，比重不是最大的部分，但是现场观看比赛给观众带来的体验感是通过其他媒体无法实现的。尤其在自媒体时代，它对提升比赛吸引力、推动产业发展具有不可替代的作用。

笔者曾经在自己设计的南京青奥体育公园体育馆内观看 2018 年世界羽毛球锦标赛决赛，整个决赛场次观看时间超过七个小时，现场观众超过两万人。那种两万观众齐声为中国队加油的热烈气氛，给人的震撼力、影响力远远超过观看电视转播。

相比于国外的世界知名赛事，国内赛事的“比赛日经济”的发展还相对滞后，这是由于消费者观念、赛事组织运营能力等因素所导致的。除了使得赛事内容丰富化，提升球迷观众的观赛体验也是打造“比赛日经济”的重中之重。可以通过赛事周边的餐饮、旅游以及相关消费，将赛事的观众转化为赛事的消费者。

“比赛日经济”，也对场馆建设提出了更高的要求。现在，现场观众们已经开始依赖科技带来的观赛体验的提升，包括高速的 WiFi、云服务、移动技术以及分析工具等。

---

① 江小涓. 中国体育产业发展趋势及支柱地位 [J]. 管理世界，2018（5）：1–9.

智能手机除了能够帮助车主找停车位以外，还能帮助观众看清比赛的一些重要细节。有些场馆开始配备大屏幕，可以为观众提供回放镜头以及特写等。

影响转播权收入的重要因素是转播受众人数。由于我国的人口基数大，一个具有影响力的赛事的收视人数可以达到几亿。2016—2017 年赛季，中国足球协会超级联赛、中国男子篮球联赛电视转播收看人数分别超过 4 亿和 7 亿。2015 年中超 5 年全媒体转播版权为 80 亿人民币。

转播方面，我国体育赛事目前主要还是免费观看，其商业价值主要是广告。最近几年我国付费观众有较快增长。

一个成熟的职业化竞技体育项目必然会出现相当数量的明星运动员，大量的明星运动员将成为代言人，帮助该项目在大众领域的普及和推广，对项目发展的影响不能忽略。

竞技性体育建筑，作为一种专业性强、功能复杂的建筑，有特别的工艺要求。体育场馆为了满足举办各种大型赛事，必须遵守体育竞赛规则和赛事组织者的技术要求，建筑、结构、水电暖、声学等各专业共同配合，满足竞技体育运动的功能和流程需要。各种运动的竞赛组织发布的竞赛规则对比赛所需要的空间、流线、设施等要求都有详细规定，尤其是国际竞赛组织每四年对竞赛规则进行一次修订。

因此，竞技体育建筑通常都要进行体育工艺设计，它既包含对所有活动和流程的设计，也包含为满足这些活动和流程进行的空间、设施设备等设计，狭义地划分，包含空间工艺、设备工艺和细部工艺三个部分。空间工艺主要对比赛场地和各类附属用房的功能和流线进行设计，如各功能区的划分和附属用房的面积和形状等，以满足运动员、观众、媒体、裁判员、赞助商和官员等主要使用者的要求。设备工艺是指照明、扩声、计时计分、显示屏、信息管理控制以及给排水、暖通等设备系统之间的设置与协调，包括大型赛事的赛事信息发布和查询、竞赛技术统计系统等。细部工艺是指场地朝向和尺寸、净空高度要求、缓冲区、材质与坡度、器材位置与安装等。

体育工艺是竞技性体育建筑设计，首先要考虑的因素，是与体育比赛最直接相关的技术性因素，直接关系到比赛成绩能否得到竞赛体育组织的认可，是衡量竞技性体育能否承担一定等级赛事的重要标准。多种比赛功能的体育场馆的比赛空间，需满足多种项目的比赛要求。

体育产业也可以看成由体育场馆业与体育竞赛业、体育健身业、体育用品业等一同构成，体育场馆业是指规划、设计、施工、维修和运营各种体育场馆的行业。

欧美发达国家体育产业中非常重要的一环就是体育场馆资源。一个场馆往往会成为职业球队的象征，或者一个城市的标志性建筑，但体育场馆往往规模宏大、造价高昂，还面临着严峻的运营压力。

竞技体育的职业化，对体育场馆的建设也带来深远的影响。例如美国职业篮球协会(NBA)，随着市场化运营的成功，其场馆建设规模在20年间不断扩大，平均规模从1.6万座增长到2万座，设施标准也不断提高。但为了保证场馆的正常运转，一般万人馆每年需要开放100场左右，至少作为两个球队的主场使用，最为常见的是篮球和冰球合用一个场馆，赛季互不干扰，并穿插一定数量的文艺演出、展览等活动。

改革开放以来，尤其是2008年北京奥运会之后，我国的体育场馆的建设及经营维护问题一直被广泛讨论，备受关注。虽然我国体育场馆建设的规模与标准大幅提升，但很多大型场馆只是被当作标志性建筑，缺乏科学的策划，对项目定位、建设标准和规模都缺乏科学论证，还存在很大的盲目性，后期的运营和维护问题非常严重。

目前我国的大型体育场，由于维护原因，很难对市民开放，但很多城市依然不断建设体育场。广州在已拥有天河体育场（6万座）、奥林匹克体育场（8万座）以及2万座的越秀体育场的情况下，兴建5万座的广州大学城中心体育场。广州大学城不足20平方公里，拥有20多个体育场、8座体育馆，体育设施密度非同一般。

北京市在奥运会之后，规模达1.5万座以上的体育馆有五棵松体育馆、国家体育馆、首都体育馆和北京工人体育馆，其中五棵松体育馆和国家体育馆座席数均达1.8万座，能承办NBA比赛。然而，北京CBA球队只有首钢篮球队一支，且观众规模平均不到3000人。而在美国，也很少有在同一座城市建设两座近2万座体育馆。洛杉矶拥有2支NBA球队，两支球队共用一个体育馆，使用效率就非常高。

目前国情下，作为竞技体育设施的各类公共体育场馆，特别是一些大中城市为承办国家级以上大型赛事而新建的场馆，设施建设标准很高，维护运营费用昂贵。因为我国几乎没有相应的职业联赛对场馆运营进行支撑。

赛后利用方面经常呈现两种极端形象：一种是由于场馆赛后运营成本很高，或者场馆在城市中的区位等因素不利于赛后利用，造成场馆赛后空置，“一关了之”。第二种是过度商业化，“一租了之”。体育建筑在赛后作为商业用房租售，脱离了以体育为主的基本功能，丧失了体育服务的公共属性。出现这种情况的主要原因是建设与运营脱节，赛时与赛后脱节，缺乏整体性和系统化的设计和管理程序，过于偏重赛时功能，对赛后利用预想不足。

3. 全民健身的发展

全民健身是指全体人民为了增强力量、柔韧性，增加耐力，提高协调、控制身体各部分的能力，旨在全面提高国民体质和健康水平而进行的各种活动。

全民健身的概念涵盖的范围相当广泛，包括了国内城乡居民在内的所有健身活动涉及的内容。从与之配套的国内体育场馆设施建设角度来看，包括体育中心、全民健身中心、全民健身场所等多层级多类型的场馆、场地设施。

随着国家对全民健身重视程度的提高，各级政府已将其作为重要的工作开展，但制定适合我国国情的体育场馆设施建设布局规划，依然是现在工作的重中之重。

广义看，经常参加体育锻炼的人群就是健身人群。1949 年中华人民共和国成立之后，大众体育运动受到政府重视并全面开展起来。1995 年 6 月，国务院颁布《全民健身计划纲要》同年 8 月，全国人大常委会通过《中华人民共和国体育法》。此后又有一系列法规和规章相继出台，旨在全面提高国民体质和健康水平的“全民健身计划”，倡导全民做到每天参加一次以上的体育健身活动，学会两种以上健身方法，每年进行一次体质测定。为纪念北京奥运会成功举办，国务院批准从 2009 年起，将每年 8 月 8 日定为“全民健身日”。

根据“中国城乡居民参加体育锻炼现状调查公报”显示，2007 年全国有 3.4 亿的城乡居民参加过体育锻炼，其中，男性是 1.94 亿，女性是 1.46 亿。城镇居民中有 2.18 亿的人参加过体育锻炼，乡村居民为 1.22 亿[①]。

不同年龄组人群参加体育锻炼的人数比例，呈现出随年龄增大而降低的特点。16~19 岁年龄组参加体育锻炼的人数比例最高，为 41.5%，70 岁以上人群参加体育锻炼的人数比例最低，为 22.2%。

在参加体育锻炼的人群中，不同锻炼频度的人群分布是：“每月不足 1 次”为 13.9%，“每月至少一次，但每周不足 1 次”为 18.7%，“每周 1~2 次”为 27.6%，“每周 3~4 次”为 16.0%，“每周 5 次及以上”为 23.8%。由此可见有超过 70% 的群众每周都会有 1 此以上的体育锻炼时间。

2017 年，全国经常参加体育锻炼的人数达到 5.5 亿人，占全国人口的比重 41.3% 左右。这个庞大的人群对体育用品产生需求，例如运动服装和鞋帽等。

狭义看，健身人群指健身俱乐部的会员。按这个口径，我国目前有效需求水平较低。虽然消费者普遍有健身需求，但为之付费的意愿较弱，因此还不是经济学意义上的“有效需求”。对比国内外相关数据，2018 年我国会员渗透率（俱乐部会员数占总人口的比例）仅为 0.4%，大陆的前十大城市的渗透率为 1%。而 2013 年美国健身俱乐部会员达 5410 万人，占美国总人口的 17.1%，占其健身人口的 23.8%。加拿大、新西兰、英国、澳大利亚、德国的会员渗透率也分别为 17.9%、14.8%、12.9%、11.4%、11.1%[②]。

---

① 2007 年中国城乡居民参加体育锻炼现状调查公报 .www.gov.cn，2008nian[EB/OL].

② 江小涓 . 中国体育产业发展趋势及支柱地位 [J]. 管理世界，2018（5）：1–9.

近几年我国健身人群增长很快。根据多个来源的分析，2012 年以来，中国健身行业年均增长超过 12%，且呈现增长加速的趋势。按此速度计算，到 2025 年，我国健身行业将达到目前规模的 2.2 倍。

随着经济文化的发展、人民生活水平的提高和全民健身的发展，体育开始走进千家万户，逐渐深入到社会的每一个角落，成为人们日常生活中一个不可缺少的重要组成部分，社区体育应运而生。居民在社区范围内就近组织和参加，运用社区内的简易体育器材和设施，通过形式多样的活动项目达成强身健体、休闲娱乐、社会交往等目的。

在互联网时代目光聚集之处就有商机，全民健身类体育活动由于参与人数众多，全民健身必然会产生商业价值。

跑步，本是一项很普通的运动，由于对场地、时间、装备、参与人数没有特别的要求，因而广受大众的喜爱。因此，大量走步、跑步类 APP 兴起，覆盖人群多少是项目在资本市场融资的重要指标。马拉松以往都是政府举办的公益性赛事，近些年比较有名气和规模的比赛如北马、上马、厦马等，随着互联网的传播，都实现了商业化运作且有不菲的收益。在这种热情的烘托下，中国甚至出现了同一天有 40 场马拉松开跑的盛况。

广场舞市场也受到资本的青睐，多个广场舞 APP 获得融资。2016 年，糖豆广场舞获得 2000 万美元 A 轮和 B 轮融资，投资者看好 1 亿以上的广场舞人数，计划做这部分中老年群体的娱乐生活入口，实现交易变现。

近些年，社会资本密集涌入体育产业，阿里、万达、腾讯、苏宁、恒大等巨头纷纷成立体育版块，加紧布局，大笔投入。

全民健身若要真正得以实现，必须融入每个有健身意愿的人的日常生活中去，变成像吃饭穿衣一样的生活的必需。

场馆是全民健身运动的空间载体，健身场馆建设、布局和运营管理等因素会影响全民健身运动的实施。体育健身和体育设施之间的互动关系非常明显，体育赛事的举办能够带动人们热情地从事相关项目的健身活动，全民健身活动的普及也是相关赛事成功举办的前提。

西方发达国家把体育设施建设中的全民健身设施放在很重要的位置。例如，德国 1996 年底有健身房 5500 家，按全国总人口计算约 1.5 万人一家，按城市人口计算，约 1 万人一家。根据同期数据对比，我国 1995 年底有各种室内体育设施 1.53 万个，但能直接供全民健身使用的很少。若按 10% 可用于全民健身考虑，就只有 1530 万个全民健身设施。平均到全国人口计算约 78 万人一个，按城市人口计算 24.5 万人一个，同时期中德两国差距 25~52 倍。

然而，我国全民健身国家战略统筹推进面临的严峻挑战之一，就是全民健身场所和设施不足、配套不够，尤其是群众身边的健身场所和设施不足、配套不够。相较于美国16平方米、日本的19平方米，2018年我国人均体育场地面积只有1.57平方米[①]。

用于场馆建设的国家专项补贴，往往流向那些因为造价高昂而收费不菲、因为规模巨大而远离居民区的运动场馆，而收费合理、规模不大、距离适中、承担起日常体育健身重担的场馆，却容易在国家财政的视野之外。

因此，为了进一步推进全民健身运动，根据我国实际情况，需要完善全民健身公共服务的体制机制，推进全民健身场所和设施建设，提高全民健身场所和设施建设标准、公园体育设施标准，引导各类市场主体在服务全民健身中发展壮大；需要多元投入，加强对全民健身的场所和设施供给，增加老百姓“身边的场地”。

为此，政府和相关部门制定出台了《公共文化体育设施条例》《城市公共体育运动设施用地定额指标暂行规定》等多个相关文件，对体育场馆、健身设施建设提出了明确的要求。《全民健身计划》中明文要求：“逐步完善符合国情、比较完善、覆盖城乡、可持续发展的全民健身公共服务体系”“改善各类公共体育设施的无障碍条件”。

2019年，国务院办公厅印发《关于促进全民健身和体育消费推动体育产业高质量发展的意见》，不仅在宏观层面上为体育产业高质量发展指明了方向、勾画了蓝图，也在微观层面上破解了体育企业的融资难、用地紧张、安保成本高等难题。

建在市郊的大型体育场馆用地规模宏大，不适宜人的步行尺度，大量的土地以绿化的形式闲置，土地利用效率低下，同时也增加了体育场馆整体的维护成本。城市中心区的体育场馆，一方面由于城市用地紧张，或者场馆设计先天的问题，造成场馆停车面积不够、城市缓冲空间不足，有些场馆还是背街面又存在使用效率低下的死角。由此，在逐步完善体育场馆建设的同时，加大社区体育设施的投入也开始提上议事日程。

在社区发展比较成熟的国家，社区体育中心已经成为社区服务的标准内容。社区体育中心可分为兼营型和专营型两种。兼营型社区体育中心，能够为社区提供保健、医疗、购物、教育培训、综合性文化活动的同时提供体育活动。专营型指能够满足社区居民体育活动的社区体育中心。兼营型社区体育中心经营灵活、投资少，功能多样化，比较符合我国城市发展的状况。

社区体育活动形式多样，社区体育设施因地制宜，规模、形式也呈现多样化。我国城市社区的大众体育设施主要有三种设置形式：

① 新华网，2018年6月5日.

（1）与该社区服务中心如邻里中心、居住区活动中心、小区活动中心、小区会所等相组合，设置健身活动用房和场地，如棋牌室、乒乓球室、台球室、健身房、羽毛球场、篮球场、泳池等。

（2）利用社区内及周边的公共绿地，如城市公共广场、街头巷尾的公共空间、小区内的空地等，设置全民健身路径，满足大众体育活动的要求。

（3）各类社会经营的健身休闲场所。

社区公共设施在数量上和品质上的提升，对社区的更新和发展起到重要的作用。社区体育设施的建设，容易形成居民欢迎的公共活动空间，满足群众日益增长的健身生活的需要，为社区带来活力。德国的“黄金计划”、日本的“社区体育设施整改计划”，都倡导普及体育健身场馆，开展全民健身活动。德国、日本参加经常性体育锻炼的人员占全国总人口的比例为70%和65%左右，全民健身既保证了国民的体质与健康，也促进了社区的和谐发展。

全市全民健身路径，是社区体育设施的一种常见形式，是国家体育总局《全民健身工程》的重要组成部分，即利用体育彩票收益金向社会返还的形式，由各级体育部门统一规划设置，向社会公共场所配置适合大众健身活动开展的一组或者一系列的健身器材。

体育场馆是体育事业发展的物质基础，随着社会经济的发展，体育场馆的功能也随之演变。

我国体育场馆功能的演变，主要经历市场化经营前与经营后两个阶段，这两个阶段最大的区别在于功能定位的变化。

体育场馆中，最常见的是体育场、体育馆、游泳馆三种建筑。体育设施从功能角度看，也经历了下文中的发展历程。

第二节　第一代体育场馆

1. 功能单一不完备的早期体育场馆

我国早期建设的体育场馆，设备简陋不完备，比赛功能单一。

从体育场馆的功能角度看，我们可以把这种功能简单、能承担的比赛项目少或为某项特定运动项目而建设的单用型体育场馆，称之为第一代体育场馆。

我国早期的一些综合性体育场馆，有些也考虑了多功能使用，体育场和体育馆作为演出、集会比较常见。但由于经济、技术等原因，早期的体育场馆规模较小，能承担比赛项目较少，功能尚不完备，这一类体育场馆也应该称之为第一代体育场馆。

1949 年后，由于经济条件的限制，场馆建设规模小，设施简陋，而且那个时期我国的体育运动项目主要为篮球、乒乓球等，运动项目相对单调，即使是大型场馆，也会出现场地功能简单的现象。如魏敦山先生在《建筑学报》1959 年第 7 期发表的《万人体育馆设计方案探讨》一文中，建议设计一座能符合国际比赛标准的观众席 1 万座的室内体育馆，以竞赛为主，结合训练，内场场地尺寸 14 米 ×26 米。

因此，1949 年后我国兴建的大部分体育场馆都是功能相对单一的第一代体育场馆。

1954 年建成的北京体育馆（现为北京龙潭湖体育公园内的国家体育总局训练局所在地），是新中国成立后建设的第一座综合性体育馆，位于北京龙潭公园，由 6000 座体育馆、2000 座游泳馆和练习馆组成。由苏联专家主导、北京市城市规划管理局设计院设计。体育馆采用 56 米跨度的拱钢屋架，场内高度 25 米，球场四周设有 20 排固定看台、6000 名观众席位。比赛场地长 36.4 米、宽 22.4 米，只能举办篮球比赛。在当时的经济条件下，过度强调节约，辅助面积非常小，门厅仅 600 平方米，观众疏散大厅和休息廊 3166 平方米，休息廊宽度 3 米。游泳馆设有 2000 名观众席位，游泳池长 50 米、宽 20 米、深 1.4~4.5 米，设有 8 条泳道，7.5 米跳台、5 米跳台、3 米跳台各一个，1 米跳台 2 个，已经不符合现代的游泳比赛要求。练习馆为双层硬木地板场地，设有 3 个篮球场（图 3-2-1~ 图 3-2-3）。

1957 年建成的广州体育馆，位于越秀山下中苏友好大厦东侧，占地 2.8 万平方米，由比赛馆和练习馆组成，比赛馆有座席 5800 座，混凝土门式钢架结构。内场尺寸约 20 米 ×32 米，只能进行篮球、羽毛球、排球等比赛（图 3-2-4）。

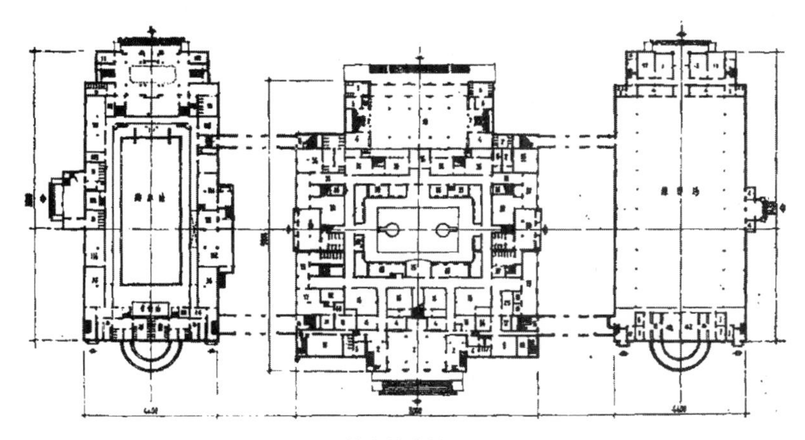

图 3-2-1　北京体育馆一层平面图

（杨锡镠 . 北京体育馆设计介绍 [J]. 建筑学报，1955（3）：35-52.）

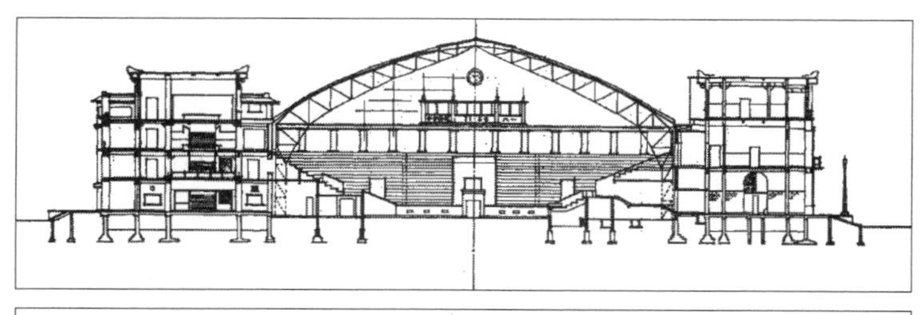

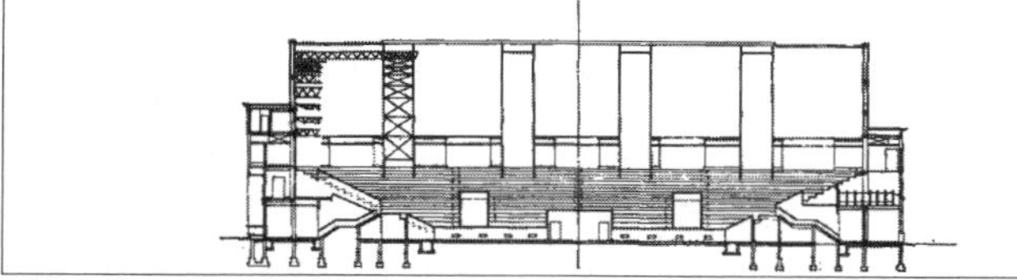

图 3-2-2　北京体育馆剖面图

（杨锡镠 . 北京体育馆设计介绍 [J]. 建筑学报，1955（3）：35-52.）

图 3-2-3　北京体育馆现状

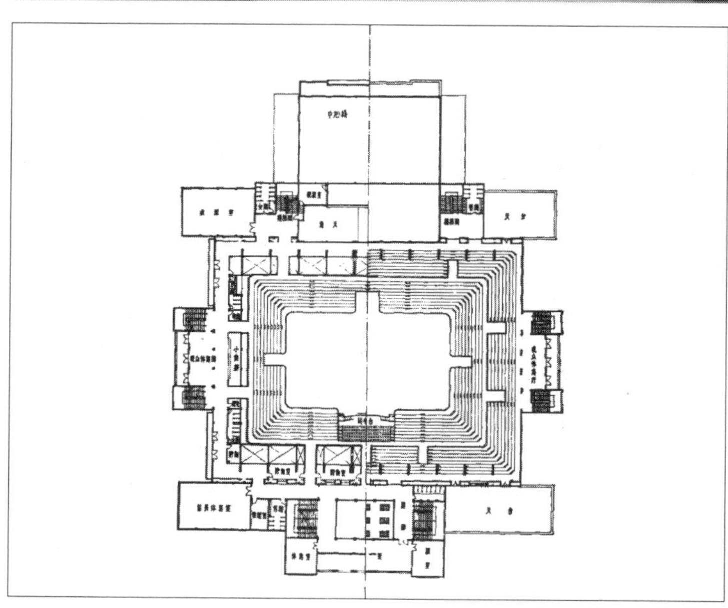

图 3-2-4　广州体育馆二层平面

（林克明 . 广州体育馆 [J]. 建筑学报，1958（6）：23-26.）

1958年设计的山东体育馆，由5900座体育馆、1200座游泳馆、练习馆组成，总建筑面积1.4万平方米。体育馆比赛场地以篮球比赛为基本要求，观众厅尺寸48米 ×71米，采用双曲薄壳结构。游泳馆比赛池尺寸为20米 ×50米，设有跳台。

新山东省体育馆（山东西王大球馆），1979年10月建成，占地117600平方米，比赛馆建筑面积共14349平方米，可容纳观众8800人，比赛场地为内场尺寸25米 ×40.3米，拆除活动看台后也只能扩大到25米 ×47米，采用平面正交网架结构（图3-2-5）。

黎佗芬院士的早期作品，成都白下路体育馆，总建筑面积3382平方米，2780座，内场尺寸30米 ×20米。

1975年建成的辽宁省体育馆，平面为圆形，观众席位数12000，建筑面积达20000平方米，比赛厅只有30米 ×38米，手球比赛满足不了。布置两个标准的篮球训练场也不够（标准的篮球场为15米 ×28米，缓冲区一般为边线外2米，底线外2米）。这种观众席规模大，比赛厅小的形式，造成一般性比赛时留下大量的空座；精彩赛事又不能举办的尴尬局面。而赛后的使用更成了大问题，过小的场地缺乏对群众体育活动的吸引力，可利用的空间也很有限，造成经济效益低下。2007年的4月12日，已经有30多年历史的辽宁体育馆爆破拆除（图3-2-6）。

我国早期建设的功能单一、设施简陋的体育场馆，部分拆除，也有很大一部分经过改建，适应当代体育比赛和全民健身的要求。

图3-2-5 山东西王大球馆现状

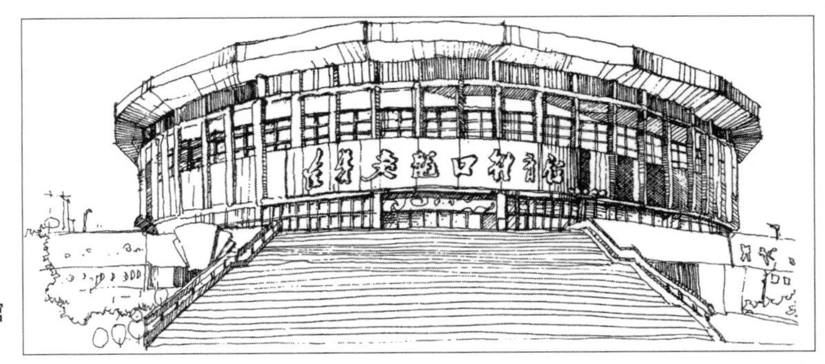

图3-2-6 辽宁省体育馆
（作者根据相关资料自绘.）

1975 年建成的南京五台山体育馆，总建筑面积 1.8 万平方米，观众席 1 万座。内场尺寸为 25 米 ×42 米。后经过数次改建，观众席减少到 8000 座，内场尺寸改为 28 米 ×48 米，可满足篮球、排球、手球、乒乓球、羽毛球等球类和体操、武术、柔道、摔跤、举重、击剑等项目的比赛，举办歌舞、杂技、魔术等文艺表演，组织大型庆典、集会、洽谈会、展销等活动（图 3-2-7~ 图 3-2-11）。

毗邻的五台山体育场，建成于 1953 年，可容纳观众 2.2 万人。当时为了节约成本，看台以山体为依托，从山顶洼地向下开挖，体育场呈下沉式，由此节约了大量建筑材料和其他施工成本，但附属用房严重不足，后来对北门、西看台均进行了扩建，以适应现代使用的需要。

1955 年底建成的重庆市人民体育场（大田湾人民体育场），占地约 4 公顷，建筑面积约 1.8 万平方米，观众席数 4 万人。场址南面和西面为较陡的山坡，利用部分山坡作为东、南看台，西看台全部利用山坡，在西山坡顶部建设观礼首长及贵宾休息楼，主席台位于西看台最高处。运动场的地坪比场外低 3 米，这样大大减少了看台下的建筑空间，节约了成本。足球场尺寸 60 米 ×104 米。田径场设 6 道 400 米跑道，东西各设 8 道 100 米直跑道。400 米跑道圈外设 1 米宽简易木屑练习道（图 3-2-12~ 图 3-2-17）。

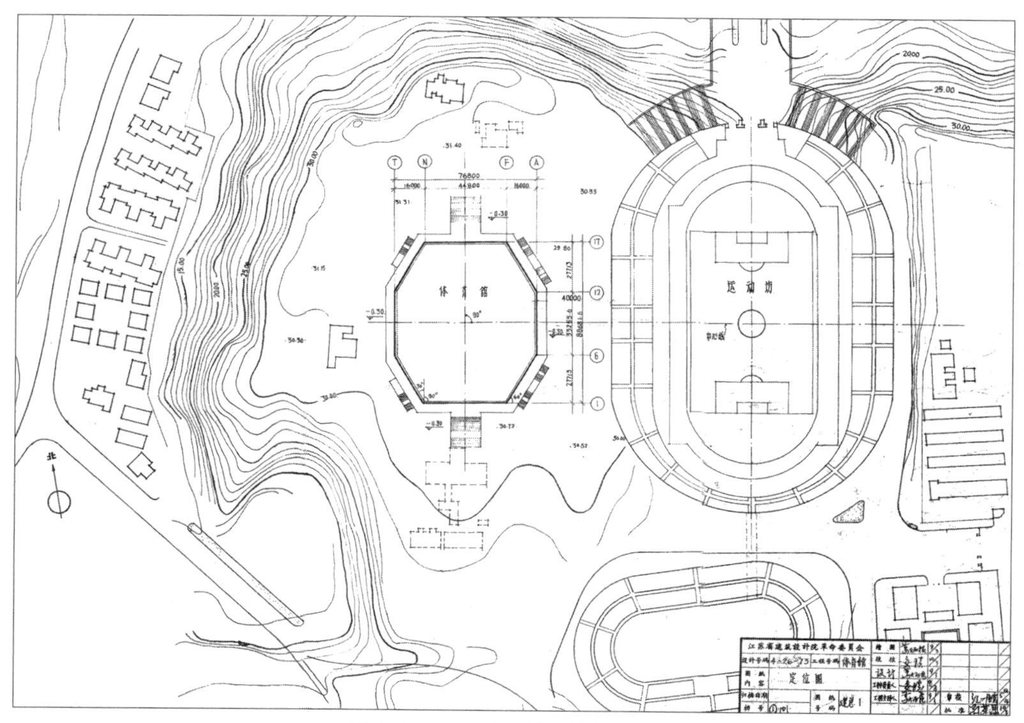

图 3-2-7　五台山体育馆总平面图

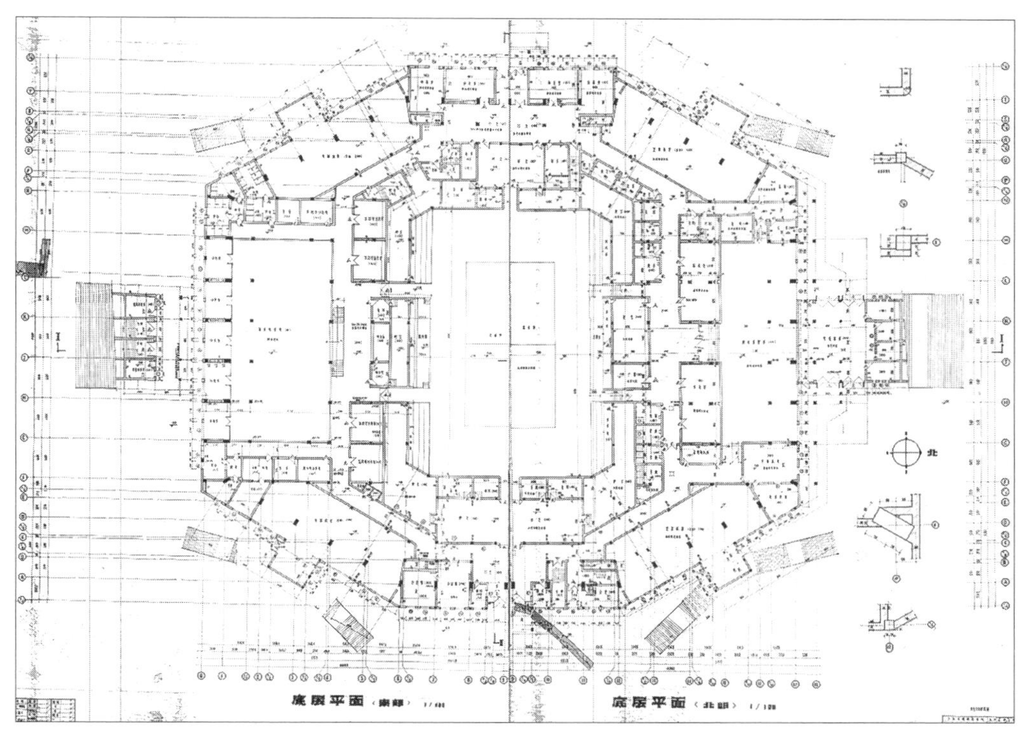

图 3-2-8　五台山体育馆底层平面图

图 3-2-9　五台山体育馆外景

图 3-2-10　五台山体育馆比赛大厅室内

图 3-2-11　五台山体育馆现状

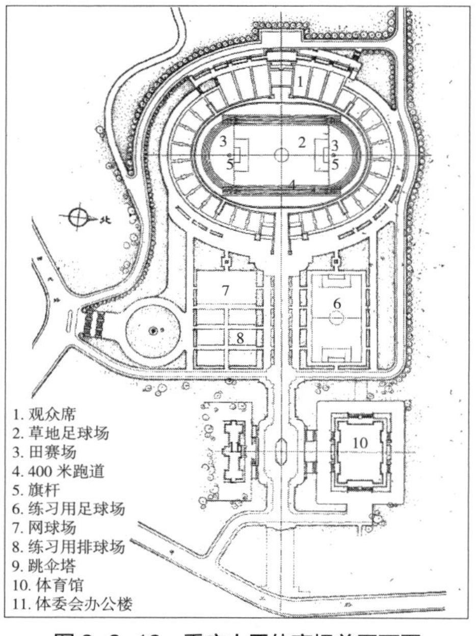

图 3-2-12　重庆人民体育场总平面图
（尹淮．重庆市人民体育场 [J]. 建筑学报，1956（9）：11-23.）

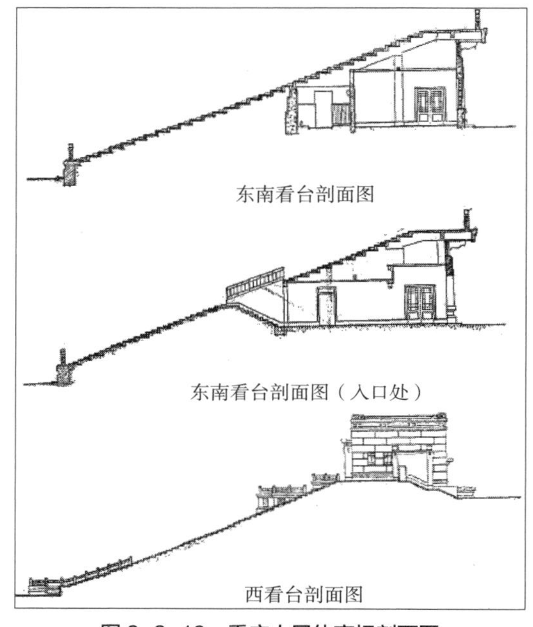

图 3-2-13　重庆人民体育场剖面图
（尹淮．重庆市人民体育场 [J]. 建筑学报，1956（9）：11-23.）

图 3-2-14　重庆人民体育场模型
（尹淮．重庆市人民体育场 [J]. 建筑学报，1956（9）：11-23.）

图 3-2-15 重庆人民体育场现状鸟瞰图

图 3-2-16 重庆人民体育场入口（左）
（尹淮．重庆市人民体育场 [J]. 建筑学报，1956（9）：11-23.）

图 3-2-17 重庆人民体育场现状（右）

为了迎接第一届全国运动会开幕，1958 年 4 月正式进入设计，9 月施工，1959 年 8 月建成的北京工人体育场，总建筑面积 7.2 万平方米（不含地下室），其中竞赛场主体建筑占 72300 平方米（不包括地下室），游泳池 9000 平方米，水上俱乐部 975 平方米，其他附属用房 3000 余平方米。可容纳观众 8 万人，是我国早期设施较好、功能较完备的体育场，是举办各类全国性运动会和国际性比赛的主要场馆，当时也未规划热身场地，体育场内设置两条 140 米直跑道（图 3-2-18~ 图 3-2-24）。

图 3-2-18 北京工人体育场和工人体育馆
（周萧，工人体育场——苇坑的奇迹，足球的圣地 [N]. 新京报 [2019-09-30].）

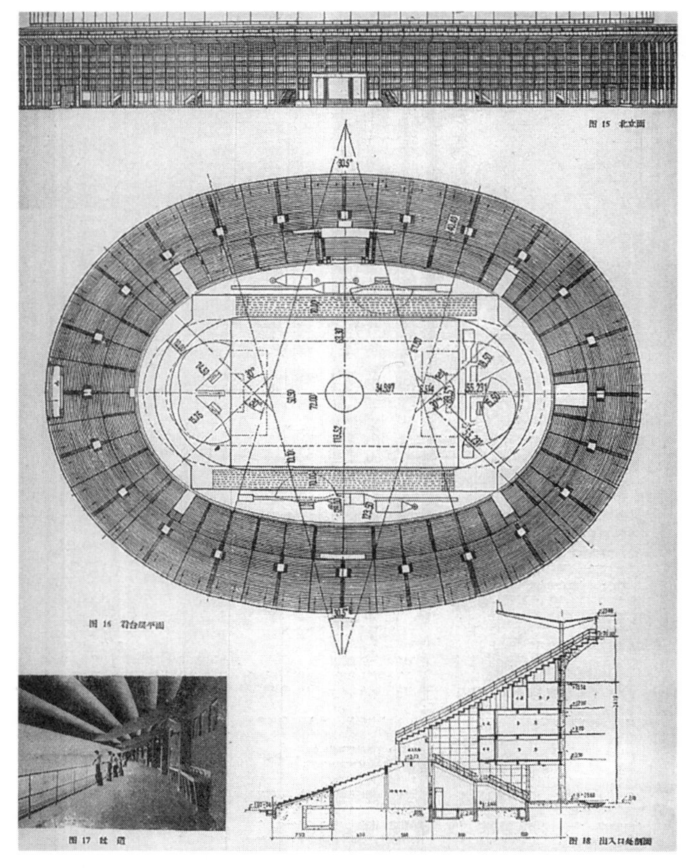

图 3-2-19　北京工人体育场平面、立面、剖面图

（北京市规划管理局设计院体育场设计组．北京工人体育场 [J]. 建筑学报，1959，Z1：1-8.）

图 3-2-20　北京工人体育场全景

（北京市规划管理局设计院体育场设计组．北京工人体育场 [J]. 建筑学报，1959，Z1：1-8.）

图 3-2-21　北京工人体育场鸟瞰（1965 年）

（北京工体搜狐号 .[工体生快] 悠悠岁月 59 载"精神延续．风采依旧"傲立场馆之巅 .[EB/OL].[2018-08-31].https：//www.sohu.com/a/251115903_391367.）

图 3-2-22　北京工人体育场跑道（1959 年）（左上）

（北京工体搜狐号 .［工体生快］悠悠岁月 59 载"精神延续 . 风采依旧"傲立场馆之巅 .[EB/OL].[2018-08-31].https：//www.sohu.com/a/251115903_391367.）

图 3-2-23　北京工人体育场鸟瞰（2000 年代）（右上）

图 3-2-24　北京工人体育场现状（右下）

2. 专业的单用型体育场馆

随着社会经济的发展，单用型体育场馆还在不断建设，而且，单用型体育场馆也并不一定意味着简陋。第二次世界大战后，随着竞技体育的竞争越来越激烈，水平越来越高，体育场馆也日趋向专业化方向发展。在发达国家，有相当一批高标准专用体育建筑，如专用的足球场、专用冰场、专用田径场等，这些体育建筑主要用于高标准的国际竞赛和职业联赛。

现代的体育场馆的建设，相对于办公、商业、住宅等功能建筑而言，建设资金非常巨大。大型体育场馆建设少则几个亿，多则几十个亿。因此，越单一专业的体育场馆，其建设标准也越高，更适合高标准的单项比赛。

例如，国际足联早已制定了足球世界杯场馆的设计和建设规范，以满足世界杯足球赛的需求。这种体育场一般不包括田径跑道，使得观众离赛场更近，有利于足球赛的视觉效果以及电视转播效果。足球运动中的 FIFA 等竞赛组织对比赛场也有详细的要求。欧洲足联对球场的观众席数量做出要求，品评的五星级球场最低容量 50000 人，四星级球场为 30000 人，且全部座位都有靠背。五星级的足球场才可以主办欧洲冠军联赛或欧洲联盟杯的决赛。

我国专业足球场一直很匮乏。2016 年，中超俱乐部球场中得到亚足联确认的足球场有 6 座，其中绿城队的杭州黄龙体育场、国安队的北京工人体育场、宏远队的沈阳铁西体育场、舜天队的南京奥体中心体育场均不是专业足球场，泰达队的泰达足球场和申鑫队的上海金山足球场是专业足球场。

天津泰达足球场，占地面积 7.5 万平方米，总建筑面积 6.1 万平方米，总投资 5.3 亿元人民币，可容纳 3.7 万名观众。主看台共分 4 层，70% 的座席可以被顶棚遮盖。看台下部一层为与足球运动员训练比赛、建筑物使用有关的设备配套用房以及商店。二层为比赛时临时食品售货柜台及卫生间。三层为高级包厢、观众用房，其中包厢内有会客室和餐厅，并有防弹玻璃与外界相隔。四层为观众公共卫生间及多功能厅。局部五层为锅炉房、换热站集水箱间等设备用房。球场符合国际足联标准，也符合奥林匹克和世界杯的规格标准，为中超球队天津泰达足球俱乐部全资拥有（图 3–2–25~ 图 3–2–27）。

上海虹口足球场是中国第一座专业足球场，于 1999 年 2 月建成，总建筑面积 7.29 万平方米，观众席位 3.5 万个，投资 3 亿元。是当年上海绿地申花足球俱乐部主场（图 3–2–28~ 图 3–2–30）。

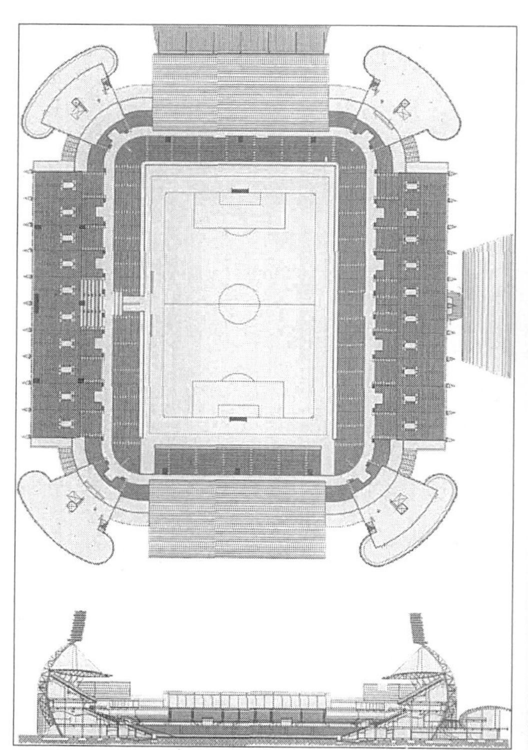

图 3–2–25　天津泰达足球场五层平面图，剖面图
（李宏林，刘欣．泰达足球场 [J]. 建筑创作 .2005（11）：110–115.）

图 3–2–26　天津泰达足球场外景

图 3–2–27　天津泰达足球场内景
（李宏林，刘欣．泰达足球场 [J]. 建筑创作 .2005（11）：110–115.）

图 3-2-28 上海虹口足球场鸟瞰图

（生态体育搜狐号．上海体育场馆变形记之虹口足球场老树开新芽 [EB/OL]. [2020-06-06]. https：//www.sohu.com/a/427769043_505583.）

图 3-2-29 上海虹口足球场外景

图 3-2-30 上海虹口足球场内景

上海金山足球场是中国第四座专业足球场，同时也是上海申鑫足球俱乐部的主场。包括一座可容纳 3 万名观众的专业足球场、五片足球外场、两个全民健身休闲广场和其他配套办公、食宿设施（图 3-2-31）。

图 3-2-31　上海金山足球场
（工金山搜狐号．一分钟，金山会发生什么？[EB/OL]. [2018-11-11]. https：//www.sohu.com/a/274669353_172165.）

图 3-2-32　上海浦东足球场效果图
（王超．以监测赋建筑安全保障：上海浦东足球场健康监测应用 [J]. 建筑科技，2019（2）：2-4.）

2017 年，我国已建成的专业足球场仅有 5 座，随着足球运动的发展，各地有不少专业足球场开始兴建。

上海浦东足球场，是继虹口足球场、金山足球场后，上海又一座专业足球场。位于金桥镇，定位于能够满足 FIFA 国际 A 级比赛要求的专业足球场。建设用地 150 亩，总建筑面积约 14 万平方米，2021 年建成投入使用，预计可容纳 3.4 万人（图 3-2-32）。

成都国际足球中心，投资约 20 亿元，在成都大学十陵校区内，座位数将达到 6 万。

肇庆新区体育中心，主要建设包括体育馆及训练馆、专业足球场与足球公园，总占地面积约 48 公顷，总建筑面积 8.7 万平方米，项目总建设投资估算为 10 亿元。

淄博高新区体育中心，总投资 12 亿元，占地面积约 22.6 公顷，总建筑面积约 18.85 万平方米，专业足球场约 3.7 万座，能够承接国内外各类足球赛事的甲级体育场。

新中国成立初期由于国家经济困难，全国性的网球比赛一度停顿，1972 年才逐渐恢复开展活动，但参与人数少、水平低。改革开放后，中国网球运动飞速发展，举办全国巡回赛，1993 年开始尝试走职业化道路。

1990 年代，上海等省市相继引进了国际大赛等高水平的国际赛事，尤其是 2002 年网球大师杯赛、ATP 巡回赛等高水平网球赛事的举办，有力地推动了网球运动在中国的普及与发展，在青少年中的普及率逐年提高。许多城市网球场遍布于学校和居民小区。

为了举办网球 ATP 世界巡回赛 1000 大师赛，上海市在闵行区马桥镇兴建了旗忠网球中心，网球中心用地面积约为 33.9 公顷，基地总建筑面积为 85438 平方米。座位数：中央球场 15000 座，2 号球场 5000 座，3 号球场 2000 座。场地为室外硬地和室内硬地（图 3-2-33~ 图 3-2-35）。

网球场可分为室外和室内，且有各种不同的球场表面，主要有草地网球场地、塑胶网球场地和红土网球场地。草地网球是最基本的户外场地，但是建设和保养费用太昂贵，所以现在由人造球场取代。

图 3-2-33　上海旗忠网球中心主比赛场

图 3-2-34　上海旗忠网球中心

图 3-2-35　上海旗忠网球中心可开闭屋顶

红土球场属于软性球场，在欧洲盛行，法国公开赛即为此种球场，特点是球落地时与地面有较大的摩擦，球速较慢，球员在跑动中特别是在急停急回时会有很大的滑动余地，这就决定了球员必须具备比在其他场地上更出色的体能和移动能力，以及更顽强的意志。硬地相比，红土球场的速度相对较慢，打起来回合较多，这有利于青少年提升对网球的兴趣，也开始受到不少人的喜爱。国内部分城市也开始尝试建设红土网球场。

尽管中国已拥有了大量高级别的网球赛事，但红土球场和红土赛事的数量却不多。

随着我国经济的发展和体育运动的发展，将会出现更多的高水平的专业运动场馆。

第三节　第二代体育场馆

1. 早期的多功能体育场馆

随着我国国力增强，经济实力的提升，建设的体育场馆规模较以前有所扩大，设施逐步完备，也逐步多功能化。尤其在 1978 年改革开放后，随着国际比赛交流的增多，对体育单项组织的要求更加细致，体育建筑的设计技术更为成熟。我国的体育场馆功能日趋完备，比赛厅使用日益多功能化。

第二代体育场馆，就是功能较完备的场地多功能的体育场馆，比赛场地可以转换，满足多种运动及比赛的需要。多功能化的主要标志是，比赛厅使用多项目化，在竞技比赛范围内扩大使用功能，容纳更多的比赛项目。

比赛场地的多功能利用主要是场地大小通过活动看台的灵活调节，改变场地的大小，从而兼顾多种比赛项目（包括体操、手球、篮球、网球、排球、羽毛球、乒乓球等）的进行，以及群众体育健身、文艺演出等活动的开展，使比赛场地成为可以灵活使用的多功能空间。因此，活动座席的设置，是多功能体育场馆的重要标志之一。

因为场地的多功能化，不同的功能需要组合在一起，综合布局要将各单项要求进行权衡，找出比较合理的基本布局，使不同的项目之间的共性多、矛盾少，并综合考虑观众席设计、内场平面形式，观众视线设计，采光照明，声学设计，空调和通风等。

新中国成立初期，体育场和体育馆作为文艺演出、集会、训练的使用是比较常见的。但从场馆建设角度来看，也仅仅是利用而已，设计之初并没有仔细地考虑场馆用于演出和集会的相关问题。梅季魁教授等 1981 年发表《多功能体育馆观众厅平面空间布局》一文提出，“体育馆作为体育比赛的场次占少数，而文艺演出等占了主要地位。

然而体育馆本身，特别是观众厅的平面空间布局，不能很好满足文艺演出的使用要求。演员与观众好似隔河相望，台上台下难以共鸣。既降低了演出效果，又损失了上千座最好座席，因此不尽实用。”如果用于开展训练活动，场地嫌小，不能安排多组活动。因此，要重视场地的设计，通过设计活动看台调整场地尺寸，来满足不同活动对场地的需求。

与传统单一功能的体育场馆相比，多功能化的体育场馆的前期的投资一般都高出不少，功能项目越多，投资就会越大。这方面尤其体现在先进技术的应用和多功能空间的组合上。当然，多功能化带来的效益回报也会高出很多。

在新中国成立后的早期，虽然由于经济条件的限制，兴建的体育场馆大部分都是功能相对单一、规模比较小的第一代体育场馆，但一些大型的综合性场馆还是考虑了多功能利用。

新中国成立后，最早兴建的多功能体育馆，可以追溯到 1961 年建成的北京工人体育馆。

北京工人体育馆位于北京市朝阳区三里屯工人体育场北路，是为 1961 年 4 月举办的第 26 届世界乒乓球锦标赛兴建的。总建筑面积 4.2 万平方米，总高度 38 米，能容纳 1.5 万名观众，集会时可达 1.8 万人。建筑平面为圆形，比赛厅直径 110 米，屋盖净跨度 94 米，采用轮辐式悬索结构，当时这种结构在我国大型公共建筑中采用还是第一次。内场为圆形，直径 39.3 米，四角设计了 800 个活动看台。

为承办 2008 年北京奥运会，2006 年起工人体育馆经过改造，作为拳击比赛和残奥会盲人柔道比赛场馆，设固定座席 12000 个，临时座席 1000 个。增加了 240 个记者席、30 多个贵宾席和 40 平方米的贵宾休息室（图 3–3–1~ 图 3–3–5）。

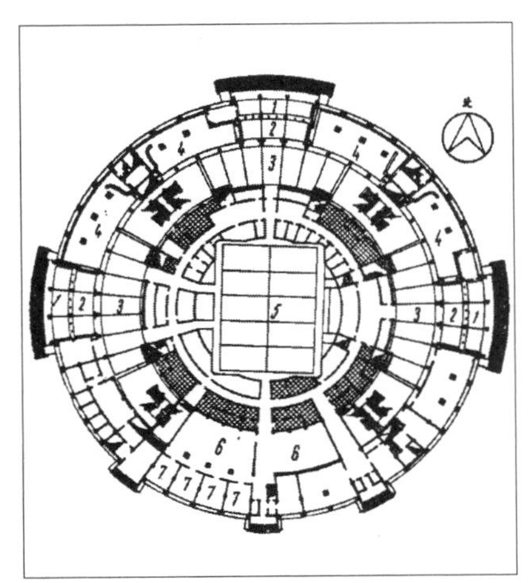

图 3–3–1　北京工人体育馆一层平面图

（北京市建筑设计院北京工人体育馆场设计组 . 北京工人体育馆的设计 [J]. 建筑学报，1961（4）：2–12.）

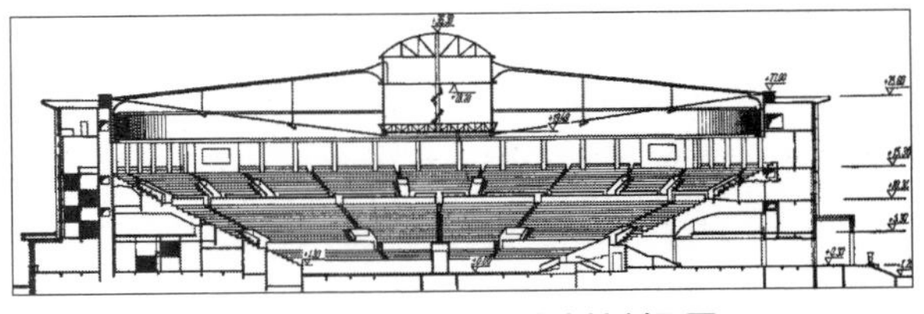

图 3–3–2　北京工人体育馆剖面图

（北京市建筑设计院北京工人体育馆场设计组 . 北京工人体育馆的设计 [J]. 建筑学报，1961（4）：2–12.）

图 3–3–3　北京工人体育馆北立面图

（北京市建筑设计院北京工人体育馆设计组 . 北京工人体育馆的设计 [J]. 建筑学报，1961（4）：2–12.）

图 3-3-4　北京工人体育馆外观
（新型的北京工人体育馆 [J]. 建筑学报，1961（4）：1.）

图 3-3-5　北京工人体育馆现状

作为体育比赛馆场和演艺活动场地，北京工人体育馆已经举办了数千场活动，成为北京重要的娱乐、体育活动中心。

1968 年建成的首都体育馆，是第一个和现代大型体育馆非常相似的体育馆，是一座里程碑式的大型体育馆，总建筑面积 4 万平方米，包括比赛大厅、三个练习馆和六个观众休息厅，建筑平面为 122.2 米 ×107 米的矩形，总高度 28 米，结构为网架。比赛厅尺寸 99 米 ×112.2 米，可容纳 1.8 万名观众（不含主席台），集会时可容纳 2.2 万人。当时全部工程造价 1500 多万元。很长一段时间来，首都体育馆是北京规模最大、功能最多、适用范围最广的体育馆。

比赛场地 40 米 ×88 米，平面尺寸满足冰球、搭台体操以及手球、篮球等比赛。比赛大厅由 21 块活动地板组成，每块活动地板长 30 米，宽 3.5 米。地板的下面是冰场。撤走地板后，露出水磨石地面，在水磨石地面泼上水，水磨石内的低温氨液排管制冷。

当时 40 米 ×70.4 米的场地即可满足冰球比赛的要求，场地设计考虑了当时的乒乓球比赛的布置，扩大内场，可容纳 24 台乒乓球比赛，是一种比较经济合理的选择。

为了适应各种体育项目对场地大、小的不同要求，比赛大厅的看台有活动、半活动和固定三种，前五排是活动看台，在进行冰球比赛时，可以收起，扩大场地。东西看台第六排到第十排是装配式半活动看台，在进行大型乒乓球比赛时，可以把半活动看台撤走，整个比赛场地可以同时安放二十四张国际标准的乒乓球台进行比赛。主席台的前半部是活动的，为了适应大型会议的需要，它可以自动升降，延伸扩大 120 平方米（图 3-3-6~ 图 3-3-9）。

为满足 2008 年奥运会排球比赛和训练的需要，首都体育馆进行大规模改建工程。改造完成后建筑面积增至约 5.46 万平方米，座位减少至 1.75 万座，以满足国际奥委会及国际单项体育组织的功能需求。改造工程主要包括比赛馆、综合训练馆和赛时附属用房，扩建部分主要是售票大厅和四个物品寄存处，作为北京 2022 年冬奥会冰上项目场馆，2018 年底前又开始改造，承担冬奥会短道速滑和花样滑冰两项比赛任务。

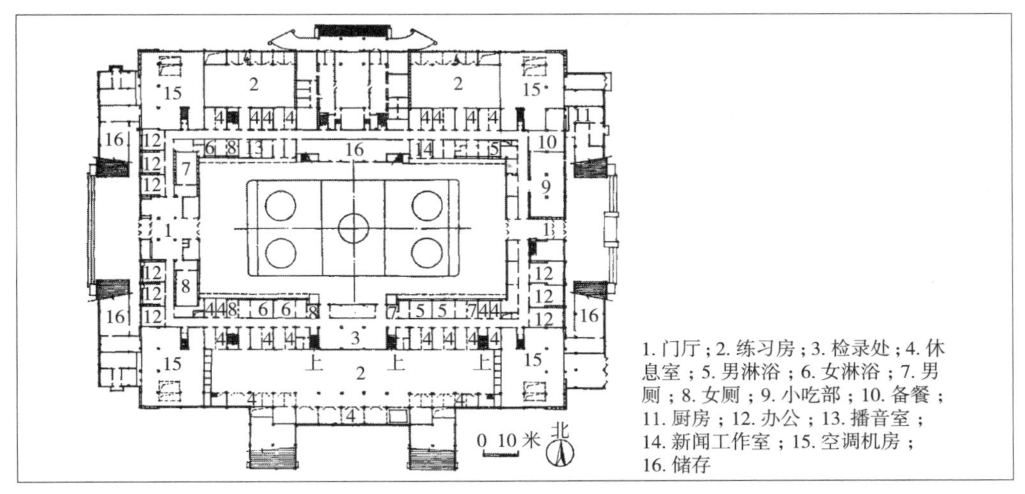

图 3-3-6　首都体育馆首层平面图

（北京市建筑设计院首都体育馆设计组 . 首都体育馆 [J]. 建筑学报，1976（1）：5-13.）

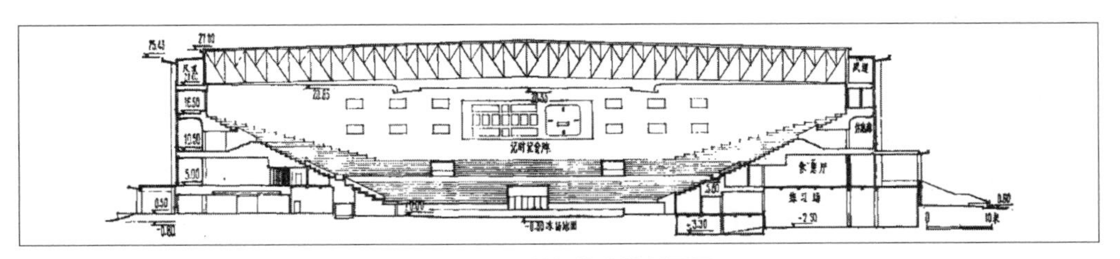

图 3-3-7　首都体育馆剖面图

（北京市建筑设计院首都体育馆设计组 . 首都体育馆 [J]. 建筑学报，1976（1）：5-13.）

图 3-3-8　首都体育馆

（北京市建筑设计院首都体育馆设计组 . 首都体育馆 [J]. 建筑学报，1976（1）：5-13.）

图 3-3-9　首都体育馆现状

上海体育馆是国内大型的体育馆之一，1975 年建成使用。馆址位于上海市西南，占地 10.6 公顷，总建筑面积 4.8 万平方米。主馆呈圆形，高 33.6 米，屋顶网架跨度直径 114 米，可容纳观众 18000 人，其中活动看台 2000 座，底层固定看台 6500 座，楼层看台 1150 座。比赛大厅面积 1.02 万平方米，净高 22 米。比赛场地呈长圆形，南北轴长 38 米。收起东西两端活动看台后，场地可扩大到 38 米 ×55 米，收起 6 排门架式活动看台后，场地可扩大到 38 米 ×68 米（图 3-3-10~ 图 3-3-14）。

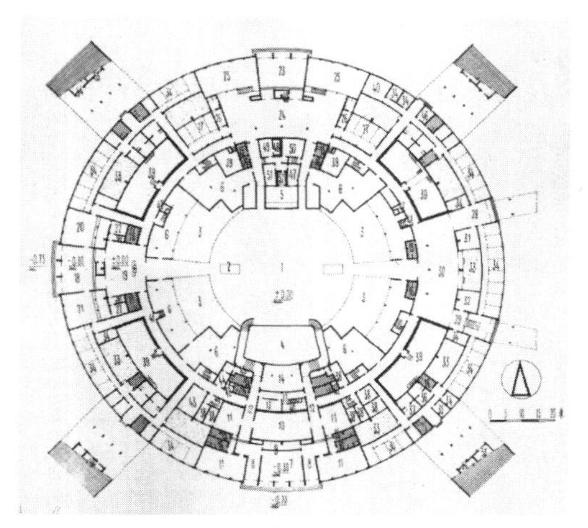

图 3-3-10 上海体育馆一层平面图
（上海市民用建筑设计院上海体育馆现场设计组 . 首都体育馆 [J]. 建筑学报，1976（1）：24-31.）

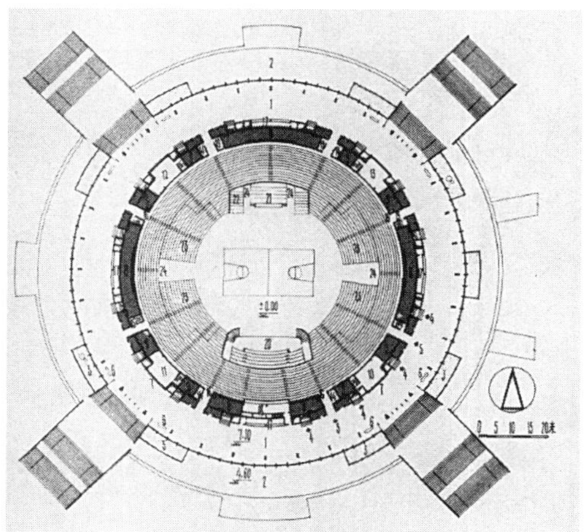

图 3-3-11 上海体育馆二层平面
（上海市民用建筑设计院上海体育馆现场设计组 . 首都体育馆 [J]. 建筑学报，1976（1）：24-31.）

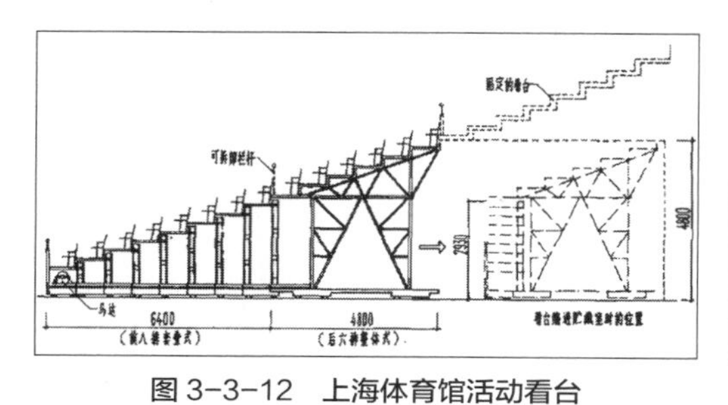

图 3-3-12 上海体育馆活动看台
（上海市民用建筑设计院上海体育馆现场设计组 . 首都体育馆 [J]. 建筑学报，1976（1）：24-31.）

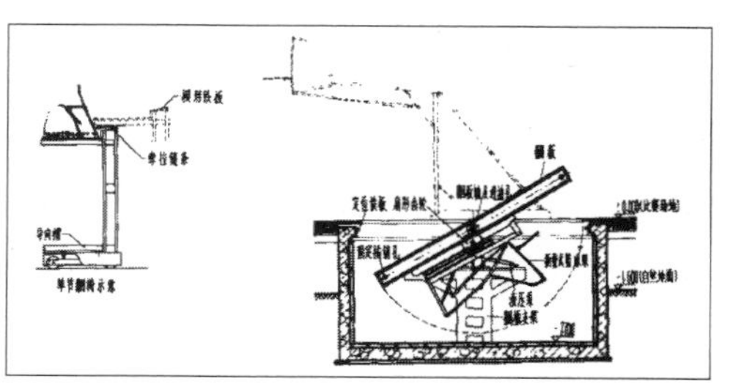

图 3-3-13 上海体育馆篮球坑
（上海市民用建筑设计院上海体育馆现场设计组 . 首都体育馆 [J]. 建筑学报，1976（1）：24-31.）

图 3-3-14 上海体育馆鸟瞰
（资料来源：上海建筑设计研究院有限公司 .）

第一时期的体育场馆由于没有运营方尤其是赛后日常运营方的介入，设计对赛后日常利用考虑不足，对场馆规模以及赛后日常改造应用方式研究不够，配套功能不完善。随着时间的推移，上海体育馆逐渐不能适应当代社会的需要，一度几乎面临被荒废的危险。NBA 为了扩大在中国的影响，很早就计划将季前赛移师上海，当时 NBA 官员在上海体育馆实地考察后，却非常失望。

1999 年 10 月，上海体育馆在保留原体育馆功能的基础上改建为上海大舞台，成为国内首家剧院式大型室内体育馆。舞台位于比赛厅一侧，台框（有幕）高 16 米，宽 28 至 42 米（有侧幕作调节），在舞台中央有 7 组共 300 平方米的大型机械舞台。舞台平面呈橄榄形，舞台左右两端最大有效使用距离 60 米，前后最大纵深 32 米，舞台面积约 1250 平方米。可承接各类文艺演出、大型体育比赛、会议、大型展览等等，观众容量仍可保持在 12000 人左右（图 3-3-15）。

1976 年建成的内蒙古体育馆，总建筑面积 1.53 万平方米，5400 座，内场尺寸达到 54 米 ×66 米。

新中国成立 30 多年来，体育馆建筑有了很大的发展，我国已有千人以上规模的体育馆 110 多个，总席位达到 40 万席，比 1949 年前净增了 19 倍。1981 年，梅季魁教授等在建筑学报发表论文《多功能体育馆观众厅平面空间布局》，总结了 30 多年来的丰富经验，对 14 个省、市、自治区的 30 多个体育馆作了一些调查，并对体育馆，特别是多功能体育馆的发展前景、使用功能、技术原理和建筑布局等问题作了初步探讨，对我国体育建筑的设计产生了深远的影响。

图 3-3-15 上海体育馆改建为上海大舞台室内
（资料来源：上海建筑设计研究院有限公司 .）

图 3-3-16　武汉洪山体育馆

湖北武汉洪山体育馆。1985 年底建成。总建筑面积 24000 平方米，建筑面积 2 万平方米，观众席数 7500 个。比赛场地 46 米 ×32 米。可进行色球体操、篮球、排球、乒乓球、网球、武术、举重等项目的比赛。空调设计，在国内首次采用旋流风口，可根据观众人数和比赛项目调节风量、风速，以满足羽毛球、乒乓球等比赛对风速的要求。洪山体育馆还考虑了自然通风和天然采光。建筑设计充分考虑武汉盛夏潮湿闷热、冬季很冷的气候特点，采用半开敞式的独特方式，春秋两季考虑自然通风。在檐口下部开设一圈高窗，满足平时训练的照度要求，还避免了强烈的眩光（图 3-3-16）。

2. 和国际接轨的多功能体育场馆

早期的多功能体育场馆，由于缺乏完善的理论指导，对比赛场地尺寸还没有相对统一的标准。而且由于历史原因，有些场地尺寸没有和国际接轨，设施不配套，不能满足现代大型国际比赛的要求。在 1980 年早期，我国除上海新建的体育馆外，其他城市的体育馆都不具备举办世界排球锦标赛的条件。

改革开放后，体育建筑的多功能问题开始在学术界提出，1984 年 4 月 21 日，中国建筑学会和中国体育科学学会双重领导的体育建筑专业委员会在河北省承德市成立，并举办了全国中小型体育馆设计竞赛，比较集中地对体育馆的多功能进行探讨，对新结构进行尝试。

1980 年代，随着改革开放的推进和我国经济的发展，体育场馆建设也出现一个新的高峰期，从数量到质量都是前所未有的。对外开放，国外建筑设计思潮的引入，我国建筑理论界也出现多元化的趋势，并对体育建筑产生深远影响，多功能发挥体育场馆的作用的思想开始被场馆管理者和使用者广泛接受。

1986 年 7 月期《建筑学报》发表时任国家体委国际司处长、体育建筑专业委员会委员王正夫的文章，《国外体育建筑的设计思想》提出许多很有远见的思想，在后来的体育建筑演变中都得以验证：

（1）提出一馆多用的设计思想是当今体育建筑发展的潮流，认为，多功能体育馆虽然投资大，造价高，但集多种场地于一馆，相当于一个小型体育中心，既减少占地面积，又节省大量的管理人员，还能使体育馆的使用率成倍提高。

（2）意识到我国的大部分体育场馆设施简陋落后陈旧，缺少配套的训练场地、巨型电子计分计时牌、录像电子记录牌等设施，缺少运动员休息室、安保措施等，不能适应国际比赛提出的要求。

（3）提倡在城市中普及结构简单、重在适用的规模不一的各种训练用场馆，这是全民健身设施的雏形。

（4）体育馆与饭店配套，选址合理、交通方便的饭店、体育场、多功能体育馆组合在一起，具有体育综合体的思想萌芽。

（5）重视观众集散交通系统和停车场地设计。

哈尔滨工业大学的梅季魁教授，对多功能体育馆进行了深入的研究，在 20 世纪 80 年代和 90 年代先后提出了多功能 I 型 [（34~36）米 ×（44~46）米] 和多功能 II 型 [（34~36）米 ×（52~56）米] 场地，并在北京亚运会朝阳馆、石景山馆、哈尔滨工业大学邵逸夫体育馆等场馆中进行了尝试，取得了良好的效果，得到国内同行的认同并被广泛推广。

1990 年亚运会在北京举办，为北京亚运会而建设的一批场馆都根据大型国际比赛提出的各项功能要求进行设计和建造，满足亚运会组委会的要求，满足各国际单项体育联合会的要求和各项运动的竞赛规则的要求。

1990 年北京亚运会是我国体育场馆建设的一个里程碑。

奥林匹克体育中心田径场，占地面积约 5 公顷，建筑面积 3 万平方米。在设计之初就考虑分两期建设，一期建设为容纳 2 万名观众的田径比赛场，满足亚运会田径比赛的需要。

中心田径场二期改建为容纳 4 万人的专用足球场，用于 2008 年北京奥运会比赛，这种设计思想在我国体育建筑历史上具有很强的创新性（图 3–3–17）。

图 3–3–17　国家奥林匹克体育中心鸟瞰图
（马国馨 . 国家奥林匹克体育中心总体规划 [J]. 建筑学报，1990（9）：9–14.）

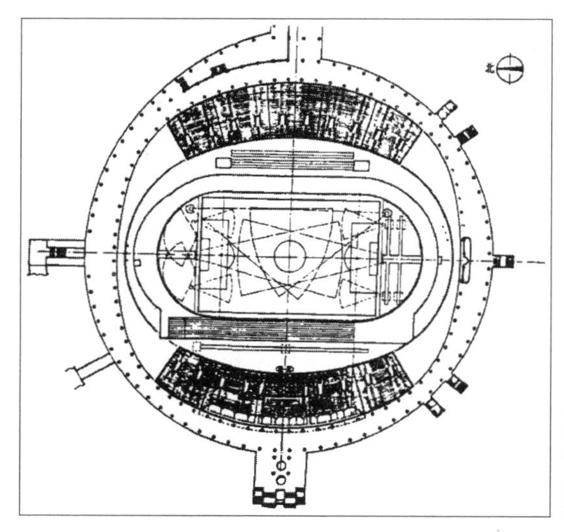

图 3-3-18　国家奥林匹克体育中心体育场平面图
（单可民 . 奥林匹克体育中心体育场 [J]. 建筑学报，1990（9）：24-28.）

径赛场地为 400 米标准跑道，共 10 条分道，西直跑道长 150 米。弯道半径为 37.898 米，两圆心距 80 米，改变了过去 36 米弯道半径对足球场角球处的妨碍的历史。除田赛场地的跳远和三级跳远场地布置在东侧跑道外，一改过去布置在西侧直跑道外侧而造成沙坑刚好在跑道终点线旁、人员相互干扰的情况。足球场与跑道弯道之间的半圆区内，增设了撑竿跳场地，铅球投向足球场地内。这种田径场的布置方式，对我国的田径场体育工艺设计影响深远（图 3-3-18）。

奥林匹克体育中心体育馆，是第 11 届亚运会进行手球比赛的场地，也是一座多功能的综合性体育馆，“按照现代国际比赛和多功能使用的要求进行建筑设计”。[①]

体育馆总建筑面积 25300 平方米，观众席位 5952 个。体育馆的平面为六边形，屋盖为国内首创的斜拉双坡曲面组合网架，东西两根巨柱的间距为 99 米，屋盖南北跨度 70 米。比赛大厅为长方形切斜角，尺寸 93 米 ×70 米，内场场地尺寸 40 米 ×70 米，设置了直通场外的出入口，可以通行一般叉车和电瓶车，方便场地的多功能使用。

内场空调和观众区空调分别设计，方便分区控制。为了达到自然采光的效果，采用了垂直天窗，天窗外设置自动卷帘装置，可以在短时间内同时开闭，以适应比赛训练和平时维护的不同要求。

二层南侧观众大厅面积适当扩大，可以在这里安排购物、快餐等活动，也可单独举行其他活动。这样的设计既可以丰富观众在比赛休息中的活动，为观众大量集散创造了宽阔的空间，同时为观众厅的多功能使用创造条件（图 3-3-19、图 3-3-20）。

在体育馆西侧还布置了三个练习馆。练习馆是多功能的练习设施，可以满足训练、

① 闵华瑛，马国馨 . 奥林匹克体育中心体育馆 [J]. 建筑学报，1990（9）：15-19.

图 3-3-19　国家奥林匹克体育中心体育馆

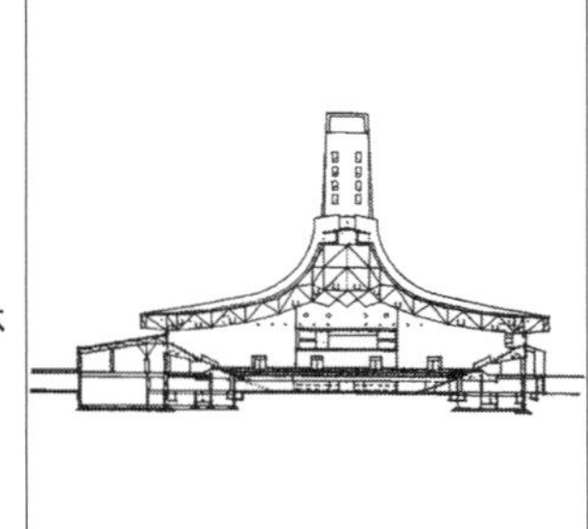

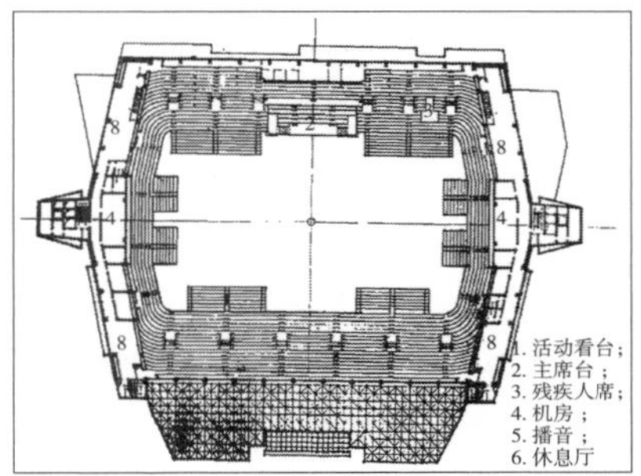

图 3-3-20　国家奥林匹克体育中心三层平面图及剖面图
（闵华瑛，马国馨．奥林匹克体育中心体育馆 [J]. 建筑学报，1990（9）：15-19.）

热身等各种要求，与练习体育馆之间用地下通道直接连接，一改过去许多场馆比赛设施完善，但缺少与之配套的练习设施，无法适应一些国际性的大型比赛的现状。

奥林匹克体育中心游泳馆，总建筑面积 37500 平方米，观众席总数 6000 座。为了解决以往国内游泳馆存在使用效率低、经济效益和社会效益差的问题，设计之初就确定了集合竞技体育、学校体育和群众体育、一馆多用、统筹兼顾的方针，亚运会期间作为竞技比赛使用，亚运会后以专业队训练为主，逐步过渡为群众性综合游泳基地。因此，这座游泳馆也开始考虑向社会开放，慢慢具有第三代场馆的一些特征。

比赛池为 25 米 ×50 米（初期为 21 米 ×50 米，后进行改建），设 10 条泳道，池深 3 米，使得所有的游泳项目包括水球、花样游泳都符合国际泳联的比赛规定。跳水池 25 米 ×25 米，5.5 米深。为缓解运动员的疲劳感，比赛区设 9 米 ×12 米、深度 1.2 米的放松池。这样规格的泳池设计，在我国尚属首例，后来逐步成为我国标准游泳池的设计尺寸（图 3-3-21）。

训练池 11.25 米 ×51 米，1.8 米深，5 个泳道。训练池内设 1 米宽的电动活动隔桥，可将训练池分割为两个 25 米训练池。

为 1990 年北京亚运会建设的其他体育场馆，在设计思想上也都较以往有很大的

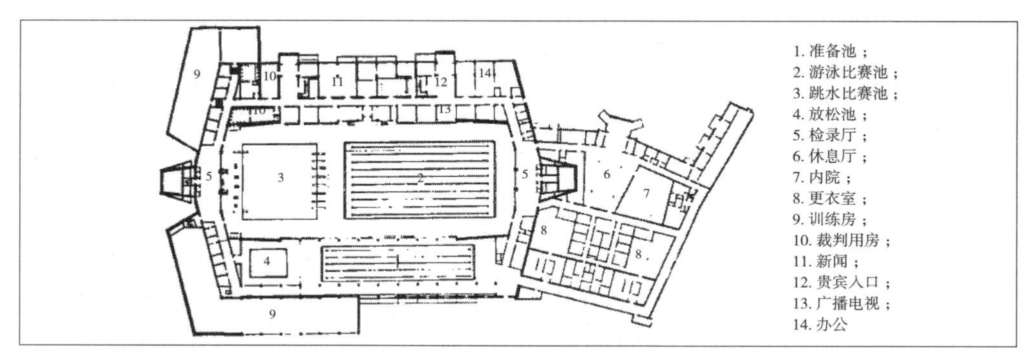

图 3-3-21　国家奥林匹克体育中心游泳馆一层平面图

（刘振秀 . 奥林匹克体育中心游泳馆 [J]. 建筑学报，1990（9）：20-25.）

进步。北京丰台体育中心体育馆，观众席 3318 座，亚运会期间作为藤球比赛使用。藤球场地尺寸 6.1 米 ×13.4 米，净高 8 米。为了提高利用效率，体育馆场地按手球场设计，尺寸为 26 米 ×14 米，净高 14 米。

北京大学生体育馆是隶属于首都体育学院的一座现代化多功能综合性体育馆，于 1988 年 10 月落成使用，总用地面积 1.7 公顷。建筑面积 12050 平方米。观众席数 4200 座，亚运会期间为篮球比赛场馆。该馆 2/3 的观众席为活动座席，这样可以最大限度地扩大场地。比赛场地 50 米 ×32 米，除供篮球、排球比赛外，还可以进行 7 人制手球比赛，平时可划分为三个篮球场地，供训练及教学之用，也可以进行展览。

内场尺寸按照 3 片篮球场地设计，逐步成为我国大部分中小型体育馆的选择。随着移动球架的普及，这个尺寸逐步扩展到 53 米 ×38 米左右（图 3-3-22~ 图 3-3-24）。

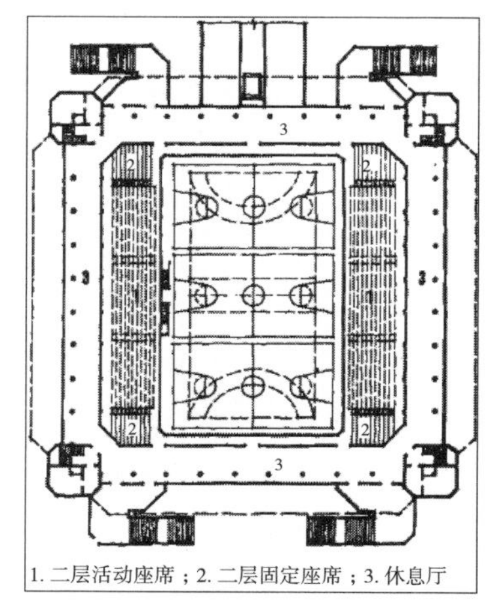

图 3-3-22　北京大学生体育馆二层平面图

（刘振秀 . 奥林匹克体育中心游泳馆 [J]. 建筑学报，1990（9）：20-25.）

图 3-3-23　北京大学生体育馆

图 3-3-24　北京大学生体育馆比赛大厅

第四节　第三代体育场馆

经过 1980 年代的迅速发展，1990 年代后，我国已进入由温饱向小康过渡的阶段，经济体制改革也取得了重大进展，基本建立起社会主义市场经济体制的框架。

在计划经济条件下，体育场馆大多数是按照体育比赛和训练的要求设计的，体育设施功能狭隘，而我国大多数体育场馆举行大型比赛和文艺演出的时间很少，平均下来仅占全年可利用时间的 10%~20%，有的场馆甚至一年也没有一场大型体育比赛。大部分时间场馆闲置不用，利用率低下。体育场馆甚至成为政府财政的沉重负担。

在这样的背景下，虽然我国的体育场馆还都是政府投资、政府运营，但体育部门的建设和运营思想受到市场经济的影响，也开始发生转变。随着体育相关政策的改变，“国家养馆”作为传统的体育场馆经营模式也相应地发生着改变，“自负盈亏”“自主经营”成为顺应市场发展的主流模式。公共体育场馆开始广开门路，开展多种经营，“以副养体”“以场养场”。“以馆养馆”成为体育场馆发展的必然趋势。1995 年，国家体委成立“全国场馆企业化管理办公室”，以促进转轨工作。体育日益产业化社会化，体育场馆逐渐面向社会开放。许多已建成的场馆也开始进行改造，以适应多种经营的需要。

同时，公共体育场馆是体育活动的重要载体，是体育事业发展以及体育公共服务的重要物质基础。随着人们生活水平的提高，人民群众的生活质量明显改善，健身运动越来越成为人们生活的重要部分，体育生活观开始形成，全民健身运动发展迅速。1994年，国家体育总局成立社会体育指导中心。1995年，我国政府颁布《全民健身计划纲要》，开始在全国范围内倡导大众体育运动。随着大众体育广泛而深入的发展，大大促进了人们对场馆数量、配套设施、相关功能需求的增长，体育场馆面向社会开放是必然趋势。

而且，大型公共体育场馆还可以具备会议、展览、文艺演出等很强的综合公共服务功能，具有独特的导向和示范作用，对于完善和丰富公共服务具有积极、重要的基础性作用。

从运营角度，场馆运营部门考虑通过开放获得收入，用以补贴场馆运营费用。因此，出现了第三代体育场馆，在满足体育比赛和训练的同时，兼顾面向社会开放。

第三代体育场馆具有以下特点：

①比赛空间灵活化、多功能化

体育场馆的显著特点就是竞技体育活动间隙使用。大量的空闲时间使多功能空间利用成为可能。改变场地的性质、规模和座席布局方式，让比赛空间更加灵活，可以容纳更多的比赛项目、健身、文艺和集会等活动。根据需要随时变化场地尺寸，使得一个投资庞大的体育馆能够承办不同类型的比赛和其他的商业活动，从而大大提高其利用率，主要通过以下几种方式：

A. 活动看台系统

体育场馆的多功能使用，活动看台系统（又称为伸缩看台或移动看台）起到了关键性作用。活动看台因其高度的灵活性、安全性，为场馆的观众席设计带来了全新概念。可变看台及座席，能够在较短时间内，实现部分或全部座席的移动和伸缩，极大适应不同建筑功能空间的使用转换，很快得以广泛应用。早在1970年代，可变看台和座席，就被用于足球场地和橄榄球场地的转换之中，多功能综合化的体育场应运而生。

2003年11月建成的大连理工大学刘长春体育馆，总建筑面积17280平方米，观众席3600座，其中2200座为活动座席。这样比赛场地最大可达42米×55米，可满足一般体操比赛、篮排球、手球、五人制足球等比赛要求，平时可布置3块篮球场地，场地面积达到比赛厅面积的65%，极大地发挥了活动看台的作用（图3–4–1、图3–4–2）。

2004年初建成的惠州体育馆，占地15公顷，建筑面积3万平方米，包括比赛馆、训练房、会议厅和两块商业用房。观众席6600座，其中60%为活动座席，因此比赛场地最大可达45米×75米，面积达到比赛厅面积的60%，能满足包括国际体操比赛在内的各类体育比赛及大型演出、集会和展览的需要（图3–4–3、图3–4–4）。

可变看台及座席，主要有以下4种情况的场地转换：

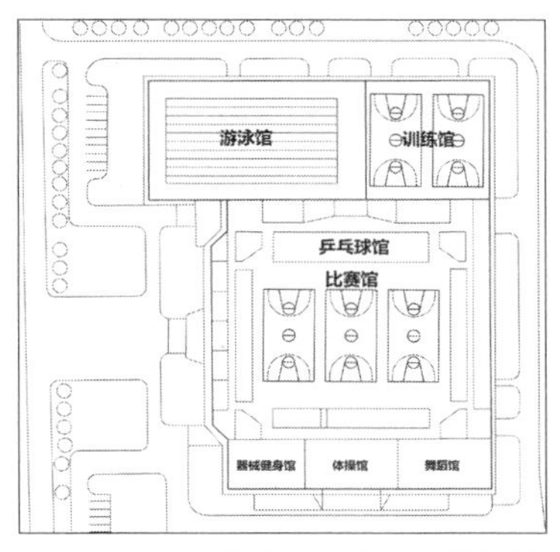

图 3-4-1　大连理工大学刘长春体育馆平面图

图 3-4-2　大连理工大学刘长春体育馆

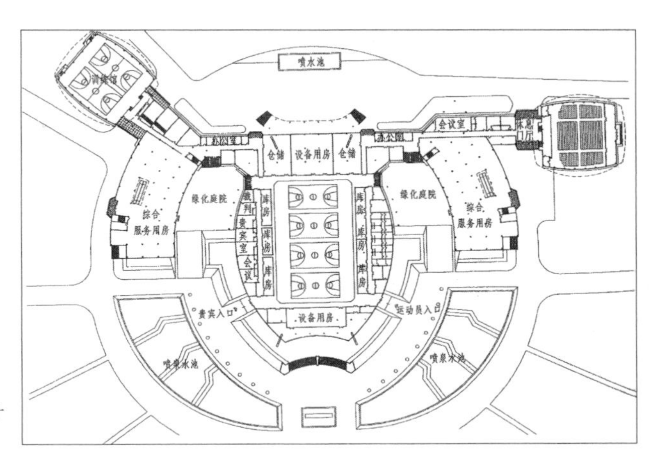

图 3-4-3　惠州体育馆一层平面图
（梅季魁，罗鹏，陆诗亮. 惠州体育馆设计[J]. 建筑学报，2004（12）：36-39.）

图 3-4-4　惠州体育馆

第一，足球场与棒球场的转换。

在美国、日本等国家，体育场设计以棒球场的扇形场地和看台为基础，将下层整体看台转动 45 度后，转变为长方形场地，作为橄榄球和足球比赛使用。

第二，足球场地与田径场地的转换。

这样的场地转换，在我国虽然还不多见，但是非常具有实际应用价值。

我国的绝大部分体育场，都是足球和田径的综合场，看台是以田径场地为标准建设。但由于观看足球比赛和田径比赛的最佳视点不同，足球场地远小于田径场地，而足球赛事远远多于田径赛事，这样的布置方式，无疑加大了足球比赛的视距，而且围合感不强。如果在田径场下层看台外设置活动或移动看台，就可以很好地解决这个问题。

第三，体育馆场地的转换。

在体育馆内设计，活动座席或移动座席等可变座席，可以将大型冰球、搭台体操场地，转换成为小型的手球、篮球场地，或用于举办会议、演出及音乐会。

第四，大型赛事前后座席变换。

大型赛事如奥运会、世界杯、全运会等，赛时需要大量的观众座席，可设置临时看台。赛后根据运营的需要，拆除临时看台，移除部分座席，实现运营效益的最大化。

悉尼奥运会的水上中心、2012 年伦敦奥运会水上中心均使用了大规模临时看台，在比赛之后拆除，以缩减场馆的体量。2008 年北京奥运会水立方在奥运会期间提供 17000 个座席，而在比赛之后仅保留约 6000 个座席。紧邻池岸的永久看台采用混凝土台阶和半透明的聚碳酸酯座椅，而上部 11000 个座位的临时看台采用钢结构、钢格栅和水泥纤维板做台阶，座椅也采用易于回收的工程塑料。

B. 多功能舞台

相比剧院等观演建筑，体育场馆观众席位多、视野好；空间高，便于布置舞台灯光；场地大，可根据演出需要灵活布置舞台，特别适合大型演唱会等演出。如香港红磡体育馆，虽然是一个多功能体育场馆，却以举办娱乐节目而著名，特别是中文流行音乐会，成为香港主要的文化娱乐活动设施。红磡体育馆的使用率高达 96.7%，每年举办的活动，近八成属娱乐性节目。收入来源主要是场地租金，还包括广告、零售、餐饮等。不少学校体育馆，也兼做集会和文艺演出，因此舞台设置也很重要。

多功能舞台是用来协调场馆的比赛、文艺、集会、训练之间矛盾的有效手段，舞台形式可以临时搭建，可以做伸缩式或可开合隐藏式，也可以利用一侧训练馆空间做固定舞台。

文艺演出是单向性观赏，舞台位置会直接影响演出时的座席数量和原有座席的利用率及观赏质量。舞台可以在场地上、看台上和看台外，位置可以在场地端部或场地一侧。大型场馆有时两个方位并用。

舞台在场地短边的一侧，原有看台的利用效率较高，但观赏质量不高，场地两侧的座席要转身扭头观看，这种舞台选位一般用在对视觉要求不高的报告会、音乐会。舞台位于场地一侧，优点是观众正向观看，缺点是座席利用率较低。

中小型体育馆中，可以在比赛厅的长边方向设置较大面积的舞台，相应布置数量较多的活动看台，在比赛时拉出来使用，演出和集会时收起，成为表演和演讲的舞台，平时活动看台收起，舞台留作训练场地，非常实用。有些小型场馆将大量的座席布置在观看舞台表演的一侧，或者将干脆将比赛厅的一侧看台去掉，完全改成舞台，这样可以降低座席的闲置度。

舞台也放在比赛厅外在场地一侧，与训练馆合并，采用活动隔断使训练馆与比赛大厅随时分合。座席布置方式为一面看台或三面看台。这种布局既保持了正向观赏，创造了比较好的舞台条件，也显著增加了观众席数量。例如深圳大学城体育馆、东北大学体育馆、江苏省盐城体育馆、昆山体育馆等。

2001 年 8 月建成的北航体育馆，占地面积 2144 6.6 平方米，总建筑面积 20989 平方米，是一座多功能的体育馆。进行篮球、排球、羽毛球比赛时，容纳观众 4300 人。进行手球、体操等比赛时，能容纳观众 3740 人。进行举重比赛时，能容纳观众 5500 人。集会演出时，可容纳观众 4500 人。为了满足比赛厅高级别正式比赛的要求，兼顾平时训练、教学、健身锻炼、对外开放等，以及满足学校作为文艺演出、集会、报告等功能，在比赛的一侧设置了多功能舞台空间，尺寸为 16 米 ×48 米。集会、演出时，舞台空间是一个大型舞台，配置固定的舞台灯光及设备。舞台边设有 17 排活动座席，在进行篮球、排球等项目体育比赛时，拉出座椅以供看台使用。平时收起活动看台，舞台空间可作为训练场地，也可布置为一个排球场地。经过改造，该馆在 2008 年北京奥运会、残奥会期间作为举重赛场馆（图 3-4-5、图 3-4-6）。

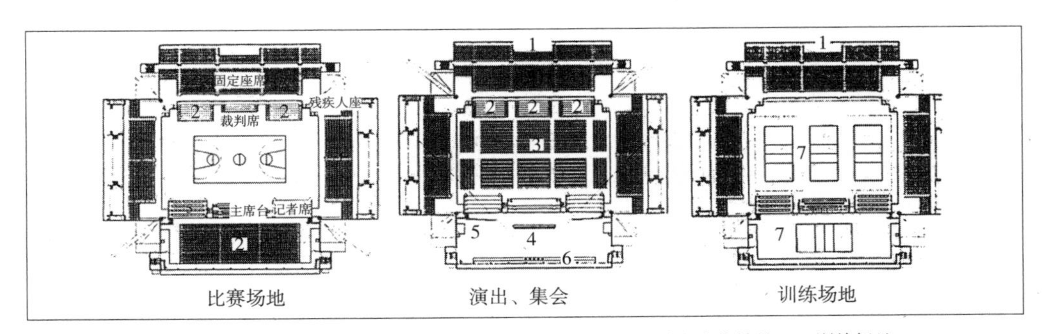

1. 放映室；2. 活动座席；3. 散席；4. 舞台；5. 侧台；6. 活动座席收纳处；7. 训练场地

图 3-4-5　北航体育馆多功能舞台适应的多种使用

（蔡鹤年 . 北航体育馆简介 [J]. 建筑学报，2001（6）：45-48.）

图 3-4-6　北航体育馆

溧水体育馆，座席采用三面看台的布置方式，一侧布置训练馆，可转换为舞台。

溧水体育馆占地面积8948平方米，总建筑面积14653平方米。内场尺寸为53米×38米，在满足手球、篮球比赛的同时，可举办三场篮球预赛。座位总数3880个，其中固定座位2597个，贵宾78个，活动座席1282个。观众厅看台三面布置，并和训练厅以活动隔断相连，便于举办体育比赛和其他文化活动（图3-4-7~图3-4-10）。

姜堰体育馆将大剧院和体育馆结合起来，完善了体育馆的演出功能。

姜堰体育馆建设用地面积27853.64平方米，总建筑面积27082.1平方米。其中地上18820.6平方米，地下8261.5平方米。为乙级体育建筑，规模为中型。满足举办地区性和全国单项比赛。比赛场地内场尺寸38米×53米，可进行篮球、手球比赛。训练场地尺寸33.6米×24米，可进行篮球比赛热身、训练。

看台座位数4042座，观众看台三面布置，便于举办体育比赛和其他文化活动，训练场在进行演艺功能时可作为舞台使用。从比赛场四边向下延伸有活动座席，任何座位的视线都不会受到遮挡（图3-4-11~图3-4-13）。

姜堰体育馆预计2021年底竣工。

某些大型场馆设有可开合的地仓舞台，开合结构由主桁架行走系统和开合板行走系统两种独立运行的系统组成，由传动电控系统来实现快速开启和闭合。地仓打开时，主结构在地仓两侧收纳，形成一个完整的、可利用地下空间的智能机械舞台。地仓闭合时，体育场馆可正常进行大型体育赛事，大大提高了体育场馆的使用率。

图3-4-7　溧水体育馆

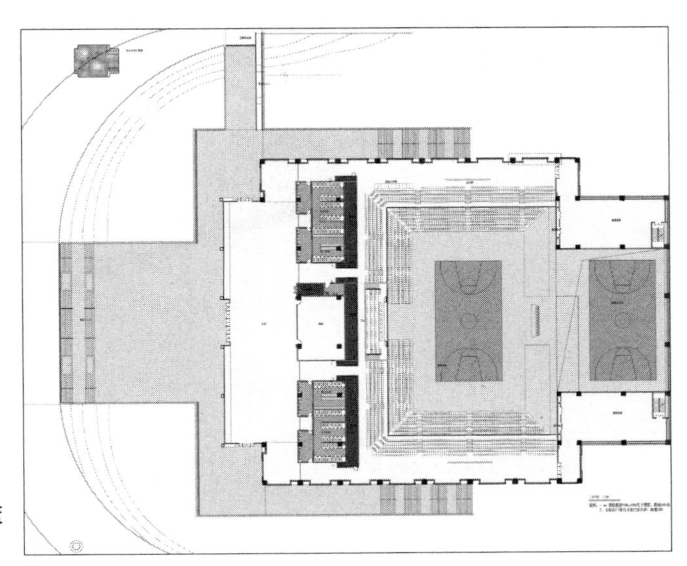

图 3-4-8　溧水体育馆平面图（篮球决赛）

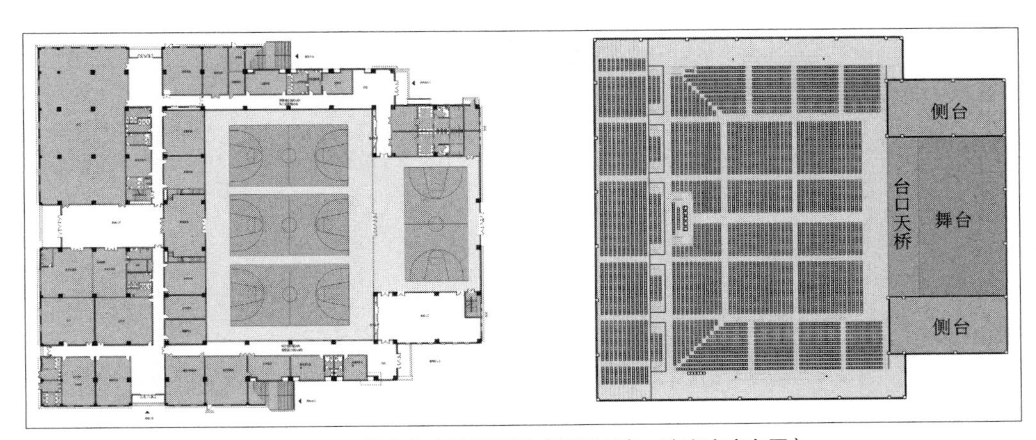

图 3-4-9　溧水体育馆平面图（篮球预赛、演出座席布置）

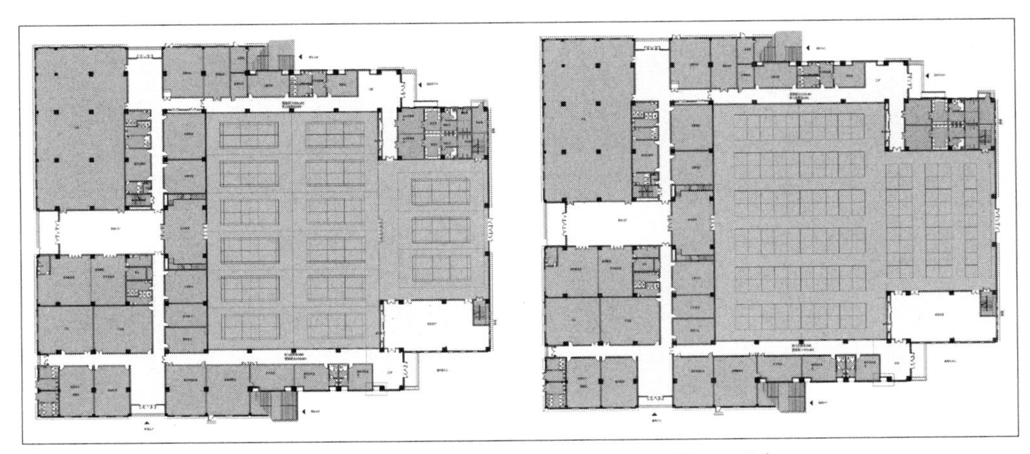

图 3-4-10　溧水体育馆平面图（羽毛球训练、展览）

图 3-4-11　姜堰体育馆效果图

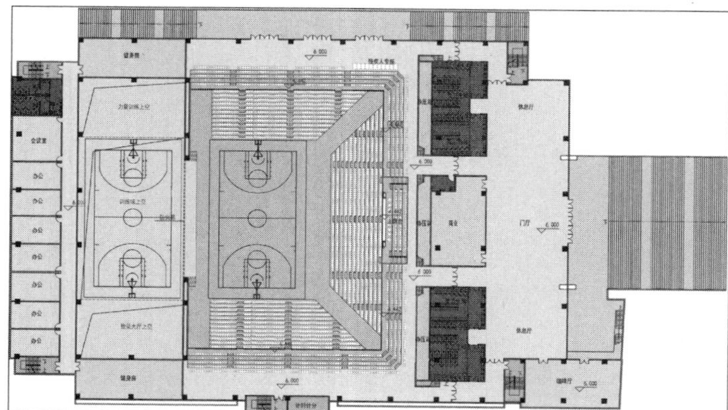

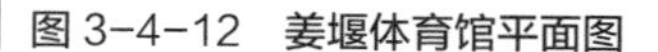

图 3-4-12　姜堰体育馆平面图

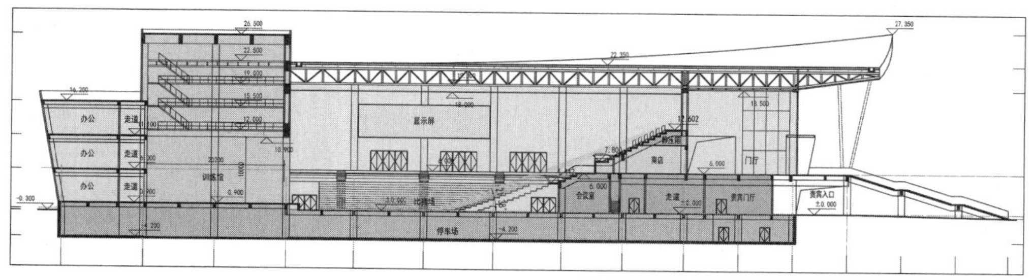

图 3-4-13　姜堰体育馆剖面图

C. 空间的功能兼容性

功能的兼容性是指场馆内部空间具有能够组合布置的相通性、相似性，能够综合利用。例如，体育和展览、文艺，三者虽然功能各不相同，但都是大空间，都有间歇式使用的特点，都向大量人群开放；这些特征使得这些功能项目能够兼容，融为一体综合利用，发挥场馆多功能化的优势，提高使用率。又如，商业与健身，虽然二者从功能形式到空间特点都不相同，但都属于公共服务性职能，能够互相兼容。

体育馆与会展结合建设，即两种大空间的结合，体育馆可以拓展会展的空间，而会展空间也可拓展体育比赛空间，在进行重大体育比赛活动时还能进行产品的展示以及举办重大会议。

会展建筑和体育馆建筑都需要大空间，因此非比赛时期，体育馆建筑可以转变为会展建筑。在大型体育馆内场，70 米 ×40 米面积的区域内能够安排 195 个座位以供展示。不少县区级中小型体育馆、学校体育馆，都会兼有小型展览、招聘会等功能。

会展中心也可举办大型体育活动比赛，伦敦会展中心不仅举办奥运会，还举办残运会的一些项目，例如拳击、柔道等。大学生运动会开展期间，击剑、柔道、跆拳道以及国际象棋都在深圳会展中心内部圆满进行，2015 年第 53 届世乒赛的部分比赛在苏州国际博览中心举办（图 3-4-14）。

2003 年建成的哈尔滨国际会展体育中心，总占地面积 43 公顷，总建筑面积 32 万平方米，是全国首个将会展、体育合二为一的超大型综合性场馆，由三部分组成：① 2500 个国际标准展位的国际展览中心、综合训练馆、体育馆；②国际会议中心和宾馆，包括 1800 座会议厅兼剧场及 32 个多种规模的会议厅，以及一座 38 层、169.7 米高的 618 间客房的宾馆；③ 5 万人体育场。训练馆和体育馆设计均满足比赛和训练等体育运动要求，同时兼顾体育建筑与会展建筑的规范。展馆面积 7 万平方米，旅馆面积 6 万平方米，会议中心面积 4.2 万平方米，体育馆面积 5.1 万平方米，体育场面积 7.1 万平方米（图 3-4-15、图 3-4-16）。

图 3-4-14　苏州国际博览中心世乒赛布置方案

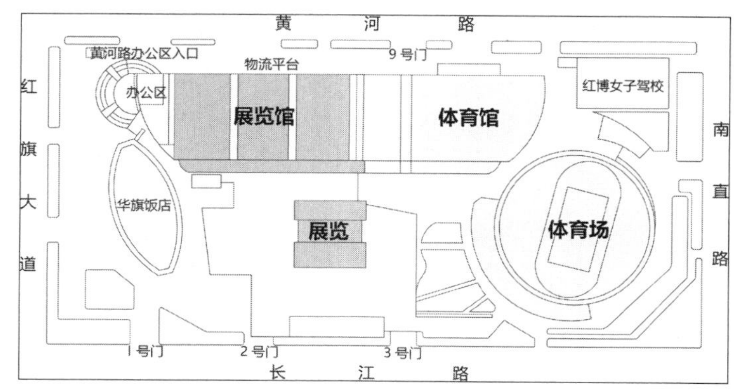

图 3-4-15 哈尔滨国际会展体育中心总平面图

图 3-4-16 哈尔滨国际会展体育中心

图 3-4-17 东京代代木体育馆

D. 场地的转换

场地面层的变换，最常见的是球类场地与冰场的转换。球类场地面层采用可拆卸活动木地板，活动木地板下预留边沟和制冰设备，进行场地转换。在游泳馆的游泳池中设置活动地板，可以通过调节活动地板在水中的升降，调节水位的高低，甚至可以变成球类场地。典型案例如东京代代木体育馆，通过活动地板实现了冰场、球场、游泳池三者之间的转换，使得场馆能适应各种类型的比赛项目，大大提高了使用效率（图 3-4-17）。

国内很多游泳池，通过底部活动地板或者沉箱，满足比赛、普通游泳、儿童训练等不同的使用功能对水位的要求。

图 3-4-18　大阪巨馆

日本大阪巨馆，采用了人工草皮收卷装置，可以由棒球场地快速转化为其他比赛场地。在棒球场的边沟设有卷轴装置，同时利用气垫原理，减少草皮和场地的摩擦，使得人工草地面层能很快地收起（图 3-4-18）。

E. 空间的可变

可开启式屋盖系统，通过开闭时屋顶，在气候恶劣条件下关闭，气候适宜条件下开启，保证了体育场馆不同天气条件下均可使用。同时，屋顶关闭时场馆室内空间照明和音响均可控制，增加了体育比赛、文艺演出、集会和展览等的使用效果。

原 HOK 运动场馆赛事公司高级总裁保罗・亨利认为，可开启屋盖是未来体育场必不可少的组成部分。

伦敦的温布利体育场，5 万平方米的屋顶可随意开启，在这个体育场内可以举办体育比赛、音乐会、集会和足球赛，是一个多功能的体育场。

可调节高度和体积的顶棚系统，可以调整场馆的室内空间高度和体积。这一技术在许多游泳馆里被采用，在平时开放时降低顶棚高度，减少体积，降低空调能耗。日本大阪巨馆，采用了可升降的顶棚系统。七块 9 米的环状顶棚单元，可以以每分钟 2 米的速度升降，使得场地空间高度由 72 米变化到 60 米、48 米、36 米，并有透光、遮光两种功能，空间体积由 120 万立方米减至 95 万立方米，混响时间由 5.1 秒变为 4.9 秒，从而适应体育、展览、音乐会等不同的要求。

②比赛厅和训练厅面向社会开放

面向社会开放的比赛厅和训练厅，平面设计和尺寸不仅考虑多功能比赛的需求，而且开始考虑日常开放的需要。有时为了获得更大的一体化空间，会把比赛厅和训练厅连在一起，在比赛时通过隔断分割开来。

我国大规模市场化的体育运动健身，可以认为是在 2003 年以后形成的。2003 年，SARS 疫情暴发。危机结束之后，人们开始关注自己的健康状态，对以健身为目的的非竞技性体育项目的热情高涨，这类项目包括足球、篮球、羽毛球、网球、游泳、乒乓球等。

以前，由于场地要求不高，器械简单，我国普通百姓参与最多的体育运动项目是乒乓球。2003 年以后，随着经济的发展和人们生活水平的逐步提高，运动量适中的羽毛球成为人们最喜爱的运动项目之一，并且大部分的专业体育场馆和非专业场馆都能够非常便捷地转换成为羽毛球场地。因为硬件设施的可行性和市场需求两个因素，羽毛球运动逐渐成为我国市场前景最为看好的运动消费。

因此，这一时期大部分新建的体育馆，在比赛厅内场和训练馆设计时，都会考虑日常开放时羽毛球场地排布的需求。

体育培训是一个比较特殊类型的产业，它所销售的不是一种物化的实体，而是一种服务。在体育场馆内举办游泳、羽毛球、剑道、健身等培训班，无疑具有得天独厚的条件，运动和健身本来就是相互融合的。因此体育场馆需要考虑体育培训的动线。

比赛厅内的观众席布局，也不再仅仅考虑比赛的需求，演出、集会的视觉效果也是重要的考虑因素。

比赛厅同时需要考虑自然通风采光问题，以创造更好的效益、节省运营成本。

③余裕空间的复合利用

大型场馆为承担大型体育赛事、满足大量观众座席的需求，座席数量比较大，观众席下会形成较大面积的看台下空间，这里除了布置各种功能用房和附属设施等外，剩余部分空间通称为余裕空间。

场馆的余裕空间面积可观，例如 3 万座的体育场可利用的看台下余裕空间可高达 1.5 万 ~2 万平方米。余裕空间对于体育场馆的运营和赛后利用具有非常重要的意义，是第三代场馆十分重要的收入来源。

根据体育产业分会 2007 年所作的《我国公共体育场馆情况调研报告》分析，场馆余裕空间的出租收入约占场馆经营收入的 50% 左右，部分场馆甚至达到 90%。

余裕空间的利用，一般会遵循功能互补、适度商业化与多元化方面的要求，利用的形式有体育健身、商业、酒店、餐饮、休闲娱乐等。

大型的健身俱乐部一般会选择在一类商圈内，但体育场馆内的体育健身娱乐项目也有相当的优势，它可以和体育场馆内的其他运动项目形成互补，整体环境氛围对消费者也较有吸引力。余裕空间内可设置的体育健身项目主要有健身、健美操、健身器械、形体舞蹈、瑜伽、芭蕾、跆拳道、拉丁舞等。

随着人们运动热情的高涨且日趋专业化、全民化，体育已经深入到生活的每一个角落并成为时尚。体育运动服装是体育时尚潮流的一个重要组成部分，利用余裕空间，在体育场馆内开设体育服装专卖店具有一定的优势。体育器械及用品如泳衣及游泳器械、高尔夫、羽毛球、乒乓球、网球、篮球、足球等球具用品销售，专业性很强。在体育场馆内进行体育器械及用品的销售，可以和场馆内的经营项目产生直接联系。

体育场馆交通便捷、停车充足，整体环境和绿化率都比较高，因此在体育场馆的余裕空间内设置餐饮业，能够给顾客提供比较舒适的就餐环境，而且场馆能给餐饮业带来客流，餐饮业也为场馆提供了服务。

在体育场馆内设置酒店，原本目的主要是满足大型赛事时的运动员、教练员、体育官员、新闻记者及一部分观赛的观众的需求，但也可以利用场馆的优势，以体育场馆为依托做运动主题的酒店。北京工体运动酒店位于北京市工人体育场，周围绿化达10万平方米，是北京市区罕见的天然氧吧，自然环境优势十分明显。

随着余裕空间利用得到逐步重视，场馆开始考虑充分发挥余裕空间的经济效益和使用效率。场馆管理打破封闭式管理模式，谋求融入城市公共空间。场馆设计方案阶段就开始考虑余裕空间利用方案，并适度拓展余裕空间，对场馆进行复合化设计、适度多元利用。

为了节约投资，减少余裕空间，部分综合性体育建筑采用“场、馆、展合一”的方式，不同功能建筑中相似的空间共享与转换。这样不仅节省了用地、减少了设备用房和辅助用房、节约了投资，而且还可以实现设备共用、资源共享、多功能使用。在举行大型会展活动时，会展中心可以结合体育馆的训练场地共同使用，拓展了会展空间。在大型比赛时，会展中心也可以作为比赛场馆使用。

常州市体育会展中心（奥林匹克体育中心）是“场、馆、展合一”的最典型的案例之一。

常州奥林匹克体育中心建成于2008年，坐落于常州市新北区晋陵北路，毗邻常州市行政中心、常州大剧院、常州市民广场。总占地面积28.5公顷，总建筑面积17.5万平方米。中心包含一个具有4.1万座位的体育场，6200座位的体育馆，2300座的游泳跳水中心，1000个标准展位的会展中心，4400平方米的室内网球馆。

常州市奥林匹克体育中心规划总用地202公顷，城市河流三井河将用地划分为南北两个地块，北区建有行政教学楼、射击馆、教工宿舍以及综合训练馆等。南区建有一座室内田径馆和一个400米标准田径场。因此，真正可用作为体育场馆和会展中心的用地仅119公顷，用地十分紧张。设计将体育馆与会展中心结合，游泳跳水馆与体育场东看台结合，节约了用地，也使得建筑体量更加雄伟。

体育馆与会展中心在建筑造型与功能上形成一体，二者相互联系与转化，会展中心功能可向体育馆功能扩展，体育馆也可以利用会展中心大空间作为全民健身场地和网球训练馆，使资源有效利用率提高。会展中心可容纳 1000 个展位，举行大型会展时，会展功能可扩展到体育馆比赛大厅和训练馆，可增加 300 个展位（图 3–4–19~ 图 3–4–22）。

面向社会开放的体育场馆设计思想，早在 1990 年北京亚运会场馆中就已初现雏形。主要代表场馆如下。

海淀体育馆是 1990 年第十一届亚洲运动会的武术比赛馆，建筑面积 11840 平方米，比赛场地为 44 米 ×24 米，净高 14 米，可容纳 3000 观众，可进行各种球类体育项目的比赛，也可举行文艺演出、大型会议、展览等。东入口在比赛期间作为裁判员、贵宾入口。在非比赛期间，作为对外经营的文艺活动，如台球、保龄球、酒吧等（图 3–4–23、图 3–4–24）。

图 3–4–19　常州奥林匹克体育中心模型

图 3–4–20　常州奥林匹克体育中心体育馆

图 3–4–21　常州奥林匹克体育中心游泳馆

图 3–4–22　常州奥林匹克体育中心体育场

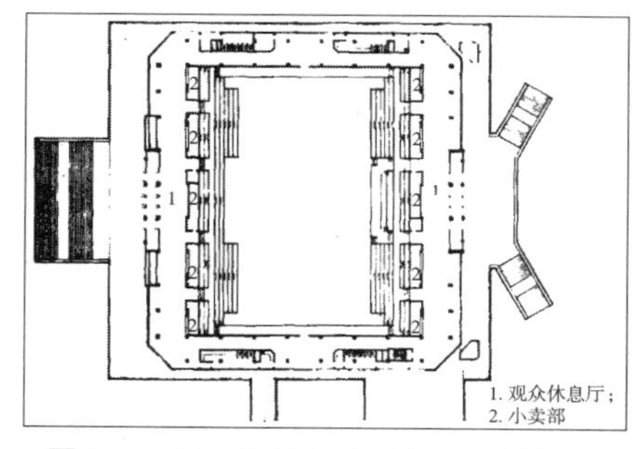

图 3–4–23　北京海淀体育馆二层平面图
（黄星元 . 海淀体育馆 [J]. 建筑学报，1990（9）：33–35.）

图 3–4–24　北京海淀体育馆

建成于 1995 年的南京市龙江体育馆，建设之初就确立为自收自支的事业单位。龙江体育馆占地约 1.58 公顷，总建筑面积 12045 平方米，由主馆和辅馆两部分组成。观众席 3500 座，其中固定座席 2700 座，活动座席 800 座，比赛场地 44 米 ×30 米，净高 14.5 米。龙江体育馆自开馆以来，承办了 2010 年世界杯女子摔跤比赛、十运会拳击、柔道、女排三项赛事、全国男女排球甲级联赛等一系列国际、国内大型赛事，对外开放项目主要为羽毛球、乒乓球和体育培训。经过十多年的积极运作，在体育竞赛、业余训练、全民健身、体育广告、大型表演、文化娱乐、场地租用等多种体育产业的经营领域积累了较丰富的经验，特别是羽毛球场地，率先对社会开放，目前仅固定会员就达 2 千余人，年健身人数达 30 万人次（图 3-4-25）。

建成于 1995 年 11 月的黑龙江速滑馆，占地面积 33000 平方米，建筑面积 22000 平方米，跨度 86.3 米，长 190 米，大厅净高 24 米，设有座席 2000 个。设计师梅季魁先生在设计之初，就认为“速滑馆场地大、座席少，场地几乎占大厅面积 90% 以上，具有面向群众体育的明显优势。群众可以参与速滑、花样滑冰和溜冰台外，还可广泛参与各种陆地项目的活动，如滑旱冰、篮排球、网球、羽毛球、跑步、健身等活动。因而速滑馆既是重要的比赛和训练基地，也是群众锻炼的良好场所”。场内空地可布置两块 30 米 ×61 米的冰球场和旱冰场，并可布置多块篮球、排球场和网球羽毛球场。速滑馆场地规模 13000 平方米，可布置 6~8 条 33.33 米跑道的室内田径场，或 70 米 ×105 米的足球场、48.7 米 ×109.7 米的橄榄球场，也可举办大型展览、集会、演出（图 3-4-26、图 3-4-27）。

图 3-4-25 南京龙江体育馆

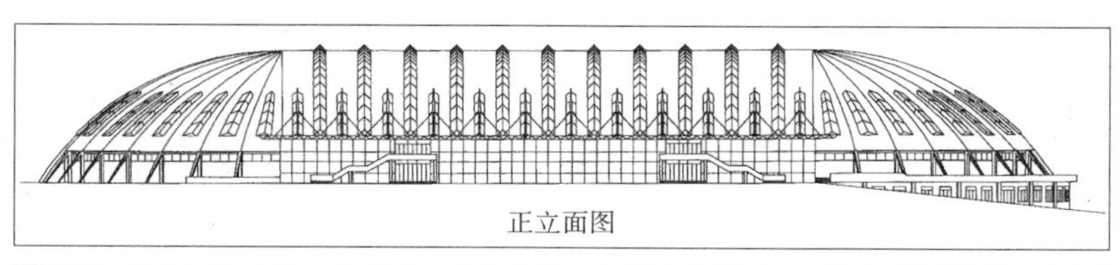

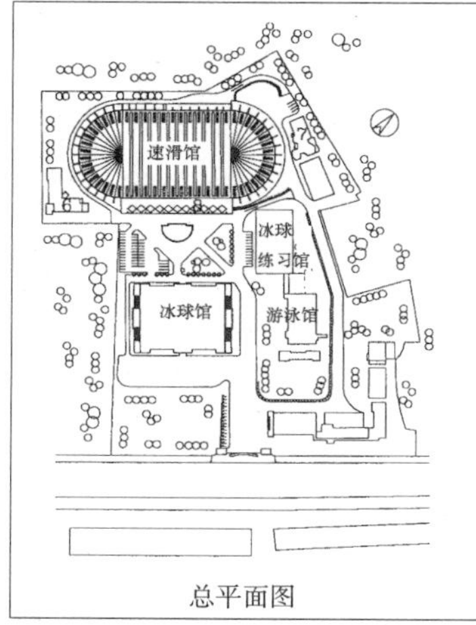

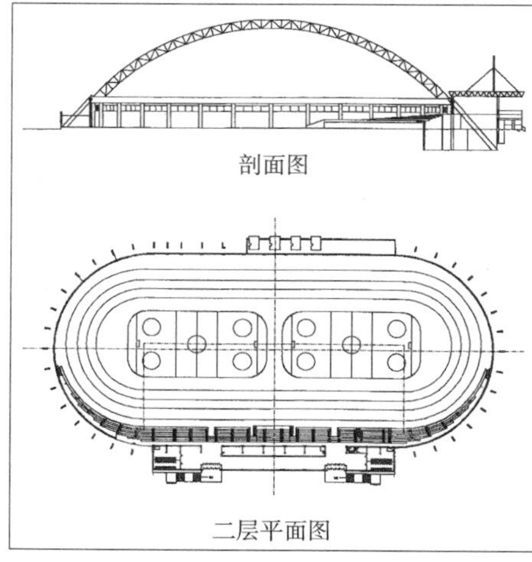

图 3-4-26 黑龙江省速滑馆平面图、立面图、剖面图

（梅季魁. 效率和品质的追求—黑龙江速滑馆设计 [J]. 建筑学报，1996（8）：13-16. 作者改绘.）

图 3-4-27 黑龙江省速滑馆

第八届全运会主场馆上海体育场由魏敦山先生设计，于 1997 年 8 月竣工，占地 19 万平方米，建筑面积 17 万平方米，可容纳观众 8 万人。比赛场地草地引进美国草种，四季常青。田径场铺设意大利蒙多公司生产的塑胶跑道和相关设施。比赛场地边缘设置 3 米宽的通行地沟，使得赛场与观众席隔离。体育场直径 273 米，屋顶采用半透明的膜覆盖。当时这些在我国还非常先进。为了适应体育产业化的发展，取得更好的经济效益，体育场设置 100 间包厢。每间包厢设有宽敞的休息室，可出售给客户长期使用。体育场还充分利用了看台下的余裕空间，西看台端部设计了一座 9 层高的星级酒店，拥有 360 间标准客房，有 20 间客房，在客房内可俯视比赛场景。在看台顶部设有空中咖啡厅，也可俯视球场全景。这些当时都是在我国大型体育场设计中的首次尝试。东看台下的余裕空间，建有一座水上娱乐城，设有沙滩游泳场、冲浪漂流池以及

图 3-4-28 上海体育场鸟瞰
（上海建筑设计研究院有限公司.）

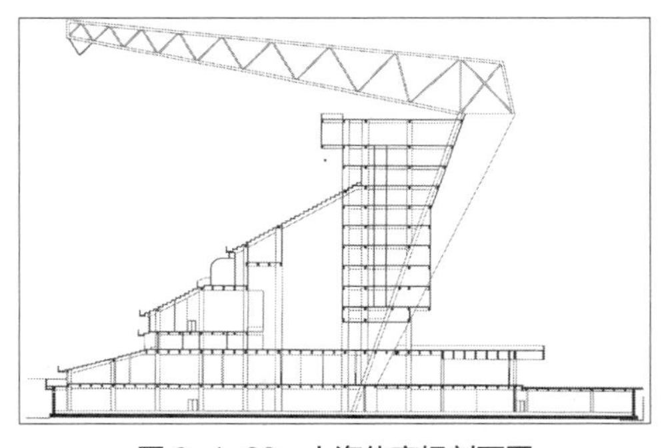

图 3-4-29 上海体育场剖面图
（上海建筑设计研究院有限公司.）

图 3-4-30 上海体育场酒店大堂
（上海建筑设计研究院有限公司.）

水上剧场，可举行海豚表演、水上音乐会等娱乐活动，还配备各种健身、娱乐等休闲设施，向社会开放。在南北看台的底层余裕空间设有展厅、商场、会议、新闻中心等多功能使用空间（图 3-4-28~ 图 3-4-30）。

作为第八届全运会的场馆之一的上海卢湾体育馆，坐落于上海繁华的商业大道肇嘉浜路，占地 7000 平方米，总投资 1.7 亿，可容纳 3500 名观众。体育馆可承办篮球、排球、手球、网球等多种赛事，并成为上海东方大鲨鱼篮球队的主场。在设计时，不仅考虑满足八运会比赛的需要，还考虑了赛后平时利用的经济效益。比赛场地在手球场地的基础上，尽可能多地安排其他如篮球、排球、羽毛球、网球、体操、拳击等比赛项目。余裕空间和附属空间内安排了健身、娱乐内容，设有舞厅、保龄球馆、美容、健身、桑拿中心、咖啡酒吧等空间。为了更好地增加余裕空间的面积、发挥余裕空间

图 3-4-31　上海卢湾体育馆

的效率，卢湾体育馆设计将体育馆底层抬高，将比赛场地设计在二层，尽可能争取首层完整的商业空间。由于场馆底层面积大、进深大，因此在招商过程中有针对性地引进大型超市——乐购超市，市场定位十分明晰和准确（图 3-4-31）。

2005 年 8 月竣工的盐城体育馆，总建筑面积 2.8 万平方米，比赛场地最大尺寸为 60 米 ×40 米，能满足篮球、排球、手球、体操比赛要求，可布置三片篮球训练场地，并且地面预埋了构件，随时可搭建成会展展台。举行篮球比赛时，座席数量为 5500 座，其中活动座席 2500 座，约占座席总数的 45%。训练馆可布置一片篮球训练场地，比赛馆与训练场地连成一片，通过活动移门分隔。文艺演出时，将主馆和附馆间的活动移门打开，附馆就成为舞台。此时，中心场地还可设置 2500 多座椅，可容纳的观众总数超过 8000 人。

由于体育馆位于城市中心地段，为了提高土地利用效益，体育馆一层架高，一层设有 1.8 万平方米的超市（图 3-4-32、图 3-4-33）。

建成于 1997 年 9 月的浦东游泳馆是八运会的花样游泳比赛场馆，占地面积 26000 平方米，建筑面积 21240 平方米，符合除跳水以外的各种游泳、水球、花样游泳等国际比赛标准，并兼顾训练和面向社会开放。游泳馆设 50 米 ×25 米、水深 3 米的标准游泳池、25 米 ×11 米的练习池和 17 米 ×11 米的儿童戏水池。比赛池内设有升降底板，能使 1/3 池面面积的水，深度在 2 米以内自由调节。升降底板最高可升出水面 10~15 厘米，形成水上舞台，可以举行水上歌舞表演。练习池和戏水池组合在一起，旁边有宽敞的休闲区，有各种健身器材和可供休息的沙滩椅。为

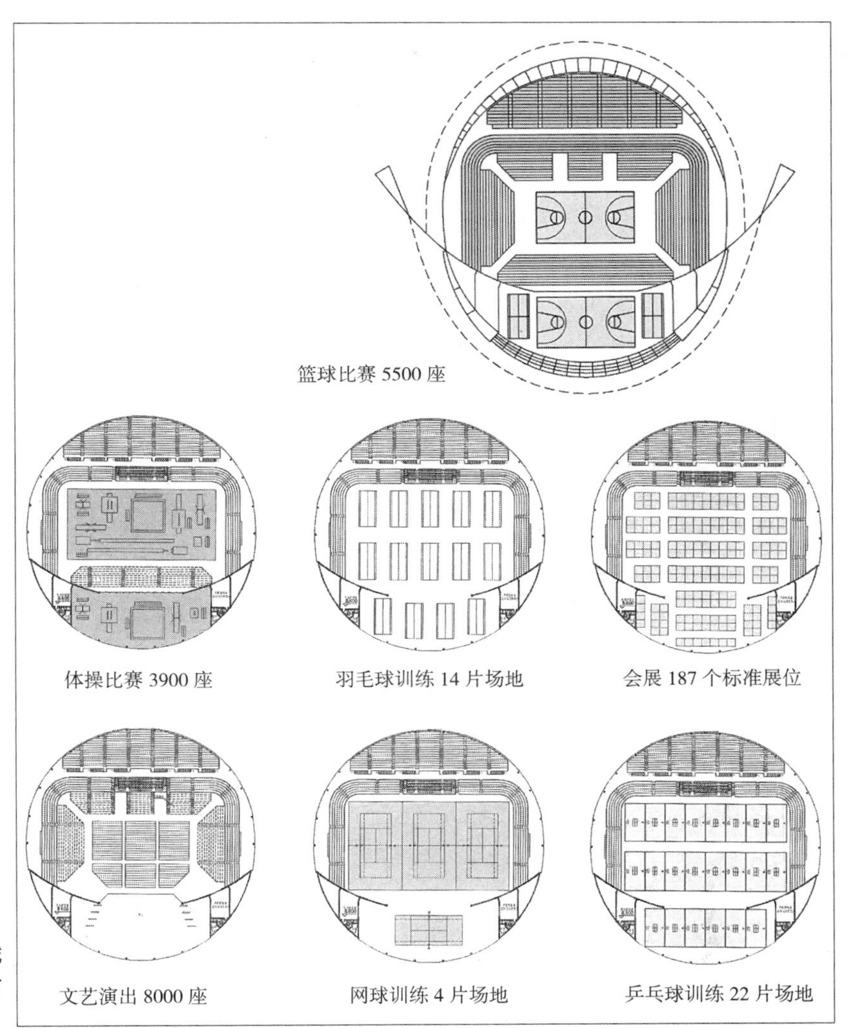

图 3-4-32 盐城体育馆赛时、平时平面图

图 3-4-33 盐城体育馆鸟瞰

图 3-4-34　浦东游泳馆

了降低造价、减少能耗，浦东游泳馆建设规模控制在1600座，单面看台，尽可能压缩比赛厅空间，同时努力扩大可综合利用的活动空间，增加各种文体娱乐活动内容。门厅、运动员休息厅等在平时可设小商场、餐厅、啤酒屋，大柱网的余裕空间还可设置保龄球、壁球、乒乓球、羽毛球、网球、篮球、舞蹈、健美操等运动训练的场地（图3-4-34）。

使游泳活动休闲化、娱乐化，尽可能降低比赛厅空间，设置少量座席或者不设固定座席，逐步成为我国面向社会开放的游泳馆设计的趋势。

2006年6月建成的岭南明珠体育馆，是CBA佛山龙狮俱乐部主场馆，由日本仙田满株式会社环境设计研究所设计，占地26公顷，总建筑面积7.8万平方米，由主体育馆、训练馆、大众馆、户外全民健身广场组成，体育馆通过三个穹顶连为一体，优美的圆弧外形像一颗璀璨的明珠。体育馆建筑有固定座位5508个，可移动座位2956个。内场场地尺寸最大70米×50米，座席全部打开时为48米×33米。首层设有大型设施运输出入口直通内场，为举办各种展览、文艺演出创造了很好的条件。大众馆训练馆的内场深度为45米×35米，除满足比赛期间的训练要求外，也可为社会提供不同档次的运动场所。大众馆二、三层设置了一个小型宾馆，三馆共用的入口大厅考虑了多功能与商业空间的规划，设置了体育用品专卖店、咖啡座、餐厅等商业设施。为了节约空调通风照明的能耗，独特的环状水平叠层屋顶设计，使得自然风和光可导入室内。机电设计采用能源管理系统，实现节能、集中监控和高效管理，满足体育馆举办赛事、演出和日常训练运营的要求，并方便日后系统的扩展（图3-4-35、图3-4-36）。

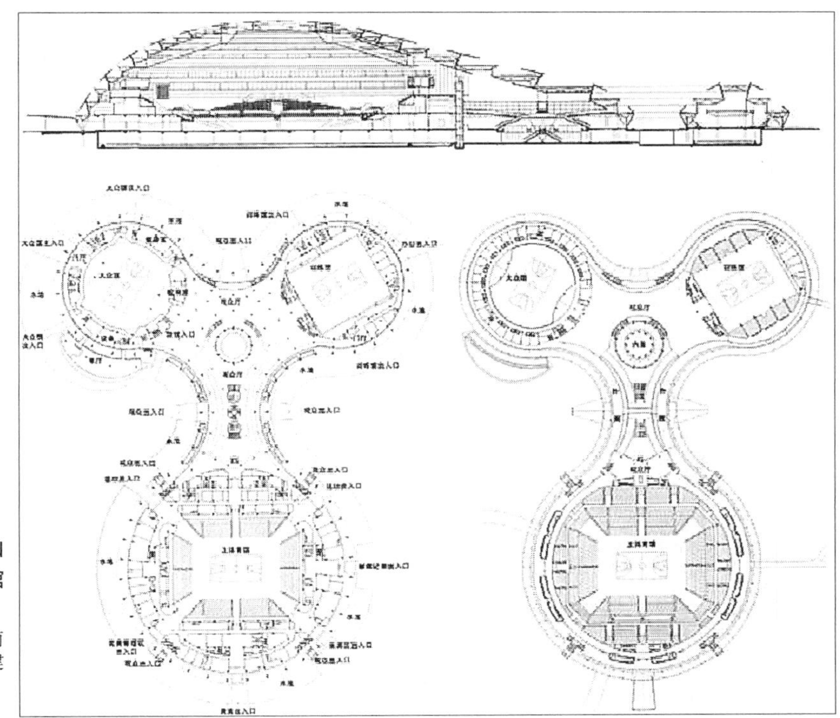

图 3-4-35 佛山岭南明珠体育馆平面图、剖面图
（潘伟江. 佛山岭南明珠体育馆 [J]. 建筑学报，2007（5）：36-41.）

图 3-4-36 佛山岭南明珠体育馆

第五节　第四代体育场馆

体育建筑具有文化多元的功能属性。例如，竞技比赛要求体育场馆应具有相当的规模和专业性、国际性和观赏性；休闲娱乐要求体育场馆具备生活性和社会性，以及能最大限度地激发使用者参与的热情；而教学训练要求场馆具有使用目的的明确性、使用状态的稳定性、功能内容的专向性，实现传授体育技能和专业运动技术训练的主旨。

同时，竞赛规则变化，信息技术、电视转播技术等赛事相关技术的发展，以及运营需求的发展和变化，都会对体育场馆的功能提出新的要求。因此，大型体育场馆的建筑物理寿命可以在50年以上，而场馆的功能寿命，一般只能维持在10~20年。如果要承办国际和全国性综合运动会，建成十年以上的场馆基本上需要进行更新改造，以满足竞赛需求。例如北京的大型体育场馆，自承办1990年亚运会以来，基本上十年左右就进行一次大型改造，延续了使用寿命。为了举办北京奥运会，国家奥林匹克体育中心、工人体育场、首都体育馆等场馆都进行了改造更新，设施水平从第二代升级到第三、第四代，比赛条件并不落后于鸟巢、水立方等新建场馆。

通过对场馆不同功能的使用频率统计，最本质的体育赛事功能往往是使用频率最低的。国内绝大多数体育场馆，每年举办竞技体育赛事场次仅为数次，甚至一年不足一次。反而演出、全民健身以及商业等功能的需求越来越大。社会化、产业化的体育场馆，运营考虑的重点必然会从对大型赛事和对专业体育训练的关注转移到对于全民健身日常开放和市场经营的兼顾上来。

因此，在设计北京奥运场馆时，开始提出了第四代体育建筑的设计理念，即体育建筑设计在达到基本的专业体育比赛要求或可以通过适当改造达到比赛要求的前提下，以平时运营为主，更多满足全民健身、娱乐表演、体育休闲等的要求。

2008年1月竣工的国家游泳中心又称“水立方”（Water Cube），位于北京奥林匹克公园内，是北京为2008年夏季奥运会修建的主游泳馆，也是2008年北京奥运会的标志性建筑物之一，与国家体育场（俗称“鸟巢”）分列于北京城市中轴线北端的两侧，共同形成代表北京历史文化名城形象的标志性建筑。

国家游泳中心规划建设用地62950平方米，总建筑面积80000平方米，其中地下部分的建筑面积15000平方米，长宽高分别为177米 ×177米 ×30米。

根据《国家游泳中心奥运工程设计大纲》规定，国家游泳中心的功能目标是“承担北京奥运会游泳、跳水、花样游泳和水球比赛，在赛后成为公众的水上娱乐中心”。

赛后的服务人群将以中高端的消费人群为主，成为北京北部地区最大的以水上休闲、健身娱乐消费为主体、同时兼顾部分比赛的体育休闲中心。

国家游泳馆为了满足国际奥运会的比赛要求，赛时设置座席 17000 个，而奥运会后，由于北京再举办如此大规模的水上体育比赛的机会很少，赛后只在比赛厅保留了 6000 个座席。赛后比赛厅面积减少三分之一，大大降低了其使用上的维护成本，降低了空调负荷。

因此在设计之初，将 17000 个座席中的 11000 个设置成临时座席，赛后拆除。临时座席拆除后，结合原有各层观众休息厅区域，被改造成南北两个多层的室内商业街。

位于建筑南侧的通高大厅，主要是针对赛后使用设置的，赛时仅作为备用房及休息空间。赛后，这里被改造成大型室内戏水乐园，包括各种大型的水上娱乐项目，以及戏水、冲浪等不同级别的水域，满足多个年龄段的人群使用。

地下一层的裁判用房、竞赛管理、安保用房，赛后变成更衣、餐饮、桑拿、健身等休闲功能空间，为水立方嬉水乐园提供相应的服务（图 3-5-1、图 3-5-2）。

国家游泳中心最为独特的地方还有外立面设计，这是世界上最大的膜结构工程，建筑外围采用世界上最先进的环保节能 ETFE（聚四氟乙烯）膜材料。整体建筑由 3000 多个气枕组成，气枕大小不一、形状各异，覆盖面积达 10 万平方米。别具一格的构思，独一无二的水分子式结构，以及半透明的 ETFE 膜表面，强化了“水”的主题，为日常运营提供了亮点，被市民亲切地称为“水立方”（图 3-5-3）。

图 3-5-1　国家游泳中心比赛大厅（赛时）

图 3-5-2　水立方嬉水乐园（日常运营）

图 3-5-3　国家游泳中心膜结构

2017 年 6 月建成的扬州市游泳健身中心，位于瘦西湖名胜风景区东侧，占地 4.121 公顷，总建筑面积 4.15 万平方米。规划采用园林式的建筑布局，将大型公共建筑体量最小化，形成亲切的街道界面和空间尺度。

游泳健身中心包括游泳馆和健身馆两部分。游泳馆包含无障碍泳池、热身池、VIP 泳池、标准比赛池，儿童戏水池等五个大小、标准不同的泳池游泳馆为丙级馆，满足省运会游泳预赛，青少年及业余比赛需求。

健身馆主要功能为一个大型综合运动训练场馆和健身用房，可满足体操个人全能项目、手球等训练及业余比赛需求。

设计以健身人流动线组织交通，主门厅将游泳馆和健身馆联系在一起，并设置特色水吧、咖啡茶座等商业休息。

沿城市道路设置一条内街，为体检、商业等功能服务（图 3-5-4~ 图 3-5-6）。

图 3-5-4 扬州游泳健身中心鸟瞰图

图 3-5-5 扬州游泳健身中心商业街

图 3-5-6 扬州游泳健身中心门厅

2018 年 5 月建成的宝应县生态体育休闲公园，建设用地面积 19.3 公顷，总建筑面积约 4.1 万平方米。公园包含体育场、体育综合馆以及室外田径及足球训练场、室外篮球场、网球场、健身步道、室外景观绿化等。体育场和体育综合馆建筑造型紧扣莲花的主题：体育场屋面和立面装饰连为一体，形成连续的瓣状肌理，宛如一朵盛开的莲花；而体育综合馆建筑体量分为三块，整体造型如同飘落的三瓣莲花花瓣。

体育场位于基地西侧，等级为乙级，按照能举办地区性和全国单项比赛的使用要求来设计。设置东西两侧看台，共设固定座席 12615 席。

宝应体育公园是满足比赛、全民健身、教学及展览、演出、休闲等多功能的体育综合体。建成后它已成为宝应县一个重要的休闲目的地，满足不同年龄人群的休闲需求。

宝应体育公园规划动线及出入口设置以日常运营为主线，主入口为日常运营健身和商业入口，赛时观众主入口位于基地两侧（图 3–5–7）。

体育综合馆位于基地的东侧，包含体育馆、游泳馆及健身馆三大部分。其中体育馆为乙级体育建筑，内场尺寸 38 米 ×53 米，可进行篮球、手球比赛。共设座席 3585 席，其中固定座席 2401 席，活动座席 1184 席。游泳馆为丙级体育建筑，布置一个 50 米比赛池，一个 25 米热身池，以及一个儿童戏水池。全民健身中心设置室内羽毛球馆（15 片羽毛球场）、乒乓球馆、健身房、舞蹈瑜伽室等功能用房（图 3–5–8、图 3–5–9）。

体育综合馆日常运营健身主入口朝向体育公园主广场，并用一个门厅将健身馆、游泳馆、体育馆内场和商业服务设施连在一起，形成一个大的全民健身中心，便于统一经营管理（图 3–5–10）。

体育场的东看台朝向体育公园主广场，看台下余裕空间为商业用房。

图 3–5–7　宝应体育公园鸟瞰图

图 3-5-8　宝应体育公园夜景

图 3-5-9　宝应体育公园夜景

图 3-5-10　宝应体育公园综合馆门厅

第六节　第五代体育场馆——体育综合体

随着时代的进步、经济的发展、人民生活水平的提高和体育建筑在人民城市生活中需求的转变，为了避免体育建筑的闲置，体育建筑的功能由单一走向复合，体育功能与商业功能从被动复合到主动复合。体育建筑功能与商业功能的关系也在随着时代而发生蜕变，功能叠加、复合并融合成一个有机系统将成为必然趋势。

体育运动和体育赛事是体育场馆的主要功能，但作为一个地区标志性的场所空间，大型体育场馆也越来越多地承担了除体育运动外的其他功能，承接演艺、娱乐、展览、旅游等活动，提高体育场馆的使用率，提升其经济价值。

大型体育场馆所承担的商业功能，主要为娱乐演艺、大型国际展览、体育旅游等。能容纳近 10 万人的国家体育场“鸟巢”，自 2008 年奥运会之后，举办了包括成龙、宋祖英、多明戈、王力宏等多位明星的演出，大型演艺活动有张艺谋导演的《图兰朵》、滚石 30 周年演唱会和五月天演唱会，均取得了不错的票房。“鸟巢”还在国庆、春节、五一等重要的节日进行商业展览、旅游娱乐等文体活动，获得了可观的经济效益。

大型体育建筑功能越来越复合化，越来越成为集赛事、全民健身、演出、商业、办公、休闲娱乐等功能于一体的综合性建筑。建设体育服务综合体和体育产业集群，成为必然的发展趋势。

早年，英国著名建筑师罗德・夏尔德提出的“2002 赛场”的概念，将体育场馆与居住、商业、旅馆、办公的设施复合，通过与周围城市设施相互补充，作为城市更新、激发城市活力的一个重要的实体，不仅在比赛时，而且通过它每一天的活动，通过其中的休闲、娱乐设施、附属居住、商业、旅馆、出租办公等设施以及通过与城市结构中周围地区的原有设施的补充，形成一个集体育、商业、娱乐、办公等多元综合的“不夜城”，将体育场馆的多功能化与城市建设的结合有效发挥出来，这就是体育综合体思想的雏形。

体育综合体，指在体育场馆的设计、开发中引入多种城市功能，如比赛、健身、商业、娱乐、休闲等，并使其成为一个相互助益的体系，在适应比赛、观演等功能的同时，产生更大的经济社会效应，实现各种功能的双赢、多赢。

体育综合体区别于第四代以日常运营为核心兼顾比赛的场馆，不仅达到体育与商业的主动复合，而且进一步做到体育功能与各类城市其他功能叠加融合。

2014 年国务院发布《关于加快发展体育产业促进体育消费的若干意见》，提出

“以体育设施为载体，打造城市体育服务综合体，主动和推动体育与住宅休闲商业综合开发”。国家体育总局已在武汉青山区建设涵盖青山全民健身中心、大型商业服务设施和高新企业创业园三位一体的综合体。江苏省计划“到2020年，体育综合体标准体系和发展模式基本成熟，并逐步推广，在全省建成80到100个体育综合体”。

1. 体育综合体产生的原因

（1）城市综合体的发展

传统建筑的功能往往是复合的，前店后厂、底商顶住的情况是非常普遍的。但自1933年《雅典宪章》发布以来，建筑功能的分类走向了单一化：居住场所与工作场所的分离，交通与居住、工作、休憩的分离，由此产生了单一的居住建筑、工业建筑、文化建筑、办公建筑、交通建筑等，现代主义功能分区的思想又助长了不同功能性质的建筑分而设之。这种模式造成了城市整体机能的严重割裂与脱节。

20世纪70年代以来，随着社会的发展，城市建筑功能单一、割裂带来一系列的社会问题，并且变得越来越尖锐，人们反思现代城市各功能区分明晰、彼此脱节的错误，重新认识到城市建筑综合化的重要性。1977年，《马丘比丘宪章》对城市空间的简单划分倾向作出修正：“不应当把城市当作一系列孤立的组成部分拼贴在一起，而必须努力去创造一个综合的、多功能的环境。”现代城市建筑正向着综合化、多功能化的趋势发展，越来越多的建筑综合体开始涌现出来，这些综合体几乎涵盖了所有的建筑类型。如，多功能展览馆、多功能影剧院、复合型商业设施、多功能博物馆、高层建筑综合体、交通建筑综合体、多功能体育场馆等。

在城市中，建筑是城市社会生活的物化形态，城市生活的多向性、多元化及其内在联系决定了建筑功能单元之间的必然联系。随着经济的发展，人们的生活变得更加丰富多彩，对各种需求也日趋复杂多样。这样的生活需求客观上要求建筑功能结构的综合性与多元化，从而使“现代空间呈现为一种超级结构，功能组织上出现重合化、集约化的倾向，空间功能更加‘暧昧’。就单一建筑来说，例如百货商店，单纯的购物已不能满足人们的消费需求，于是美容、健身、饮食、休闲等各种活动集合于此，共同处于不同层次的开放空间中，满足人们个性化的需求。”加之科学技术的进步，产业更加集聚，功能互补，“城市综合体”随之出现。

“城市综合体”就是将城市中的商业、办公、居住、旅店、展览、餐饮、会议、文娱和交通等城市生活空间的三项以上进行组合，并在各部分间建立一种相互依存、相互助益的能动关系，从而形成一个多功能、高效率的综合体。

城市综合体是土地与功能集约化利用的产物，体现积聚区域价值，它具备了以下几点典型特征：地标式的城市建筑、超大尺度空间、通道树型交通体系、高科技集成设施。

建筑体量巨大的城市综合体，使城市空间高度集聚，能有效地推进城市公共空间结构的重新整合，让城市空间朝着集约化、多核心的模式转变。城市综合体整合了办公、住宅、商业、餐饮等多重功能，成为促进城市公共空间格局转变的高效动力。

建筑综合体往往能带来远大于单一功能建筑的经济效益，这也是推动建筑功能综合化的一个重要因素。

建筑综合体内部各功能单元在相邻功能单元和所处环境的激发下，能产生比自身功能更大的功效职能，功能单元的集聚和交叉使建筑的自发功能转向激发功能，并在此过程中不断产生新功能，从而使这些功能之间互动，并带来"整体大于部分之和"的集聚效应。这样，多种功能相互协调平衡、相互激发，使得建筑更加能动地发挥其职能和功效，从而产生更大的经济效益。

（2）体育产业的发展

随着人民生活水平的提高，以体育运动为载体的休闲、健身、娱乐等活动，必然成为我国城市居民的主要活动内容。

全民健身已经不再只作为一种活动，而是成为一种生活模式，渗透到生活的方方面面。越来越多的体育建筑除了满足大型赛事的举办以外，也参与到大众的日常健身、休闲等基本需求中，并开始被越来越多地纳入城市发展、社区建设的轨道中来。

体育赛事也朝职业化方向发展，篮球、足球、赛车、网球、乒乓球等专业体育联赛相继出现。一些著名的俱乐部，由于拥有巨大容量和设施完善的主场、俱乐部设施以及精彩的职业赛事，故吸引了大量的球迷和会员，保证了可观经济收益。

体育表演化，使得体育和表演、电竞等界限渐渐模糊，大型体育建筑，进行表演、电竞展览等活动，已经成为一种常态。

体育产业是文化产业的一部分，并且具有极好的成长性。不仅如此，体育产业的发展还成为一种经济引擎，极大地带动了相关产业的发展。

（3）城市的发展和土地价值的提升

随着城市化进程的推进，城市人口快速增加，城市的土地资源变得越来越紧缺，土地价格逐年上涨。为了缓解城市用地的紧张局面，城市建筑纷纷采用紧凑、高效、有序的集约化功能组织模式，而各类型建筑综合体需要对土地进行复合化开发利用，它们也是这种集约化功能组织的产物。同时，建在城市开发区、新城区的大型体育建筑，往往以体育建筑强大的人流集聚作用、便捷的交通、标志性的建筑形体，成为新区的核心公共建筑并推动城市新区土地价值的提升。

2. 体育综合体的主要特点

（1）交通便捷，停车场充足——交通优势

体育综合体往往具有便捷的道路交通和轨道交通，人流集散非常通畅。和位于城市中心的一般城市综合体相比，体育场馆周边往往建有大量充足的室外停车场，拥有更明显的交通优势。

（2）体量巨大——地标性建筑

大型体育场馆，由于其体量巨大，往往是城市的地标。

（3）集聚人流——商业价值

人流数量是一座建筑商业价值大小的重要标志之一，而体育比赛能够在短时间内汇集大量人流，具有相当高的商业价值。以 NBA 场馆为例，观看 NBA 比赛这一活动已经远远超过“看比赛”本身，赛前参观场馆，感受球队历史，提前进入比赛氛围，赛后购买纪念品，或前往馆内主体球迷休闲吧消费等活动都属于一系列相关的商业活动，甚至通过将比赛分为四节，每节通过固定暂停时间插入表演和媒体广告等方式，进一步发掘这种集聚人流的商业价值。

例如，传统的体育馆休息厅空间，一般作为比赛厅的辅助集散和过渡空间。随着观众需求的变化以及场馆功能的日益复合化，场馆的运营理念也在发展，休息厅空间中逐渐增加多种功能，如商业、服务、纪念品、特色餐饮、展览等。体育馆已经从单一的以集散为主的交通空间，逐渐发展成为面向观众开放的集人流集散、运营服务、交通枢纽等多项功能于一体的公共空间，成为体育馆内部最为高效的经营场所。

体育馆的休息厅空间，可以在设计中融入商业综合体的空间特征，削弱大型体育馆建筑内部高大结构给人的压迫感、距离感，营造舒适亲切的建筑空间，通过对建筑室内色彩、材料、灯光的控制，营造舒适宜人空间氛围。

欧美发达国家不断发展和完善体育场馆的商业配套设施，主要有：

豪华包厢：一般设置在看台视野较好的区域，配备休息室，里面有电视、冰箱、沙发、橱柜、座椅、电脑的常规办公和生活设施。提供食品和饮料，并有专门的服务人员。

俱乐部座席及休息区：俱乐部可拥有专门的座席区，并提供一定的服务。俱乐部座席区的观众可以到俱乐部休息大厅休息。

商店：可以零售一些食品饮料及纪念品。美国的职业体育俱乐部，商业开发与主场场馆结合非常紧密，在其主场一般都设有专门的特色产品商店。

餐饮：大型体育场馆一般按照座席数配置餐饮服务柜台或餐饮亭，为观众提供便捷的食品和饮料服务。有的还是只针对国外游客和儿童的专门的餐饮亭，大型餐馆可设置专门的餐厅和俱乐部餐厅。

娱乐设施：美国现代体育场馆越来越注重体育与其他娱乐产业结合，配置影院、网吧、宾馆、咖啡厅等，以吸引观众。

其他设施：如配置较好的休息室、临时托儿所、自动取款机等。

（4）功能综合

体育综合体，场馆本身不仅具有比赛、健身等体育功能，还能进行表演、集会、展览等活动。场馆配套设施及周边，还可以具有商业、餐饮、酒店、培训、办公商务等功能。集约型社会的背景下，建筑内各类功能叠加、复合并融合成一个有机系统。

体育综合体和城市规划、城市交通、城市环境有机配合，与周边环境和谐共存，增强所处地区城市环境的连续性和整体性，保持和延续城市文脉的完整性，增加城市活力。

3. 体育综合体的运营机制

（1）多功能设计，综合运营

体育综合体应当在策划建设之初，以满足体育比赛、娱乐表演、商业会展等，对场馆进行多功能设计。为了满足多功能的需要，活动地板拼接、座椅调整等需要在短时间内完成。贵宾包厢、看台下余裕空间在前期就合理规划，发挥出综合运营的最高价值。

场馆内可设置餐饮、购物等功能，并做到交通流线顺畅，动线清晰。在观众散场时进行，有意识地引导部分观众从购物中心餐饮区通过，增加观众在景区内停留的时间，考虑场馆业态的综合运营。

（2）通过赛事吸引人流，带动相关业态发展

精彩的赛事可以吸引大量观众来到赛场，这为体育综合体内的商家带来了商机，培养了潜在的顾客，体育和相关业态形成协同效应。

（3）产业链格局，发展城市功能核心区

体育综合体将体育文化融入人们的日常消费和休闲娱乐生活中，带动相关业态的发展，形成良性的以体育为特色的产业链，达到健康生活、快乐消费的效果。

以我国东部县市为例，建设一座6000座的体育馆，包括土地成本、土建成本，大约在两亿左右。而这样的体育馆，比赛门票收入、对外开放健身收入、余裕空间出租收入，经营情况比较好的一年利润大约300万，投资一座6000座的体育馆，回收资本需要70年。因此，只有发展相关业态，形成产业链，体育综合体才能真正进入良性发展。

其中，体育场馆的无形资产开发，在我国还处于起步阶段。

无形资产是指没有实物形态，但能够被所有者占有、使用并带来经济效益的资产。体育场馆的无形资产，最主要的是它的冠名权，可以通过赞助、拍卖的方式出让体育场馆的冠名权，达到广告效应。

国际上，体育场馆冠名权的开发和利用已成为场馆经营者无形资产开发的重要组成部分。在体育产业发达的欧美国家，企业冠名体育场馆已有 40 余年历史。1973 年，布法罗里奇体育场将冠名权以 150 万美元出售。

实践证明，冠名体育场馆能够有效提升企业的知名度、提升企业的形象。NBA 洛杉矶斯台普斯中心球场、休斯敦丰田体育中心、达拉斯美国航线体育馆、亚特兰大菲利浦斯体育场等体育场馆随着 NBA 在全世界的风靡而被关注。

2003 年，广东步步高电器江苏总代理通过拍卖的方式，以 300 万的价格购买南京龙江体育馆的冠名权，冠名期限为五年，该期间龙江体育馆更名为“步步高电器体育馆”。

采取拍卖的方式获得冠名权，当时在南京乃至江苏体育界是第一次专项拍卖，因此引起了很大的轰动，在短期内大大提升了体育馆的形象和冠名品牌的知名度、品牌形象，获得了超值的经济效益，树立了企业的良好形象，同时也获得了良好的社会效益。

2011 年 1 月初，万事达卡国际组织获得五棵松体育馆的冠名权，五棵松体育馆更名成万事达中心。2013 年 9 月 25 日，中升集团获得大连市体育馆冠名权，更名为“中升文化中心”。2011 年 6 月 27 日，一汽大众旗下的奥迪品牌正式冠名上海国际赛车场，冠名期为 5 年，期间启用“上海奥迪国际赛车场”的名称，这也是国内顶级赛车场首次尝试商业品牌冠名。

4. 体育综合体的发展路径

（1）以体育综合体理念新建场馆

新建体育综合体，在充分发挥体育特色的基础上，改变传统体育场馆投资建设的模式，综合考虑运营管理、投资成本和效益。在项目前期，可以积极拓宽融资渠道，引入策划、招商等机制。

2010 年底建成的深圳湾体育中心是深圳市 2011 年举办第 26 届世界大学生夏季运动会的主会场，赛时将承担开幕式、乒乓球决赛、游泳训练等比赛和训练的功能空间。体育中心东西长 720 米，东西宽 430 米，占地 30.74 万平方米，总建筑面积 32.6 万平方米，总投资约 23 亿元，包括 2 万座体育场、1.3 万座体育馆、675 座游泳馆、运动员接待中心、全民健身设施、酒店及商业配套设施，是以“一场两馆”为主体，以大运会举行为契机，以大型赛事为依托，以全民健身为重点，集体育比赛、运动训练、全民健身、会展博览、商贸购物、文艺会演、休闲娱乐、旅游观光于一体的综合性体育体。

体育场设有 1 个标准田径场和 1 个热身场，体育馆比赛场地 40 米 ×70 米，有固定座席 1 万座，活动座席 3000 座。游泳馆包括一个 50 米 ×25 米的比赛池和一个 25 米 ×25 米的热身池。

设计将体育场、体育馆、游泳馆置于一个白色的巨型网格状钢结构屋面之下，线条柔美的屋顶犹如春茧，由日本佐藤综合计画和北京市建筑设计研究院联合设计。

2008 年 12 月，深圳市政府与华强集团达成协议，以 BOT（建设—经营—转让）的方式将深圳湾体育中心整体交由华润集团投资、建设和运营，运营期满后移交政府，这是体育设施建设的一次创新尝试。

设计将体育设施和商业设施、酒店复合化形成商业体育综合体，实现设施间功能的互补互动。运动休闲与酒店、商业文化中心共同形成都市休闲度假地。将商业、街道等各类型空间融入体育建筑内部，功能的混合使这些空间不再是传统的体育场地，营造出更有活力的空间。位于西侧的下沉广场设置商业街，与城市地下商业街区相连，可租赁的商业面积约 25800 平方米，40 家商铺。体育场与体育馆之间的半开敞空间配置零售、餐饮与娱乐服务。体育馆同时也是各种多功能综合馆、聚会活动场地，为赛后利用提供条件。

华润置地商业运营深圳湾体育中心第一年收入就超亿元，其中演唱会、商铺租金和大众健身是收入的主要来源，场馆使用率 80%~90%，游泳、羽毛球、篮球、网球、足球五个项目共有固定会员近 9000 人（图 3-6-1~ 图 3-6-3）。

图 3-6-1　深圳湾体育中心模型

图 3-6-2 深圳湾体育中心体育场

图 3-6-3 深圳湾体育中心大平台

（2）既有体育场馆改造为体育综合体

既有体育场馆的赛后利用，是一个很重要的课题，可以在坚持公益性的前提下，根据其区位和自身特点，通过整合场馆和附属设施资源，增加餐饮、娱乐、商业、培训、康体等多项服务功能，实现体育场馆由单一功能向多功能综合体的转变。

还可以根据大型体育场馆的区位和自身特点，最大限度地利用场馆及周边商业资源，进行适当改造和综合开发，提高场馆服务水平，朝综合化方向发展。

部分著名的独具特色的大型场馆，还可能引入旅游服务，以体育特色吸引游客，并纳入当地的旅游服务体系中。

1959 年建成的北京工人体育场，承接了大量的体育比赛和各类大型活动，如第一、第二、第三、第四、第五、第七届全运会，第十一届亚运会，1996 年开始承接全国足球甲 A 联赛北京现代队主场比赛。由于修建时间较早，设计及运营管理思想落后，对经济问题考虑较少，导致运营管理经费十分缺乏，场馆主体工程年久失修，整个体育场设施十分陈旧，被前来考察场地的亚足联官员戏称为“老妇人”。为了弥补运营管理经费的不足，20 世纪 90 年代，北京工人体育场也开始尝试多种经营。在体育场入口广场两侧引入大众健身类项目如东方巨龙射箭馆、一点一台球训练中心，餐饮类项目如美国澳拜客牛排连锁店，取得相当好的效果，并且在入口广场聚集了人气。后来又利用看台下余裕空间设置商铺，引入了与体育产品相关的高尔夫球具及维修中心、探路者户外用品专卖店，餐饮类如九花山烤鸭店工体店、璟阁咖啡，酒店类如工体运动酒店，还利用看台下柱网较大的优势设置了三九进口车专营店。这些符合工体自身经营规律的项目，让一个具有 40 多年历史的老体育建筑重新焕发青春。

投资 12.9 亿元的上海 8 万人体育场，巧妙地利用了它的交通枢纽特点，除了设计比较完备符合大型赛事要求的体育设施外，逐步增加有宾馆、娱乐场所、购物商场等其他功能，后来又把体育场的地下部分开发成上海市旅游集散中心。

（3）大型商业综合体发展成为体育综合体

体育产业是新时期的朝阳产业，随着商业综合体的发展，体育休闲空间在商业综合体中已经开始占有一席之地。冰场、儿童体育和运动健身项目，已经率先进入商业综合体。日本大阪森之宫运动主题的森之宫 Q’s Mall，占地面积约 2.3 万平方米。项目原址是日本生命球场，森之宫 Q’s Mall 也把生命球场浓郁的运动氛围传承和还原到了项目当中，采用“身心健康，更好的生活”的设计理念，利用屋顶、平台、庭院等户外空间设置运动项目，配以运动主题商业，突出体育的体验感。屋顶全长 300 米的空中跑道成为该商场最醒目的地标。空中跑道免费对外开放，即使不来购物，也可以来享受“空中慢跑”的过程。商场还设有游泳池、健身房以及两个五人制小型足球场等设施（图 3-6-4）。

图 3-6-4 日本大阪森之宫运动主题的森之宫 Q's Mall

随着商业综合体的发展，商场不再是简单的购物场所，已经成为人们娱乐、休闲的场所，体育休闲业在商业综合体中已经开始占有一席之地。如，儿童体育冒险和运动健身项目已经率先进入商业综合体。

5. 体育综合体的类型

（1）竞技体育综合体

竞技体育综合体，可以在场馆内以及余裕空间，增加餐饮、娱乐、商业、培训、康体等多项服务功能，并利用大型赛事和活动集聚大型人流的特点，创造商机，形成综合效益。

（2）全民健身综合体

全民健身体育综合体，在满足大众体育消费的同时，融合餐饮美食、休闲娱乐、购物中心等业态，发掘潜在的商业价值，并反过来支持体育公益事业的发展。

（3）社区体育综合体

在社区服务中引入体育内容，通过以社区为服务入口，服务周边的居民，完善体育健身体系，同时也能带动相关业态商家入驻社区服务中心。

（4）体育商务综合体

将体育综合体融入商务休闲，提供健身私人教练、体育培训等服务，与写字楼、酒店等业态形成良性呼应，通过体育提升综合体的整体形象。

（5）康体养生综合体

康体养生业将高端住宅、高端写字楼、休闲养生健身会所、购物中心等业态集结在一起，自然环境与人居环境完美契合。帮助消费者远离污染，享受私人健康顾问，在运动中感受自然与城市的结合，深受高端消费者的青睐。

6. 体育综合体的等级与规模

按照城市及市民的不同需求，可将体育综合体按照规模分为三类。

（1）社区级

社区级体育综合体服务半径一般为 1~2 千米，以休闲健身和体育练习为主，其总体规模较小，以服务周边居民休闲健身为目的。可设置于社区的核心位置，或与社区服务设施如超市、餐饮、娱乐休闲等功能结合，方便周边居民。

社区级体育综合体，可设置于街区的核心位置，尽量靠近公交站点，地块范围内考虑一定的机动车和非机动车停车位。

（2）片区级

片区级体育综合体服务半径为 3~5 千米，主要满足片区居民健身、培训的需求，可以考虑满足一般群众性比赛。应靠近公交站点设置，地块范围内考虑一定的机动车和非机动车停车位。

（3）区县级

区级体育综合体服务半径为 3~5 千米，其体育功能主要满足居民日常的休闲健身要求，但一般能够举办一定级别的体育赛事。它一般会设置正规的体育场、体育馆和游泳池，并与城市较大型的酒店、商业、会展等设施结合，形成一定范围的城市公共活动中心。

区县级体育综合体，应与城市干道相邻，并在附近设置比较集中的公交站点。如果城市有轨道交通系统，应与轨道交通紧密结合，使之有较高的可达度。

（4）城市（地区以上）级

城市级体育综合体，服务城市和周边县区。这种规模的体育综合体，体育功能能够满足大型国际、国内体育赛事，并与城市其他功能结合，具有极强的经济效应和地域聚集效应，是城市及地区重要的公共中心。

大型体育综合体，为了缓解城市的交通压力，可结合城市发展规划，设置于市郊地区，起到带动城市发展的作用。在策划阶段，要对城市发展空间和建筑自身发展空间充分考虑，选择合理的规模，既要考虑城市及体育综合体建筑本身的发展，也要杜绝大规模的开发造成浪费和建成后高昂的维护负担。

体育建筑和商业建筑在建筑体量、功能设计、规划选址等方面存在一定的相似性，体育产业是新时期的朝阳产业，以创新经营模式发展商业体育综合体，为开发商提供了新的机遇。

体育综合体的开发，首先进行环境分析，包括整体背景分析、产业环境分析、市场环境分析等。在此基础上对整个项目进行系统整体的构思，确定好项目开发的定位、规模的问题。初步形成总体策划构思，包括项目定位、总投资、工程总进度等。

基于环境分析和产业的风险基础上，进行可行性分析，对项目开发方式以及建设经营收益两方面进行判断，并作为后期工作的重要依据。项目资金策划包括融资原则、融资方案、资金筹措以及协调各方利益，是项目开发最关键、最重要的一个环节。

项目策划是整个项目开发的基础，建设项目策划不科学、不到位，甚至盲目开发建设，就会造成很大的损失。目前许多体育项目的开发建设，对于前期研究不重视，可行性研究不充分，造成在建设和运营中存在许多问题。而体育综合体由于建筑本身技术含量高，功能流线较为复杂，施工及建成后的运营比一般建筑要复杂很多，因此，更要做好前期的策划研究，合理建设开发，高效利用资源，使得整个项目良性健康发展。

7. 体育综合体案例

（1）五棵松华熙 LIVE 广场

NBA（National Basketball Association）是美国男子职业篮球联赛的简称，于 1946 年 6 月 6 日在纽约成立，是由北美三十支队伍组成的男子职业篮球联盟，汇集了世界上的顶级球员，是美国四大职业体育联盟之一，也是世界上商业运营最成功的体育赛事之一。

NBA 篮球运动由专业的运营商 AEG 负责推广，AEG 是全球领先的体育娱乐推广者。作为安舒茨集团的全资子公司，AEG 拥有、掌控或关联着一系列公司，包括全球超过 90 个场馆设施，包括著名的 Staple Center、NOKIA Theatre L.A. LIVE、Prudential Center（Newark，NJ），NOKIA Theatre Times Square、北京五棵松体育馆，澳大利亚悉尼宏基馆、德国柏林 O2 世界竞技场，伦敦 O2 体育馆（又称北格林尼治体育馆）等。

AEG 在全球拥有的体育队伍包括洛杉矶国王队（冰球），洛杉矶激流队（曲棍球），洛杉矶湖人队以及两个足球大联盟队伍。

AEG 现场娱乐业务，AEG LIVE 是世界领先的音乐会以及巡回演出推广公司之一，主办并推广众多顶级艺人巡演，包括：邦·乔飞（Bon Jovi）、保罗·麦卡特尼（Paul McCartney）、埃尔顿·约翰（Elton John）、王子（Prince）、席琳·迪翁（Celine Dion）和贾斯汀·汀布莱克（Justin Timberlake）等。制作并主办各类音乐节，包括科切拉（Coachella）峡谷音乐节、新奥尔良爵士音乐节（New Orleans Jazz Festival）、伦敦塔音乐节（Tower Music Festival）等。

NBA 运用纯商业化的运营管理模式，体育运动是各项商业活动当中一部分，NBA 篮球是高度商业化的体育运动。NBA 篮球馆，不仅要满足比赛要求，还要满足各种商业活动，是一种特殊的体育综合体。

随着NBA进入中国，国内也兴建了一批能举办NBA比赛的体育馆，如北京五棵松体育馆、上海奔驰中心、广州演艺中心、南京青奥体育馆等，这些场馆大部分在设计之初就由AEG运营介入，或者间接按照AEG的相关要求进行设计。

北京五棵松体育馆，是我国第一个满足NBA要求的体育馆。

北京五棵松文化体育中心是2008年北京奥运会新建的比赛场馆，2007年底竣工，用地52公顷，总建筑面积约35万平方米。有篮球馆、棒球场和商业配套三个主要项目，包括一个1.8万座的大型体育馆、1.2万座的棒球场、3000座的棒球场、棒球训练场和有28万平方米的大型配套商业设施。

五棵松体育馆，面积61591平方米，为137米 ×137米的方盒子，坐落在10米深下沉广场里，地下1层、地上6层，高度27.86米。座位数17754座，包括46间豪华包厢，全部为红色软包座椅。场馆在保留场地两端大屏幕的基础上，中央设有吊斗屏，净高9.042米，最大直径约为11米。一道环屏，总长270米。馆内设有后台服务区、贵宾酒吧区、总裁俱乐部、10个售卖点以及两家餐厅。

五棵松体育馆在奥运会期间承担了篮球专项的赛事，也是2019年男篮世界杯的比赛场馆之一，同时还是2022年冬季奥运会冰球比赛主场馆。

五棵松体育馆的最初中标方案，下层是体育馆，上层是一个大型的商业设施。这是一个颇具创新的设想，希望体育和商业互动，但在技术和运营方面存在很多问题。后经过修改，将商业配套和体育馆适当分离，更加符合我国国情（图3–6–5、图3–6–6）。

2011年1月6日，万事达卡国际组织（Master Card Worldwide）宣布获得曾经是2008年北京奥运会篮球馆的北京五棵松体育馆的冠名权，这是第一家获得冠名的北京奥运会场馆。

2008年北京奥运会之后，五棵松体育馆西侧的橄榄球场地逐渐荒芜。2014年起，华熙国际投资集团有限公司开始将五棵松打造为“华熙LIVE”，以文化体育、文化娱乐为吸睛点，融汇艺术、教育、生活设施为一体，包括五棵松体育中心篮球馆、M空间、HI–PARK篮球公园、Hi–Central文艺广场、Hi–UP配套设施五大功能服务的公共空间，成为一站式时尚生活体育综合体。

M空间，是五棵松体育馆的训练馆，承接不同台型及规模活动，包括小型商业演出、歌迷见面会、企业庆典、新产品发布会、会议宴会、体育活动、时尚秀等。

HI–PARK篮球公园（图3–6–7）位于体育馆西南侧，总占地面积约15200平方米，是一个群众性篮球主题公园。共有11片篮球场、1片空中铁笼半场、一个能容纳500人的主题餐厅。

图 3-6-5　五棵松体育馆

图 3-6-6　五棵松体育馆比赛大厅

图 3-6-7　五棵松 HI-PARK 篮球公园

图 3-6-8　五棵松 Hi-UP 商业配套

Hi-UP 原为北京奥运会棒球场。总用地 123100 平方米，地下二层、地下三层和三层为公共停车场，地下一层为商业区，业态包括餐饮类、文化体验类、酒吧 KTV、特色设计师店等（图 3-6-8）。

（2）上海世博会演艺中心

2010 年上海世博会演艺中心（后冠名为梅赛德斯—奔驰文化中心），是世博会最重要的永久性场馆之一，位于世博园核心区，毗邻中国馆，整座建筑呈飞碟状，造型轻盈。地上六层，地下两层，包括主场馆、音乐俱乐部和综合商业区。

在世博会期间承担各类大型演出活动，2010 年上海世博会期间，每天有两场演出，周末还有大型演唱会等活动。同时充分考虑世博会后续利用和可持续发展的需要，成为能够全年全天候运营和集综合演艺、艺术展示、时尚娱乐于一体的文化娱乐综合集聚点，是一座可供各类体育、综艺表演、庆典集会、艺术交流、学术研究、休闲娱乐的多功能建筑，是集观演建筑、体育建筑、文化建筑、商业建筑于一体的复合型综合体，展示和延续“城市，让生活更美好”的世博会主题。

主场馆总建筑面积7.6万平方米，可容纳1.8万名观众，包括82个包厢。主场馆是国内第一个可变容量的大型室内场馆，设有可升降隔墙，可根据需要隔成18000座、12000座、10000座、8000座、5000座、4000座等不同场地，使之既能举行超大型庆典、演唱会，又能举办篮球比赛、冰上表演和冰球比赛，是上海首座满足国际冰上赛事和冰场表演的标准场地，也是上海首座满足NBA比赛要求的场馆（图3–6–9、图3–6–10）。

音乐俱乐部位于文化中心的地下一层，是一个集酒吧、餐饮、娱乐、休闲为一体的中小型剧场，最多可容纳600名观众。其中位于一层的楼座共有185个座位，座椅舒适、豪华，符合电影院的模式。地下一层的VIP休息区有8个卡座，可容纳50人左右（图3–6–11）。

文化中心还设有影剧院、溜冰场、世界各国美食街、安徒生儿童乐园、NBA互动馆，以及近2万平方米的商业零售、文化休闲娱乐区。

图3–6–9 上海世博会演艺中心

图3–6–10 上海世博会演艺中心比赛大厅

图 3-6-11　上海世博会演艺中心音乐俱乐部

2009 年 12 月 7 日，在上海世博会演艺中心建设期间，梅赛德斯—奔驰与上海东方明珠（集团）股份有限公司、AEG 以及 NBA 共同签署了一项 8000 万美元的协议冠名上海演艺中心协议，从 2011 年演艺中心正式冠名为梅赛德斯—奔驰文化中心，冠名协议为期 10 年。这是我国第一座被冠名的大型场馆，是奔驰公司在德国以外首座冠名场馆。奔驰公司的冠名协议后来又延长至 2025 年。

（3）南京青奥体育公园

体育场馆也可以和周边建筑组合形成体育综合社区。例如著名的 NBA 球馆洛杉矶斯台普斯中心（Staples Center），1999 年 10 月 17 日正式落成开放，是一座多功能体育馆，也是大洛杉矶地区主要的体育设施之一。球馆位于美国加利福尼亚州洛杉矶市中心，毗邻 L.A. Live 开发区，坐落于菲格罗亚街上的洛杉矶会议中心建筑物群旁，球馆和周边的餐饮、商业、酒店在功能上相互融合，球馆为商业带来人气，商业为球馆提供服务。

2016 年竣工的南京青奥体育公园，位于南京浦口新城，沿城南河两侧布置，包括市级体育中心、室外赛场、运动学校、公园和长江之舟酒店，体育设施和酒店、商业高度融合，形成综合的体育社区。

市级体育中心是南京青奥会唯一的新建场馆群，总规划基地面积为 17.98 公顷，总建筑面积 16.1 万平方米，包含体育场、体育馆。是一座集合了体育馆、体育场、商业设施等复杂内容的综合体建筑，满足比赛、全民健身、展览、演出、休闲等多功能的要求。

体育馆定位为甲级体育建筑，规模为特大型，满足全国性和单项国际比赛，看

图 3-6-12 南京青奥体育公园鸟瞰

台座位数 20672 座，是目前国内最大的体育馆。满足全国性和单项国际比赛，可承办 NBA 篮球比赛。

体育场定位为甲级体育建筑，规模为小型，看台座位数 17947 座。

建筑立面设计采用一个非线性曲面屋顶，把体育馆、体育场连成一体，以灵动的线条打造出长江江畔展翅欲飞的“江鸥”造型（图 3-6-12）。

（4）南京市浦口区市民中心

南京市浦口区市民中心，总净用地面积 2.2 万平方米，总建筑面积 7.3 万平方米。其主要功能包括体育、文化、办公、教育、行政服务、商业、餐饮、酒店 8 个功能板块的 16 项功能。建筑由 3 栋塔楼组成：A 栋设置商业区、图书馆、游泳馆和综合球类馆；B 栋设置行政服务中心、体校（教室和宿舍）、行政办公区、商务办公区和酒店；C 栋设置商业区、健身区、培训用房、文化中心、小剧场和展厅；地下室设置超市、商业区、餐厅、库房和车库。高密度的整体开发，立体整合功能空间，大大提高了土地使用效率。浦口区市民中心不仅是行政服务、办公等面向市民的窗口，也是市民日常休闲娱乐的场所。设计以城市客厅为主题，一个贯穿场地东西、连接城市道路的带形广场，将不同的功能有机地组合在一起，使多样性的功能相互关联、共生互利，满足市民多种需求。同时，它能有效地吸引昼夜、工作日和周末的不同人流，提升了建筑群的整体价值，成为城市的活力中心。带形广场设置大面积的玻璃采光顶，创造了舒适、时尚的面向城市开放的公共空间。行政服务、行政办公等社会公共服务功能，扩大了项目的社会传播力和影响力，导入大量的人流。游泳、球类、健身等体育项目，

图 3-6-13　南京浦口市民中心

图 3-6-14　南京浦口市民中心入口广场

作为综合体的一个功能板块，和文化业态结合，营造了独特的文化场所，并带动商业消费。功能组合的生活性、愉快性和丰富性，满足了城市生活的多方面、多层次的需求，使得浦口区市民中心成为当地市民的一站式休闲地（图 3-6-13~ 图 3-6-16）。

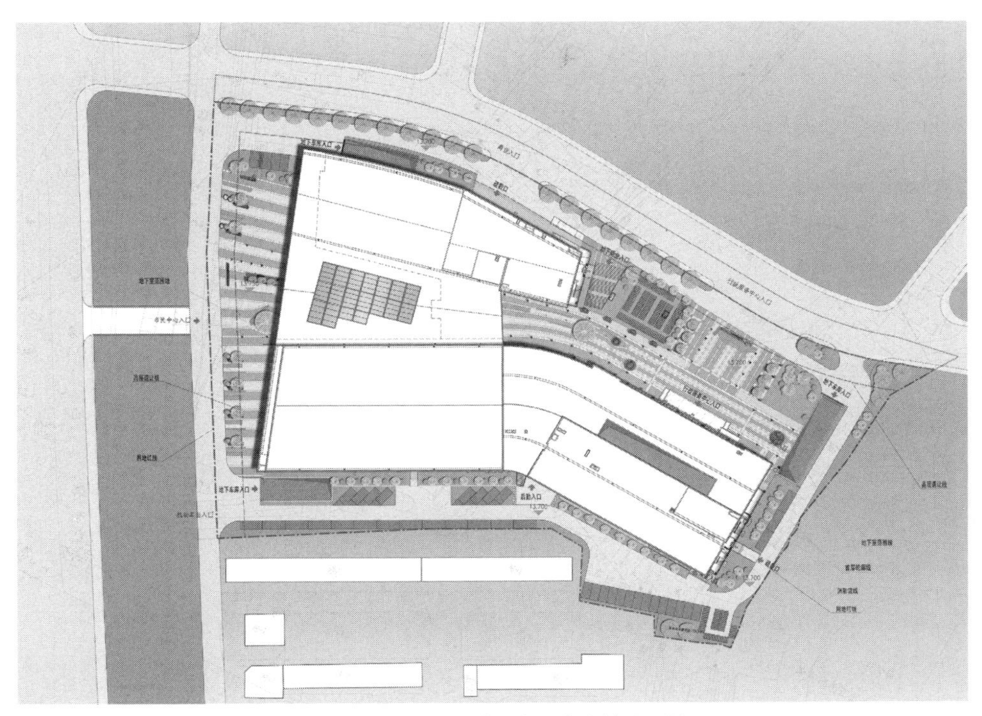

图 3-6-15 南京浦口市民中心总平面图

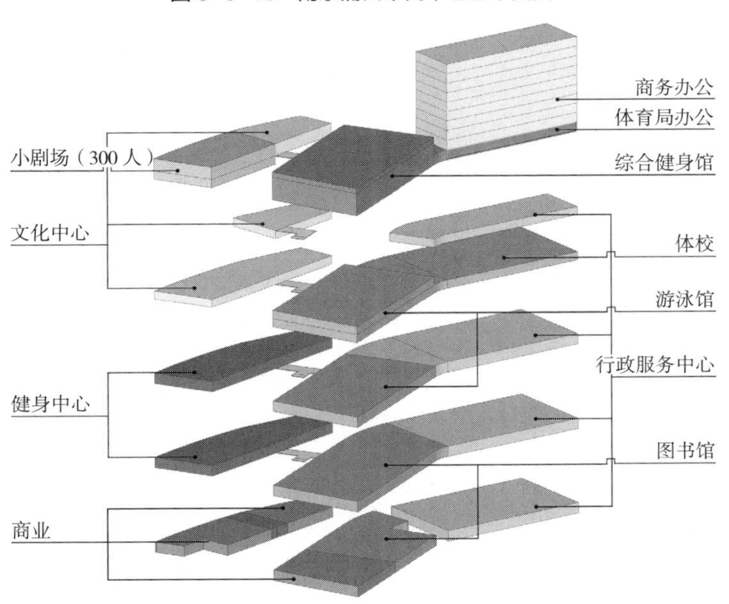

图 3-6-16 南京浦口市民中心功能分区

（5）燕子矶体育公园

南京市燕子矶体育公园紧邻“明外郭”风光带，总建筑面积 11.8 万平方米，包含游泳馆、综合球类馆、健身区、运动培训区及商业用房，屋顶布置运动花园及人工旱雪道。项目主要满足市民休闲、健身和培训需求，为 PPP（公私合作制）项目，投资成本和效益回报是项目管理的重点之一。因此需要突破一般体育建筑的工程管理模式，参照商业建筑工作方法，让建筑师参与项目前期策划和建筑设计工作。在充分调研市场需求的基础上，系统研究合理定位、目标人群和投资效益，选择合适的运动项目和商业配置，体现“体育 + 商业”的多业态联动，以体育为特色，集健身、培训、休闲娱乐、展览、体育主题商业、餐饮等于一体，把项目打造为区域性一站式家庭亲子运动休闲地。体育功能需要的空间分为 5 类：特殊性高大空间（综合球类馆、游泳馆）、一般性运动空间（击剑、健身、瑜伽等）、培训用房、商业用房、室外运动场地（旱雪、篮球、极限运动等）。除综合球类馆、游泳馆、旱雪场外，其余均可灵活布置，满足未来招商的多种需求。综合球类馆按 4 片篮球场地设计，可灵活分隔；设 2000 座活动看台，可举办群众性比赛。平时可布置为 1~2 片篮球场和若干羽毛球场地，也可举办小型演出、歌迷见面会及企业年会等活动；4 片篮球场的场地尺寸，可以在举办比赛、演出等活动时，保证会员的球类健身活动。配套商业面积约占总面积的 30%，主要包括餐饮、购物、娱乐等，强调家庭生活体验。各类功能混合布置在不同的楼层，垂直空间上形成互补。建筑呈“V”字形，设置综合体室内和室外商业街两条人流动线。围合的南向半开敞庭院设计为创意篮球运动公园，也可举办路演、品牌活动等小型演出，并和南京“明外郭”直接相连，成为百里风光带的一个组成部分（图 3-6-17~图 3-6-20）。

图 3-6-17　燕子矶体育公园鸟瞰图

图 3-6-18　燕子矶体育公园主入口效果图

图 3-6-19　燕子矶体育公园动线示意图

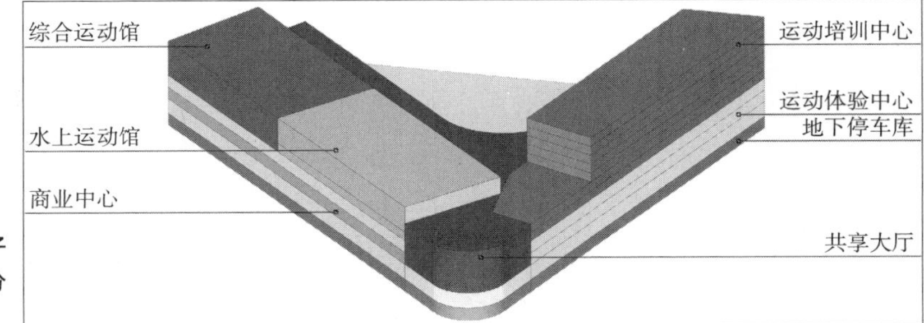

图 3-6-20　燕子矶体育公园功能分区图

第四章

体育建筑形态的演变

体育是文化范畴的社会现象，运动是体育实践的手段。体育建筑作为物质载体，形象综合地反映出体育活动的文化内涵和社会心理，同时也以一种意义独特的文化形式存在于社会生活中。

体育建筑设计是一项复杂的系统工程，涉及设计理念和设计方法的方方面面。大型公共体育建筑由于其巨大的体量，往往是城市标志性建筑，其立面造型尤其受到公众的关注。

我国有着不同于其他任何国家和地区的特有的经济、技术、人文和历史环境，中国的体育事业也有很大的独特性。因此，中国的体育建筑是以国家体育政策为主导，在不同时期与经济体制相适应的一种建筑方式。体育建筑的发展与社会发展息息相关，体育建筑的兴衰也是各历史时期政治经济是否兴旺发达以及国力强弱的标志。

建筑学研究和建筑设计，作为与社会密切相关的学科和实践活动，必然会受这些特有的社会历史环境的影响，体育建筑也不例外。体育建筑设计需要解决很多问题，而合理的造型设计对确保体育建筑空间设计中的技术、艺术、功能的总体优化，以及建筑与结构的一体化有重要的意义和作用。影响体育建筑造型设计的因素可以分为客观因素与主观因素两大类。

影响体育建筑造型设计的客观因素主要分功能、技术、经济与环境四方面。功能因素包括比赛厅性质、观众席规模及辅助用房等。技术因素包括屋盖结构选型、设备、材料以及设计、施工水平等。经济因素包括受当地经济发展水平影响的体育建筑投资规模。环境因素包括地形、气候等自然环境和民族、地域等人文环境。

影响体育建筑造型设计的客观因素主要受业主和公众的个性喜好与美学倾向影响。设计师的设计水平、个人风格都左右着体育馆建筑形体的确定。甲方的喜好制约设计，公众意见也会影响设计的取舍。

其中，经济、技术和社会文化环境这三个因素构成了当代中国体育建筑造型演变的主要线索。

第一节　影响当代中国体育建筑造型演变的主要因素

1. 经济因素

经济建设的涨落无疑对整个建筑业和建筑设计的影响最大，对体育建筑设计的影响也最大。经济因素不仅影响体育设施建设的数量，也影响体育设施建设的规模、功能定位、建设标准等，这些都对体育建筑的造型产生影响。

新中国成立以来，我们经历过几个经济发展的起伏，体育场馆建设和体育建筑设计也是几经风雨，不仅体现在任务的数量和质量上差别甚大，而且体现在建设思想的演变上。显而易见，经济形势好的时候，社会拥有较大的消费能力，比较昂贵的结构形式和材料有被采用的可能，设计方法也会相应改变。

1949年新中国成立后，我国的经济发展主要经历了这样的过程：1978年改革开放是一个重要的分水岭，国家工作重点开始转移到经济建设上来。至1992年，初步建立中国特色社会主义经济。1992年到2002年，建立社会主义市场经济体制，生活水平由温饱向小康过渡，内需扩大。2002年至2008年，经济高速增长，实现可持续发展。2008年至今，基本实现现代化。

受经济发展水平的影响，1978年前，我国体育场馆建设发展缓慢，建设数量很少，大部分场馆规模较小，设施简陋。2008年成功举办北京奥运会，从此我国迈入体育强国。近年来，我国体育场馆的财政支出稳步提升，从2010年的67.96亿元增长至2014年的136.97亿元，年复合增长19.15%。与此同时，我国体育设施快速增长，2013年与2003年相比，全国体育场地总数量和每万人拥有体育场地数量接近翻番，全国体育场地面积和人均体育场地面积增长约50%。2015年我国体育场馆数量在188万个左右，全国体育场地面积达到21.53亿平方米。

经济因素还是决定体育场馆功能定位、规模和标准的重要因素，有些类型的体育场馆，例如滑雪馆、NBA标准的篮球馆，都是经济发展到一定程度建设起来的。体育建筑的核心功能空间，往往对建筑的形体起着决定性作用。

体育建筑的类型、规模，决定核心功能空间的基本平面形状与内部空间，如体育馆比赛厅的平面形状有正方形、长方形、多边形、圆形、椭圆形以及不规则形等。通常，以篮球场地尺寸为准的中型和小型馆适合正方形和长方形平面；以手球场地尺寸为准的大型和中型馆可以采用多边形、长方形、圆形和椭圆形平面；以冰球场地尺寸为准的大型和特大型馆可以采用长方形、圆形和椭圆形平面。

辅助用房与核心功能空间关系，进一步丰富和完善体育建筑形体，两者的关系有隐藏式、附加式和分离式。隐藏式是将辅助用房全部通过如布置在观众看台之下的方式隐藏，建筑形体完全反映核心功能空间完整的形体特征。附加式可分为部分附加与周边附加两种方式，部分附加是将辅助用房一侧布置，建筑形体以核心功能空间为主；周边附加是将辅助用房围绕核心功能空间布置，建筑形体由两者共同塑造完成。分离式是将部分辅助用房处理成单独的形体，使建筑造型产生群体效果。

随着经济体制的转变，体育场馆的经营理念也在发生转变，而经营管理理念也会对体育场立面设计产生影响。

1990年亚运会主场馆之一的北京国家奥林匹克体育中心体育馆，追求建筑的宏伟效果，借鉴了北京故宫太和殿的处理方法，立面设计将主体建筑置于台地之上，建筑轮廓更加突出。但是高于台基之上的建筑，入口空间缺乏便利性，让使用者对建筑产生距离感。

北京国际网球中心和北京光彩体育馆毗邻，但是由于在不同的时期建设，设计理念完全不一样，立面处理方式也有很大的差别。1989年建成的北京光彩体育馆，为北京市建设总体规划中南郊体育中心的一部分，建设用地近40000平方米，建筑面积9932平方米，包括一个比赛用馆和一个健身训练馆，共有2372个固定座席，484个活动座席。亚运会的击剑比赛在这里举行，平时可用于排球、篮球、手球等多种体育项目的比赛。

光彩体育馆属于1990年亚运会工程，因此体育馆的外形形象具有标志性是立面设计的重点。建筑造型像展开双翅的大鹏，整个体育馆的造型是十分成功的，但是由于当时缺乏经营和招商概念，整个体育馆的造型设计直接“落地”，在底层形成大面积倾斜的实体墙面和玻璃面，给后来的招商带来了很大的困难（图4–1–1）。

紧邻光彩体育馆，稍晚建设的国际网球中心，在立面设计中考虑了商业经营的需要。建筑采用了钢结构，二层以上缺乏商业价值的看台下空间完全外露，表现体育馆的结构形式。底层形成完整的商业空间，为招商引资带来了极好的硬件设施（图4–1–2）。

现代的体育场馆设计，通常会设置二层平台，不仅有利于赛时不同人流的分流管理，而且在平时，为经营管理带来便利。平台底层有较大的面积空间，可以布置各种商业设施，下到地面的台阶外伸设计，可以保持商业界面的连续性。观众人流的疏散通常通过设置二层环廊来解决，通过室外台阶疏散到地面。通过平台处理，将交通空间完全移到室外，极大地节省了室内空间，对于获得大尺度的室内空间非常有利。设置二层平台，同时也使得建筑主体更加雄伟挺拔，获得了极佳的建筑天际轮廓线。早在20世纪80年代的广州天河体育场就有这样的设计。

图4–1–1　北京光彩体育馆

图 4-1-2　国际网球中心

平台的台阶设计也颇有讲究，应当考虑避免对底层空间的遮挡。如广州天河体育场的台阶与平台垂直，并且底层架空，对底层空间干扰较少，有利于后期运营。而广州奥林匹克体育中心的台阶平行于主体建筑布置，遮挡比较明显。

反之，体育建筑的立面设计，也会对场馆运营的经济性产生影响。

北京工人体育场和北京工人体育馆，同处朝阳区，相距不超过 500 米，建设年代也较近。但今天看，两栋建筑的商业氛围和经营水平却差距很大，最大的差别就在于，建筑的室内外高差处理上。

对于商业建筑的相关表明，建筑的室内外高差适宜控制在 0.15~0.45 米，室内外的水平距离的 2~3 米，比较适合人的尺度，心理上不会产生抗拒，能够吸引人进入。工人体育场室内外高差 0.3 米，十分有利于设置商场入口。工人体育馆底层设置了半地下室，室内外高差达 1.5 米，并设置地下室通风窗，阻碍了建筑室内和室外的联系，为体育馆的经营管理带来很大的不便。

水立方独特的造型，给大众留下深刻的影响，也会产生巨大的广告效益。水立方力图营造一个以“水”为生命的空间，外立面采用形似水泡的 ETFE 膜。ETFE 膜是一种透明膜，能为场馆内带来更多的自然光，外表面采用 47 万多个 LED 照明。配合不同的庆典事件的场合或季节转换，水立方可呈现出不同的亮度和颜色。

2. 技术因素

技术进步和经济发展一直是相互依赖、相互影响的。对于体育场馆建设而言，随着经济的发展，社会积蓄了较大的消费能力，比较昂贵的结构形式和材料才有被采用的可能，这也导致设计方法会相应改变。

（1）结构

对体育场馆而言，屋盖设计是影响建筑造型的最重要的因素之一。体育场馆在设计过程中的形式与空间始终与结构方式有密切的关系，并经常成为建筑特征的一种表现。屋盖大跨度结构尤其是大跨度钢结构技术，我国很早就有实践并形成完善的理论体系。

20 世纪 50 年代的体育建筑，体育场观众席一般不设罩棚，或仅部分看台设罩棚，体育馆、游泳馆等规模都不大。场馆跨度有限、屋面用材原始，屋盖主要采用钢桁架、三铰拱等平面结构，还有部分场馆采用薄壳结构。1955 年竣工的北京体育馆，体育馆部分采用三铰拱结构，游泳馆部分采用钢桁架结构，其余部分采用混合结构。1958 年竣工的广州体育馆，采用钢筋混凝土钢架结构。1958 年开始施工的山东体育馆，比赛大厅 48 米 ×71 米，中央采用 48 米 ×48 米的钢筋混凝土双曲薄壳结构，置于两翼 10.5 米的钢筋混凝土大梁上。位于西安华清池对面的陕西省体委临潼游泳馆，屋盖采用跨度 37 米的钢筋混凝土单曲薄壳结构，其余部分采用混合结构。

钢筋混凝土薄壁结构在 20 世纪 50 年代后期及 20 世纪 60 年代前期在我国有所发展，当时建造过一些中等跨度的球面壳、柱面壳、双曲扁壳和扭壳，在理论研究方面还投入过许多力量，制定了相应的设计规程。但这种结构类型现在应用较少，主要原因是施工比较费时、费事。

20 世纪 60 年代起开始使用悬索、网架等现代空间结构，用料少、外形和内景效果新颖，到了 20 世纪 80 年代，各种空间结构有了长足的发展。1961 年建成北京工人体育馆，采用轮辐式双层悬索体系（图 4-1-3、图 4-1-4）。1968 年竣工的首都体育馆，

图 4-1-3　北京工人体育馆鸟瞰图

图 4-1-4　工人体育馆室内
（北京市建筑设计研究院 . 宏物如花——奥运建筑总览 [M]. 北京：中国建筑工业出版社 . 2008：247.）

屋盖采用平板型双向空间钢网架，工艺简单，整体刚度好。

在选择网壳结构时体育场馆的屋顶一般是圆拱形，尤其是选择球面网壳结构时，体育场馆的屋顶会选择穹顶形，并且还会选择圆形作为平面的基本形式。这样的屋顶会使得比赛场上方的空间高于看台部分上方的空间，能强调出内部空间中比赛场地的重要性，在声学角度看台上的观众呐喊声也能更好地聚集到比赛场上，从而增加运动员在比赛时的氛围，但也会增加内场空间体积，使得空调系统负担加重。

选择平板网架结构作为屋顶主要结构方式时，一般采用矩形或者圆形作为建筑的平面形式，这与平板网架结构的本身特点相符。平板网架结构的受支撑部位一般为球形节点，而出于力学的考虑，节点一般都比较规则地分布在基本几何形上，相应地在平面选型上也会遵循这一规律。同时由于结构本身是平板的类型，建筑的屋顶也多为带有小坡度排水的平屋顶。室内比赛场上方空间相对网壳结构比较小，相对比较节能，并且比赛场上方的计分电子屏幕与观众的距离也会相应缩短（图 4-1-5）。

悬索结构一般是双曲面屋顶或者是圆形坡屋顶。这两种屋顶相对于平板网架结构

图 4-1-5　北京师范大学体育平板网架结构

图 4-1-6　南京溧水体育馆索桁架结构

都进一步降低了比赛场上空的空间，但是在平面选型上，圆形悬索结构将体育场馆的平面类型局限在了圆形上面，而双曲面屋顶则没有像前文所说的其他类型给平面带来较大的限制，平面造型相对自由。除此之外，双曲面屋顶也使得建筑的造型不再是之前的规则几何形体，而是更加自由和多变，对于体育建筑来说也能更好地体现出其功能上活跃的特点。从 1980 年代中后期开始，由于施工技术的发展，逐渐出现在更多的体育场馆上（图 4-1-6）。

膜结构是 20 世纪中期发展起来的一种新型建筑结构形式，它打破了纯直线建筑风格的模式，以其独有的优美曲面造型，简洁、明快、刚与柔、力与美的完美组合，呈现给人耳目一新的感觉，同时给建筑设计师提供了更大的想象和创造空间。

膜结构可分为充气膜结构和张拉膜结构两大类。充气膜结构是靠室内不断充气，使室内外产生一定压力差，室内外的压力差使屋盖膜布受到一定的向上的浮力，从而实现较大的跨度。张拉膜结构则通过柱及钢架支撑或钢索张拉成型（图 4-1-7、图 4-1-8）。

朝阳体育中心羽毛球馆占地面积 4000 平方米，室内面积 3800 多平方米（长

图 4-1-7　北京朝阳体育中心羽毛球馆网球馆充气膜结构

图 4-1-8　北京京西国际学校体育馆充气膜结构

106.6 米、宽 36.6 米、高 13 米），设有 17 块标准羽毛球场地。

国家游泳馆“水立方”是充气膜结构的一个典型案例，不仅满足了遮风避雨与采光的功能性需要，还营造出了堆积在一起的“气泡”的效果，相对一般体育馆，其外观造型更活泼，暗示了体育馆作为游泳中心的功能特性。“水立方”独特的外立面设计，强化了“水”的主题，在日常运营中具有鲜明的广告效应（图 4-1-9）。

（2）材料

1990 年以后，随着经济发展水平的提高，大量新材料得以运用，也影响着建筑的形态。

20 世纪 90 年代引进彩色钢板、铝合金等轻型面层，防水性能和外观质感有了较大提升，尤其是直立锁边铝镁锰屋面板的使用，形状更加自由、起伏，屋盖、屋面和墙面一体化设计更容易实现。

直立锁边咬合屋面是一种屋面系统，而不仅仅是某一种屋面材料，是欧美国家金属屋面的设计主流。这种系统具有以下优点：

①纵向超长的屋面板通过咬合与支座形成的连接，可以有效消解因热胀冷缩变形

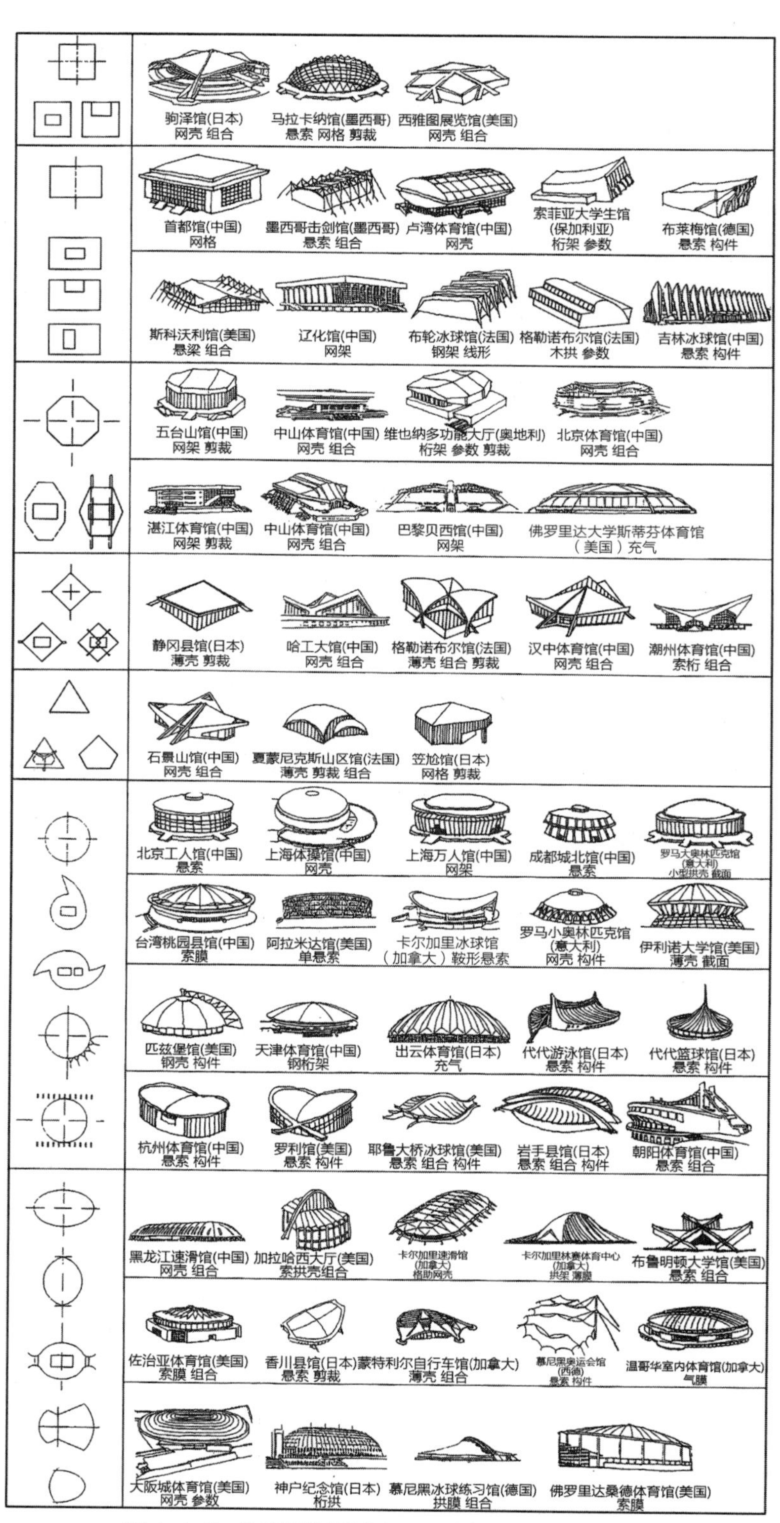

图 4-1-9　体育场馆规则平面适用结构方式及体量造型

（梅季魁，王奎仁，姚亚雄，罗鹏 . 体育建筑设计研究 [M]. 北京：中国建筑工业出版社，2010：126-127. 作者改绘 .）

所产生的板块应力，解决了其他板型难以克服的温度变形问题，保证了屋面性能的稳定性和可靠性。

②现场成型的屋面板可与屋面通长，没有搭接缝，从而消除漏水隐患，且外观整体性和美观感增强。

③纵向通长的屋面板因锁边需要而形成的肋较高，可得到较大的排水切面，杜绝雨水从搭接边处渗透，有效解决低坡度屋面积水、排水困扰。

④采用窄条通长可弯曲的屋面板咬合而成，能够适应各种平滑的曲面，而且现场成型，工艺简单、施工快速经济。

金属屋面材料主要有镀锌钢板、不锈钢钢板、铝合金板、铜板、锌铜钛合板及纯钛板等，最常用的是铝镁锰合金板。铝板和大气接触时会在表面产生一层氧化铝薄膜，这层氧化膜保护了内层铝板防止被进一步腐蚀，因此铝屋面材料具有优异的耐久性能，铝镁锰合金由于在铝中添加镁、锰等成分，因而结构强度适中，耐污渍，易于弯折、焊接、加工，被普遍认可作为建筑设计使用寿命 50 年以上的屋面、外墙材料（图 4–1–10）。

20 世纪 90 年代，国内开始引入金属屋面材料，现在技术已经完全国产化，而且价格低廉，得到广泛应用，如体育场馆会展中心、机场、车站等大空间建筑。

1994 年 12 月建成的天津体育馆，是我国最早使用直立锁边铝镁锰金属屋面的大型体育场馆之一。由于采用新型的屋面和墙面，建筑采用飞碟造型，挣脱了房子的传统观念，摒弃了传统的建筑立面设计概念，把建筑作为一个“体”来处理，仿佛是庞大而精美的工业产品。在我国体育场馆建设史上具有划时代的意义，2018 年 11 月 24 日，入选第三批中国“20 世纪建筑遗产项目”名录（图 4–1–11）。

膜材料，既可以是一种结构形式，也由于其本身的结构特点，可以覆盖在屋顶承

图 4–1–10 直立锁边铝镁锰屋面

图 4-1-11　天津体育馆

重结构上，作为围护材料使用。由于膜材料具有透光、不透气的特性，能够同时解决采光与遮风避雨的问题，多适用于体育场屋顶的覆盖层。

建筑膜材料有很多类型，常用的为 PTFE 膜材。PTFE 膜材的织物基材为玻璃纤维，涂层主要材料为聚四氯乙烯树脂，能防止化学腐蚀和紫外线的腐蚀，不易老化，具有超疏水特性，水珠在表面可迅速滑落，因而在雨水中具有自洁性能。更为新颖的 ETFE 膜（乙烯 – 四氯乙烯共聚物），为可再循环利用材料，使用寿命长达 25~35 年，具有高抗污染、易清洗、质量轻，耐候性和耐化学腐蚀性能强的特点。2008 年北京奥运会国家体育馆及国家游泳中心等场馆中均采用 ETFE 膜。

膜材的出现为体育建筑提供了新的围护结构方案。和金属及玻璃相比，自重更轻，韧性好，抗拉强度高，不易被撕裂，半透光，且安装方便，造型特色。较佳的耐候性和热惰性不易产生凝结水，适用于游泳跳水馆的屋面等。

1997 年竣工的上海体育场，其看台罩棚采用的 PTFE 膜材，是一种组合式的膜结构体系，这也是我国大型永久性建筑首次采用膜结构建筑形式，膜使用面积为 36000 平方米。在整体马鞍的造型上，锥形膜单元围绕体育场膜结构，似滚动的人浪，给人很强的视觉冲击力。上海体育场膜结构的成功应用也拉开了我国膜结构建筑应用的序幕。

始建于 2000 年的北京朝阳体育中心体育场，设有 8000 座观众席，两侧看台均采用膜结构屋盖（图 4-1-12）。

（3）计算机技术

随着科学技术的进步和计算机技术的不断完善，计算机辅助设计在建筑设计领域

图 4-1-12 北京朝阳体育中心体育场

异军突起，对建筑设计的方法和观念都产生革命性的影响。

计算机辅助设计技术将建筑行业带入了数字时代，数字建筑设计思想应运而生。

CAD 技术在 20 世纪 60 年代兴起于工业发达国家，20 世纪 80 年代国内开始尝试运用 CAD 技术，在 20 世纪 90 年代初期形成规模。

计算机辅助设计，不仅可以绘制线条图，提高设计精度和设计效率，还可以实现三维可视化。计算机可视化设计的建筑与周边环境的关系更加真实可信，同时还可以利用计算机便于修改的功能，在显示图像时随时调整三维建筑模型，使建筑物与周围环境的关系更加和谐统一。让建筑师自始至终在直观、真实的三维环境里进行建筑设计和创作，从而可以较大程度地提高建筑设计质量。

20 世纪 90 年代初期开始，CAD 计算机辅助设计技术已基本普及。21 世纪初，参数化和 BIM 技术的发展，提高了建筑尤其是复杂建筑的设计和施工质量，尤其是空间体型复杂的体育场馆。

第二节 当代中国体育建筑造型风格的演变过程

基于上述原因，1949 年以来，我国体育建筑造型风格的演变，主要经历了以下五个时期：

① 1949—1958，古典折中式；② 1959—1985，受苏联风格影响的现代式；③ 1986—

1993，受西方思潮影响的现代式；④ 1994—2010，具备当代特征的现代式；⑤ 2011 年至今，复杂建筑空间。

1. 古典折中式

新中国成立后，为了增强人民体质，提高群众性体育活动的普及率，逐步建立和完善了群众体育设施及体育场、体育馆、游泳池馆等能进行正规比赛的运动场地。体育场馆建设迎来第一个高潮，场馆数量逐年增加。

但新中国刚成立，百废待兴。不久朝鲜战争爆发，国民经济发展水平低，我国的基本建设规模较小，建筑技术落后。建筑设计的方针是“实用、经济、在可能条件下注意美观”，不追求豪华，反对形式主义。尽可能缩减建筑面积，削减不必要的装饰和高贵材料。钢材在当时还是一种比较珍贵的建筑材料，大跨结构主要采用拱壳、钢桁架、钢铰拱等。

新中国成立初期的建筑界设计思想，一方面为梁思成等人倡导的民族风，另一方面为受苏联援建专家们影响的学习苏联风。

那一时期，从事建筑设计的建筑工作者，主要集中在几个大城市的一些私人事务所。他们一部分是在国外留学归国的，一部分是由我国培养的，由于当时有关政策比较灵活，各种社会干预比较少，设计思想有继承过去建筑文化的特点，设计中延续了过去各自的创作倾向和流派，如中国传统、中国现代古典、西洋古典以及西方现代建筑甚至中西合璧的样式等，同时又有相当的活力。

随着国民经济的逐渐恢复，建设规模日益扩大，1952 年建筑工程部成立，并开始建立国营设计公司。

在中华人民共和国成立之初，“一边倒”的外交政策是最基本的国策之一，1950 年 2 月，随着《中苏友好同盟互助条约》等文件的签署，中国和苏联正式结盟，苏联对中国的经济援助也正式开始。派遣大批工业技术专家以及国家行政管理顾问来华工作，就成了 20 世纪 50 年代苏联对中国提供的直接援助之一。1949 年至 1960 年间，苏联向中国派遣的专家超过两万人，他们给中国带来了生产管理方面的技术与经验，同时也把当时苏联的意识形态输入中国。

由于政治上的“一边倒”和对“崇美”思想的批判，在设计上开始以批判“结构主义”和“世界主义”为口号排斥欧美建筑设计思想的影响。1953 年，开始了全盘学习苏联的第一个五年计划时期。

当时的苏联建筑界，基于对新社会和许多新生事物的不同认识和解释，在文化艺术界的影响下，出现了许多派别和思潮，既有古典主义、折中主义，也有同西欧现代主义建筑比较一致的。1950 年前后建造的莫斯科第一批高层建筑，每幢都有带标记和星星的尖顶，尖顶高达 20~50 米。

在 20 世纪 50 年代，苏联建筑界以批判结构主义为名，打出了“社会主义的内容，民族的形式”的旗号，开始了建筑复古风潮。典型的苏式建筑左右呈中轴对称，平面规矩，中间高两边低，主楼高耸，回廊宽缓伸展。立面为“三段式”结构，“三段”指的是檐部、墙身、勒脚三个部分。

1949 年 9 月，第一个苏联专家组来到北京，协助研究北京的城市规划与建设。1952 年，穆欣和阿谢普可夫两位苏联专家先后来到中国，比较系统地把当时苏联的建筑理论介绍到中国，概括性地提炼出来就是：“社会主义现实主义”“民族形式社会主义内容”。1954 年第一、第二期《建筑学报》也刊登了数篇翻译当时苏联以及东欧社会主义国家建筑理论的文章。

20 世纪 50 年代，由于特殊的政治环境以及其他原因，我国的建筑设计队伍还未真正成长起来，建筑界模仿苏联模式比较明显，留下大量的苏式建筑。这些建筑有苏联专家设计或参与设计的，也有中国建筑师模仿苏联风格设计的。以“社会主义内容、民族形式”“社会主义现实主义的创作方法”设计思想为主，经国内有影响的专家倡导，掀起了探索“民族形式”的创作活动。学习苏联“复古主义”的创作方针，强调具有政治色彩的“民族风格”，这两种设计思想相互交融，在体育建筑设计上也反映出来，强调纪念性、民族性和建筑的端庄大气。

梁思成对 20 世纪 50 年代在中国推广和诠译苏联建筑理论、宣传与推动民族形式方面，起了积极的作用。1953 年在中国建筑学会成立大会上，他提出了建筑的“可译性”与“翻译论”等观点，利用西方学院派古典主义的建筑构图表现社会主义的雄伟壮丽，同时加入中国传统建筑的造型要素，体现民族特色，成为当时中国公共建筑和政府机构建筑设计普遍采用的手法。

在这种意识形态下，把西方现代建筑形式作为“没落的世界文化观”加以深刻批判，把民族风格和社会主义思想内容上升到建筑创作的阶级性立场加以贯彻。为了迎接国庆 10 周年，人民大会堂、中国历史博物馆、中国革命博物馆、民族文化宫、中国美术馆、北京火车站、全国农业展览馆等十大建筑相继建成，逐渐形成新的中国社会主义建筑风格。

北京体育馆，1953 年 12 月设计，1955 年 10 月竣工，由体育馆、游泳馆、训练馆三座并列的场馆组成，整体布局采用传统宫廷建筑模式，左右呈中轴对称，平面规矩，中间高两边低，主楼高耸，回廊宽缓伸展，大体量的体育馆居中，两侧对称布置游泳馆和训练馆，采用拱廊连接。居中体育馆比赛大厅三铰拱屋盖南北两侧均有 4 层高门楼遮挡，作为体育建筑，其建筑沿街形象特征不明显。门楼三段式结构，主入口采用

图 4-2-1 北京体育馆

（杨锡镠. 北京体育馆设计介绍 [J]. 建筑学报，1955（3）：35-52.）

图 4-2-3 北京体育馆现状

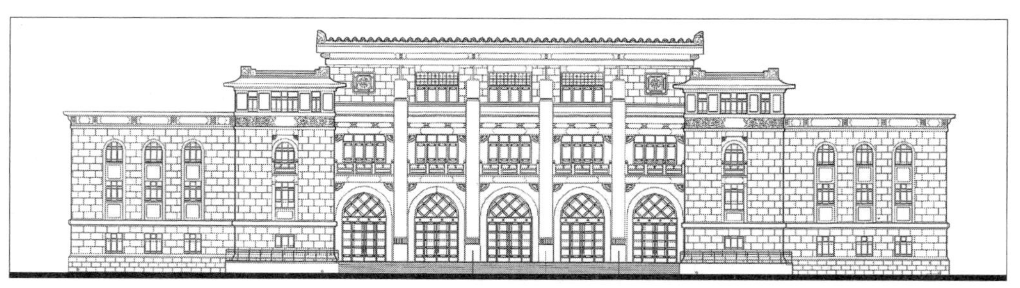

图 4-2-2 北京体育馆立面图

（作者根据相关资料自绘.）

三拱门，近代西方公共建筑常见的凯旋门构图，装饰中式元素。北立面模仿古代牌坊式样，装饰若干花纹（图 4-2-1~ 图 4-2-3）。

重庆市人民体育场，位于重庆市大田湾，1954 年初设计，1955 年底竣工。体育场设计利用地形高差，观众席没有罩棚。外形对称，主入口位于东侧，两座高大的门楼作为标志。入口门楼、西侧主楼均采用三段式，水泥砂浆饰面，门窗、栏杆有复杂的传统风格装饰（图 4-2-4）。

天津市人民体育馆，1954 年开始动工，1955 年 12 月竣工。体育馆占地面积 28140 平方米，建筑面积 15700 平方米，设有 1000 多平方米的主馆及练习馆，主馆设 3400 个座位。体育馆共有三个出入口，采用传统的柱式和斗栱装饰，每个出入口都有一对形制相同的水泥制奖杯状的装饰物（图 4-2-5）。

广州体育馆位于越秀山下国际路西，1956 年 6 月设计，1957 年 10 月竣工。钢筋混凝土拱架结构屋架、单曲拱形屋盖，三面为 3 层高辅房，一面为训练馆。辅房为三段式结构，正面主入口采用五拱门，侧面次入口采用三拱门，两侧均有大型浮雕装饰。该体育馆于 2001 年 5 月拆除（图 4-2-6）。

山东体育馆，1958 年 8 月设计，采用“品”字形对称布局，中间为体育馆，两侧

图 4-2-4　重庆大田湾体育场栏杆

图 4-2-5　天津市人民体育馆

图 4-2-6　广州体育馆
（林克明 . 广州体育馆 [J]. 建筑学报，1958（6）：23-26.）

为游泳馆和训练馆。体育馆采用双曲薄壳结构，坐落在 2~3 层高的基座上。立面设计轻松简洁，装饰较少，主入口为柱廊。

2. 受苏联风格影响的现代式

1954 年 11 月，苏联建筑工作者大会批判了苏联建筑中严重的唯美倾向，提出了广泛采用建筑的工业化体系提高质量和降低造价的问题，批判了建筑设计中一味模仿古典形式的倾向，建筑思想和建筑风格出现了转折。

虽然 1960 年后，苏联即终止对我国的经济和技术的援助，由于社会环境封闭，苏联的建筑设计思想还是对我国建筑界产生持续影响。同时，由于经济发展水平低，立面简洁、韵律感强的苏联风格也是比较适合我国的选择。

同时，国家经济建设中的各种浪费现象日趋明显，中央已感到反对浪费刻不容缓。1955年初，在建筑界展开了大张旗鼓的“反浪费”运动。建筑设计中的浪费现象首当其冲，在创作领域对以“民族形式”为主要旗帜的“复古主义”进行了批判。大屋顶建筑由于造价昂贵而受到严厉批判，极力推动民族形式建筑的梁思成也遭到批判。

1955年2月，建筑工程部召开设计及施工工作会议，明确提出全国的建筑方针——“适用、经济、在可能条件下注意美观”。

1958年初发起“反浪费”和“反保守”运动，以高指标、瞎指挥、浮夸风和“共产风”为主要标志的“大跃进”运动在全国展开。建筑界开展了以“快速设计”和“快速施工”为中心的“技术革新”和“技术革命”运动。由于在许多方面缺乏科学性，加上施工的粗糙，工程质量普遍下降。作为反浪费的措施，党和政府提出了降低建筑造价的具体要求，但各地在执行中，有不少地方走了极端，建成一批简陋建筑。

1960年开始，由于“大跃进”和“反右倾”的错误、自然灾害的影响以及苏联背信弃义撕毁合同，国民经济发生了严重的困难，基建规模大减，“非生产性建设”基本停止，设计单位也相应进行了精简。

1964年11月，毛泽东发起设计革命运动，发动所有的设计院都投入革命性的设计革命运动中去。自设计革命开始，建筑界针对建筑设计中对美观和艺术性的追求展开批判，突出政治，突出节约，大部分民用建筑朴素乃至简陋。

1966年中国进入“文化大革命”时期，以打破苏联的框框、反对“洋奴哲学”“爬行主义”、清除资产阶级个人主义和“本本主义”的设计革命运动开展，但运动开始不久就由一场设计思想、技术革命转为一场政治运动。该运动以批判“三脱离”（脱离政治、脱离实际、脱离群众）和改造资产阶级世界观为名，很多建筑工作者因此受到了冲击。

1976年10月6日“四人帮”被粉碎，十年“文化大革命”结束，但到1978年12月党的十一届三中全会前，由于历史条件的局限，一系列“左”倾政策没能够清除。

“文化大革命”的十年，建筑工作者尤其是老专家，作为思想改造的对象，普遍受到迫害，建筑设计队伍受到严重摧残。除生产性建设外的建设基本处于停滞状态，建筑设计行业低迷，许多单位被拆散、撤销，员工被下放，珍贵的技术资料、档案大量被破坏。

不过，“文化大革命”时期的体育建筑，除了可以满足体育活动的需要之外，还是能提供大型集会的场所，一定程度上符合了当时的“革命”需求。而体育馆这种大跨建筑，需要现代建筑技术作为支撑，因此，也带动了我国现代大跨度建筑的发展，如北京首都体育馆、上海体育馆、南京五台山体育馆、浙江体育馆等都采用了先进的结构形式。

北京工人体育场，位于北京朝外大街，1958 年 4 月设计，1959 年 8 月竣工，总观众数 8 万座。立面处理追求朴素大方，采用大玻璃窗和轻快有力的柱子，局部上挑打破单调感觉。颜色避免浓艳色彩，以轻快的淡绿、白色、浅沙色为主（图 4-2-7~ 图 4-2-9）。

图 4-2-7　北京工人体育场鸟瞰图

（北京市建筑设计研究院 .2008 年奥运建筑设计作品集 [M]. 天津：天津大学出版社，2008：152.）

图 4-2-8　北京工人体育场外景

图 4-2-9　北京工人体育场（1990 年亚运会期间）

（岳川 . 北京亚运三十年：一首歌，一座城，一段泛黄的流金岁月 [EB/OL]. 中国新闻网 .[2020-09-22].）

北京工人体育馆，1959 年 11 月设计，1961 年 2 月竣工，建筑为圆形，建筑檐口高度 27 米，建筑底层扩大形成基座。墙面采用立柱、竖向通长窗，入口采用体育形象的镂空雕刻，四角采用交叉楼梯梁作为装饰，其他外墙力求简洁大方又不脱离传统手法，外墙采用浅灰色水刷石台基和乳黄色面砖基座，微红刷石框架和浅绿色面砖窗槛墙，形成丰富、明朗、轻快的效果（图 4-2-10）。

北京首都体育馆，位于北京动物园西侧，1966 年 3 月设计，1968 年 3 月竣工，为可容纳 1.8 万个座位的多功能体育馆。场地采用活动式地板，配有升降机运送收起的木地板，地板以下是人工冰球场。采用 122.2 米 ×107 米的矩形平面，建筑高度 28.5 米，双向空间钢网架结构，铝合金预制板屋面，油毡防水层。建筑造型简单，立面简洁朴素（图 4-2-11）。

浙江人民体育馆，位于杭州市体育场路 210 号，1969 年 9 月建成，可容纳观众 5420 人。椭圆形比赛大厅 80 米 ×60 米，屋盖结构采用马鞍形悬索结构，檐口最高

图 4-2-10　北京工人体育馆

图 4-2-11　首都体育馆

20.4 米，造型优美，很具有特色。该馆于 2001 年 1 月交由杭州市体育局管理并命名为杭州体育馆（图 4–2–12）。

南京五台山体育馆，1975 年建成。建筑平面为 88.6 米 ×76.8 米的长八角形，屋盖采用平板型三向空间网架，檐口高度 25.2 米。立面造型以 46 根立柱为基调，垂直包檐，显得挺拔壮观。东西面为实墙，其他为大片玻璃墙面，形成虚实、明暗对比。建筑上部为白色面砖，基座为米黄色面砖，色调淡雅，简洁明快，朴素大方。

上海体育馆，1975 年建成，可容纳观众 18000 人。为了减少建筑面积和外围护面积，降低造价，主馆呈圆形，直径 114 米，高 33.6 米，屋盖为三向平板网架，屋檐出挑 7.5 米，采用轻质搪瓷波形钢板装饰。立面周圈采用大片淡蓝色玻璃窗，108 根白色窗梃为竖向线条。基座采用面砖饰面，色调分明，韵律统一（图 4–2–13）。

内蒙古体育馆，1976 年建成，5400 座，平面为矩形，屋盖为 54 米跨度空间桁架结构。外墙面为橘黄色水刷石，白色水刷石壁柱，具有北方寒冷地区的特色（图 4–2–14）。

山东体育馆（现为山东西王大球馆），是“文化大革命”晚期到改革开放期间的过渡作品，1974 年开始设计，1979 年 10 月建成。采用矩形平面，网架结构。立面设计试图体现体育建筑的性格，做到坚而不笨、简而不呆。南北立面采用蓝色玻璃，竖

图 4–2–12　浙江人民体育馆主入口壁画

图 4–2–13　上海体育馆

图 4–2–14　内蒙古体育馆（左上）
（内蒙古体育馆比赛馆 [J]. 建筑学报，1977（3）：35–52.）

图 4–2–15　山东体育馆（右上）
（山东省建筑设计院体育馆设计组，山东体育馆 [J]. 建筑学报，1980（5）：42–46.）

图 4–2–16　山东体育馆现状（左下）

向双格窗梃，给人以轻松开朗的感觉。东西立面以实墙为主，窄长的条形窗与南北立面形成鲜明的对比。建筑色彩基调为白色和蓝色，额头、栏板等大马赛克饰面用不同色彩的深色水泥砂浆勾缝，显得明快而淡雅（图 4–2–15、图 4–2–16）。

3. 受西方思潮影响的现代式

改革开放之初，经济发展刚起步，百业待兴。西方学术思潮大量引入，给中国建筑界注入了活力，新时期的新建筑开始登上历史舞台，虽然距理想状态尚远，但已经出现令人欣喜的新气象。体育建筑开始冲破“千篇一律”的局面，一种全面发展的“多元化”格局初见端倪，主要风格有：表现民族传统、反映地域和文脉、追求现代主义、实验性等。

20 世纪 80 年代前的体育建筑，形体多为规则几何体，建筑性格模棱两可。到了 80 年代，一部分体育场馆通过结构构件外露，强调结构形式的力感和动感，突出体育建筑的性格。这种倾向最早在 1979 年竣工的山东体育馆开始有所体现。

1984 年举办了全国中小型体育馆设计竞赛，这批方案形式丰富多彩，突破了方盒子老框框，具有较强的创新精神。结构采用较为先进的结构形式，还出现多种结构应用的不同组合。比赛厅形状丰富多彩，出现了菱形、三角形、十字形、多角形、椭圆形、卵形等平面形状。建筑造型注意反映体育馆的大空间特点，突破之前千篇一律的大台阶、大玻璃窗、大挑檐，体型起伏多变，集中反映在探索多功能、运用新结构和尝试新建筑造型方面，对后来体育建筑设计有很大的影响。

1980 年代初，西南建筑设计院的黎佗芬设计的成都市白下路体育馆、城北体育馆，结合当地的气候条件，采用开敞式的平面布局，平面紧凑。室内外空间有机结合，解决了体育馆比赛大厅自然通风的问题。看台外露，突出了体育建筑的特征，造型新颖，明快淡雅。

位于武汉市的湖北省洪山体育馆，总建筑面积 2 万平方米，观众席 8000，钢桁架结构。体育馆充分考虑了武汉盛夏闷热、冬天寒冷的气候特点，采用半开敞式。南北两侧以门窗为主，显得通透，东西两侧主要为墙面，遮挡太阳，体型简洁，对比强烈，体现体育建筑的力量感和向上腾飞的寓意。

一部分体育建筑除了契合当地的气候特点之外，还力图表现传统的文脉。

西藏体育馆，1984 年设计，1985 年建成，拥有固定座席 3114 座。建筑平面为矩形，建筑立面考虑现代化的体育建筑与民族风格相结合，把能反映藏式建筑特色的地方材料、特有的构造、色彩和图案运用到建筑的不同部位。檐口高 3 米，出挑 3.6 米。檐口和基座栏杆均采用藏族同胞喜闻乐见的暗红色，中间为乳白色和银色，对比强烈。所有门窗都做了藏式门套、窗楣、门楣。南北侧墙还设计了藏蓝色马赛克，上有寓意“吉祥如意”的拼花图案，建筑具有很强的地方民族特色（图 4–2–17）。

1984 年全国中小型体育馆设计竞赛获奖方案西双版纳体育馆方案，以云南傣族地区为背景，建筑形象暗喻干阑式傣族竹楼，屋顶采用立体桁架、斜坡式，看台下休息厅完全敞开，不设纵向侧墙，将柱子、梁和台阶承重板都暴露出来，体现民族与乡土特色（图 4–2–18）。

上海游泳馆，1985 年建成，平面为不等边六角形，三段式构图明显，立面采用了玻璃幕墙结构，比起厚实稳重的墙体，轻盈通透的立面更适合游泳馆，为当时国内首创。从此以后，玻璃幕墙在此类建筑中的运用越来越广泛（图 4–2–19）。

深圳体育馆，1985 年建成，平面正方形，形体以多个几何形体契合而成。立面采用三段式构图，台阶、墙身与屋顶的比例趋向匀称。梯形的台基由下往上逐渐收缩，墙体部分采用自下而上外倾斜的造型，平面上四个角又分别削去一部分；巨大的屋顶四角分别由四根立柱支撑，丰富的形体变化也丰富了外部空间（图 4–2–20）。

1980 年代，国内出现了不少建筑平面规整、屋面采用网架结构、立面设计手法类似的体育馆，如为承办 1990 年北京亚运会而建设的中小型体育馆月坛体育馆、海淀体育馆等，以及北京大学生体育馆、北京体育学院体育馆等（图 4–2–21）。

吉林冰球馆，1986 年建成，平面近似矩形，结构采用了悬索与钢桁架的结合，创造出了层层叠叠的锯齿造型，整齐排列的锯齿间设置采光窗，美观而实用（图 4–2–22）。

图 4-2-17　西藏体育馆

图 4-2-19　上海游泳馆

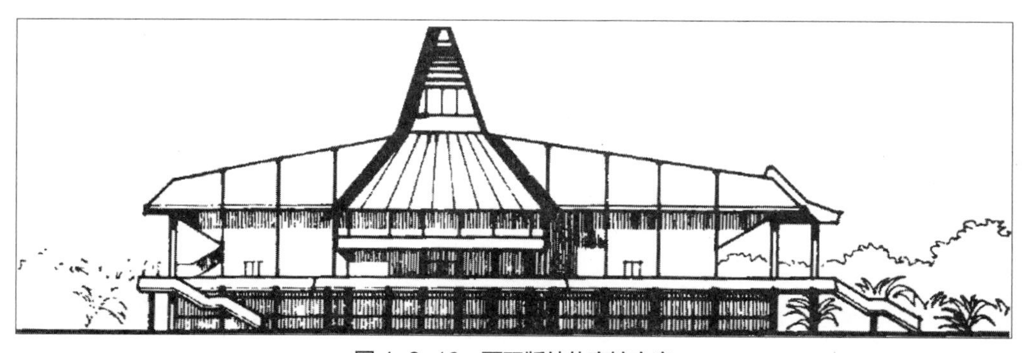

图 4-2-18　西双版纳体育馆方案

（丁先昕 . 西双版纳体育馆方案 [J]. 建筑学报，1986（7）：16-18.）

图 4-2-20　深圳体育馆

（本刊评论部 . 筑五环基业　展华夏荣光：概述中国体育的主要成绩与发展（一）[J]. 建筑创作 2008（7）：128-135.）

图 4-2-21　海淀体育馆

图 4-2-22　吉林冰球馆（作者自绘）

1988 年建成的四川省体育馆，建筑平面为矩形，屋盖结构采用悬索结构。两道相互倾斜的落地钢筋混凝土拱架，横跨比赛厅上空。拱架两侧各有一个双曲抛物面的悬索屋盖，与两侧倾斜起翘的看台形成变化丰富的曲线空间（图 4–2–23）。

1990 年北京亚运会场馆石景山体育馆，由于地形为一个等腰三角形，因此比赛馆采用三角形切去三个角而形成的六边形，每边长 99 米。屋盖采用钢网壳结构，由三片直边抛物面壳面组合而成。建筑轮廓起伏多变，具有展翅飞翔的气势，反映了该体育建筑的独特性（图 4–2–24）。

利用屋盖结构组合形成建筑轮廓，起伏多变，这种手法在后来的场馆设计中多有运用，例如 2003 年 11 月建成的大连理工大学体育馆、2004 年底建成的青岛大学体育馆、2005 年 8 月竣工的盐城体育馆等（图 4–2–25、图 4–2–26）。

1989 年 11 月竣工的北京亚运会主场馆国家奥林匹克体育中心，是改革开放以来我国最早建设的为承办国际大型综合运动会而新建的、符合国际赛事组织要求的大型

图 4–2–23　四川省体育馆

图 4–2–24　石景山体育馆

（梅季魁等 . 体育建筑设计作品选 [M]. 北京：中国建筑工业出版社 . 2018：8.）

图 4-2-25　盐城体育馆

图 4-2-26　青岛大学体育馆

图 4-2-27　国家奥林匹克体育中心鸟瞰图（1990 年亚运会）

（岳川．北京亚运三十年：一首歌，一座城，一段泛黄的流金岁月 [EB/OL]. 中国新闻网 .[2020-09-22].）

体育中心，建筑设计新颖、独特，形成了气势恢宏的场馆群，对我国当代体育场馆建设产生了很大影响。

奥体中心建设占地 66 公顷，主要设施有体育场、体育馆、英东游泳馆、曲棍球场和足球、田径、垒球、网球训练场、球类训练馆等主要建筑，作为中国体育发展的对外窗口，先后承办了第十一届亚洲运动会、第七届全国运动会和第二十一届世界大学生运动会等一系列重大体育赛事和其他重要大型活动（图 4-2-27、图 4-2-28）。

奥体中心选址位于北京城南北中轴线上，距离天安门广场 9 公里。因此，建筑造型设计努力通过各种手法，使之既有强烈的时代感，同时又能体现出中国建筑特色，体现北京城市特色。

奥体中心体育馆，平面形状为六边形，屋盖东西两柱的间距为 99 米，南北跨度 70 米，多功能比赛大厅为 93 米 ×70 米的长方形，立面造型与结构设计结合紧密。

屋盖平面尺寸为 80 米 ×112 米，结构采用国内首创的、厚度 3.3 米的斜拉双曲面组合网壳，屋面材料采用 1.5 毫米厚复合压型钢板，闪着银光的大屋顶，很容易让人联想到我国的传统建筑，既具有传统风格，又有现代技术特征，具有很强的标志性。为了避免体量巨大的屋顶的单调性，设计在类似中国悬山屋顶的基础上，又突出一片

图 4-2-28 国家奥林匹克体育中心鸟瞰图（2008 年奥运会）
（北京市建筑设计研究院 .2008 奥运建筑设计作品集 [M]. 天津：天津大学出版社，2008 年 .）

图 4-2-29 国家奥林匹克体育中心体育馆

类似庑殿的附加部分，使得屋顶轮廓更加起伏而富有变化。

体育馆的屋顶原先为金属夹心板，防水、保温性能均难以满足场馆的使用要求。在后来的改扩建中，更换成了铝镁锰板，强度高，耐久性、抗腐蚀性强，施工简便。

建筑细部处理，采用将传统构件通过暗喻或者变形加以利用。建筑的网架杆件形成的三角形外轮廓，使人联想到传统建筑中木质斗栱的轮廓。高耸的塔筒采用收分，酷似中国木结构的侧脚。通过斜拉索与屋脊形成的轮廓起伏，也类似传统屋脊的轮廓处理。

墙面为浅色喷涂，与深色门窗框、蓝灰色反射玻璃形成大面积的虚实对比。南入口处采用红色网架，休息厅作了重点处理，采用轻巧的网架与蓝灰色的反射玻璃，对比十分鲜明。两侧山墙用圆形窗和“人”字形檐口窗改善了实墙的比例，使立面与众不同，独具个性（图 4-2-29）。

同期建成的奥体中心田径场，观众席数 2 万人，总建筑面积 3 万平方米。该田径场在当时的总体规划中按两期建设，一期为田径比赛场，满足亚运会田径比赛要求。二期改建为 4 万名观众的专用足球场。为了承办 2008 年北京奥运会，2007 年改扩建为 4 万座田径场，满足现代五项的马术、跑步以及足球比赛的要求。

体育场采用单层看台，仅西侧看台设置罩棚。因此，体育场造型设计简洁明快、自然流畅、富有动感。看台内外上下的大部分结构构件都暴露出来，形成韵律感。同时，为了和体育馆、游泳馆建筑风格相呼应，建筑细部也进行了适当处理。建筑采用圆柱，看台外檐模仿中国传统建筑中的平台石栏板和滴水并大大简化。罩棚采用半透明的玻璃钢屋面，这在当时也非常新颖、独特。

1995 年 6 月建成的江苏省跳水游泳馆（五台山游泳跳水馆），位于南京市五台山体育中心，总建筑面积 1.1 万平方米，包括跳水池、标准游泳池、训练池，折板式

图 4-2-30　江苏省跳水游泳馆

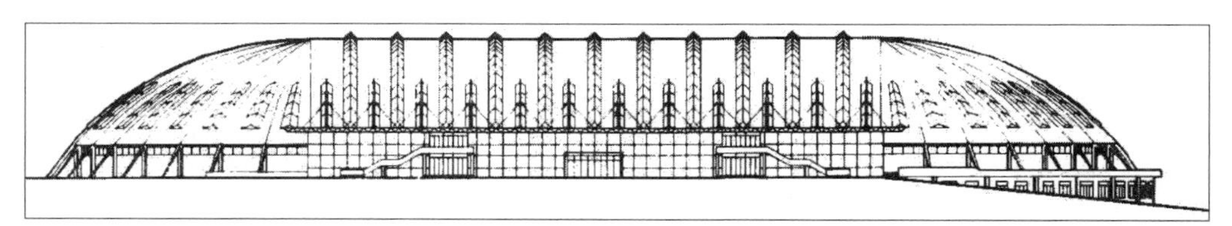

图 4-2-31　黑龙江速滑馆正立面图
（梅季魁 . 效率和品质的探求——黑龙江速滑馆设计 [J]. 建筑学报，1996（8）：13-16.）

网架结构，是第三届全国城市运动会的标志性建筑。这座建筑在设计中利用跳水池与游泳池上空不同的空间高度要求，平面铝板屋顶结合不等边六边形平面，形成复杂的多面体，轮廓高低起伏，灵巧突变，大坡度的斜面与起拱的形体与已建成的五台山体育馆横平竖直的体型产生强烈的反差和对比。造型设计非常新颖，整体造型宏伟美观。从远处看，它像一条腾空而起的巨鲸，展现我国水上健儿搏击风浪、奋勇向上的英姿。

1995 年 11 月竣工的黑龙江速滑馆，占地面积 33000 平方米，建筑面积 22000 平方米，设有座席 2000 个。建筑跨度 86.3 米，长 190 米，大厅净高 24 米。采用钢网壳结构，结构高度仅 2.1 米，美观耐看，充满韵律感。建筑平面为长椭圆形，形体采用圆柱面和球面结合，圆润流畅，体现了独特的速滑运动形态。屋面采用现场裁剪压制的彩色钢板，乳白色的屋面体量庞大，成为建筑外观的主体（图 4-2-31）。

4. 具备当代特征的现代式

进入 20 世纪 90 年代，经过 10 年的改革开放，经济发展迅速，新结构、新型建筑材料、新构造得以应用，体育建筑融入了许多新的创意，在遵循现代建筑原则的基础上，从一个或多个方面，突破了机械式、中性化的原则和某些固定的模式。

（1）新型建筑材料的运用

直立锁边铝镁锰板屋面材料的应用，使得建筑造型设计更加自由，体育建筑开始呈现当代特征。铝镁合金复合屋面板，具有良好的防火、保温、吸声效果。采用大面积金属屋面和墙面，在建筑造型上一改传统的体育建筑体型的观念，屋盖作为主要造型元素，自然流畅，可以形成优美轻盈的天际线。

①直立锁边铝镁锰金属板

1995 年建成的天津体育馆，率先运用直立锁边铝镁锰屋面板，在体育场馆造型设计上具有划时代的意义。

天津体育馆占地 12.3 公顷，总建筑面积 5.4 万平方米。主馆采用圆形平面，跨度 108 米，网架直径 135 米，建筑高度 35 米。屋盖采用双层球面网壳结构，如同“飞碟”一般的硕大屋顶在其三段式的构图中处主要地位。

与以往多数体育馆喜欢选用明亮或淡雅的色彩不同，该体育馆的外表色泽比较暗淡，被当地人戏称为“锅盖”（图 4-2-32）。

1997 年竣工的上海卢湾体育馆，观众席 3500 座。建筑采用矩形平面，三段式构图。建筑形象充分反映结构特点和内部空间，从侧立面看，屋盖和建筑上部采用 2 个上下相扣的弧形金属体，下半个弧形金属体和看台外挑相吻合，中间为镜面玻璃，硕大的基座为花岗石，形成上下“实”、中间“虚”的强烈对比（图 4-2-33）。

1997 年 9 月建成的浦东游泳馆，占地约 2.12 万平方米，总投资约 2.3 亿元人民币，设有标准游泳池（水深 3 米）、25 米 ×11 米训练池和 17 米 ×11 米儿童戏水池，固

图 4-2-32　天津体育馆

图 4-2-33　上海卢湾体育馆

图 4-2-34　长春五环体育馆

定看台 1600 座。除了水上运动外，浦东游泳馆还设置有提供乒乓球、羽毛球、网球、篮球、舞蹈、健美操等运动训练的场地。倾斜的弧形屋顶具有很强的感染力，犹如跳水运动员跃入水中前在空中划出的一条优美的弧线。

1998 年 8 月建成的长春五环体育馆，也是将巨大的屋顶作为建筑造型的主体。钢桁架支撑的屋面采用铝合金板，错台的平面被屋面覆盖，穿插上下流动的大坡道和平台，传达了“生命”“力量”“运动”的概念（图 4-2-34）。

②膜

从 1979 年到 2000 年，随着改革开放的不断深入，经济建设迅速发展，人民生活水平不断提高，这些给新型建筑材料的发展提供了良好的机遇和广阔的市场，铝镁锰合金板、膜结构、阳光板等新型建筑材料对体育建筑产生了巨大的影响。

膜材是由高强度的织物基材和聚合物涂层构成的复合材料，1995 年建成的北京房山游泳馆和鞍山农委游泳馆是我国第一次将膜材料正式应用于工程。

1997年建成的上海体育场，位于上海市徐汇区，总建筑面积近17万平方米，拥有具有500个座位的主席台、300个座位的记者席和100套豪华包厢，可容纳5.6万名观众观看体育比赛以及4.3万名观众观看大型文艺演出，是1997年中国第八届全国运动会的主会场，同时也是2008年奥运会的足球比赛场地、中超球队上海上港足球俱乐部的主场。

屋顶采用半透明的膜，引进国外膜技术。为了尽可能为观众提供最佳的视线质量，设计上采用了外环圆形、内环椭圆形、呈波浪式马鞍形的整体结构，屋顶采用白色透明膜结构，犹如一片飘逸的白云，腾空升华在上海城市的上空，又如同绿叶烘托着一朵巨型的白玉兰花朵，成为上海的标志性建筑（图4-2-35）。

昆山新体育中心占地37.3公顷，2007年竣工的体育场建筑面积约4.9万平方米，可容纳观众27430人。2005年竣工的体育馆建筑面积约2.8万平方米，内场设一个40米×70米的比赛大厅，可容纳观众5000人。体育场和体育馆屋盖均采用膜材料（图4-2-36）。

③阳光板

阳光板是国内对于聚碳酸酯中空板的俗称，一度被叫作卡布隆板，具有轻质、耐候、超强、阻燃、隔声的优良性能，阳光板在20世纪80年代诞生于欧洲，很快进入建筑装饰材料市场。1996年，我国开始引进生产阳光板，随后大量运用于体育场馆中。

2001年6月竣工的广州新体育馆，由法国著名建筑设计师保罗·安德鲁设计，建筑面积近10万平方米，主要建筑包括1号馆——主场馆（比赛馆）、2号馆——训练馆、3号馆——大众活动中心三个场馆和行政楼、能源中心、运动员村、停车场和商业设施等，其中1号馆能容纳10088人，是一个以体育比赛为主，兼顾文艺表演、会议、展览的多功能综合性体育建筑，是为第九届全国运动会建设的一座现代化综合性多功能体育设施，成为该运动会体操、篮球等项目的比赛地和盛大的闭幕式举办地。

图4-2-35　上海体育场

图4-2-36　昆山体育馆膜结构屋顶

体育馆西侧为白云机场，东侧为白云山。体育馆通体为白色，三大部分沿着一条弧线首尾相连，呼应白云山脉的走势。三个场馆均采用下沉式设计，大部分建在地下，这样既便于观众的出入交通，又能让建筑置于若隐若现和充满诗情画意的自然之中，与毗邻的优美生态环境融为一体。

体育馆屋面采用乳白色透明阳光板，是最大的特色。白天，阳光板让场馆内充满了光线，把结构美感淋漓尽致地显现出来。夜间，室内照明让屋顶在夜色中发出柔和的光，在白云山的深色峰峦衬托下，产生一种虚幻的近乎梦境的美感（图 4–2–37）。

④清水混凝土

随着绿色、环保意识的不断提高和返璞归真思想的深入人心，20 世纪末期，我国开始推广清水混凝土的施工和运用。

清水混凝土直接利用混凝土成型后的自然质感作为饰面效果，这是混凝土材料中最高级的表达形式，显示的是一种最本质的美感。清水混凝土可分为普通清水混凝土、饰面清水混凝土和装饰清水混凝土。

2007 年 10 月竣工的北京奥林匹克公园网球中心，建设用地面积约为 16.68 公顷，总建筑面积 26514 平方米，包括 6 块练习场和 10 块比赛场，共设座席 1.74 万个。奥林匹克公园网球中心承担 2008 年奥运会网球赛和残奥会轮椅网球赛，比赛场中包括 1 块中心赛场和两块主赛场，都采用正十二边形造型，配以清水混凝土的灰白色外墙，宛如 12 片花瓣往空中伸展，又如绿色的奥林匹克森林公园里三朵盛开的“莲花”（图 4–2–38）。

（2）新结构

作为一个外扩实体与内蕴空间的统一体，体育建筑应该满足三方面的要求：提供一个实用的空间、坚固的结构、人文情感的表达。

图 4–2–37　广州新体育馆

图 4–2–38　北京奥林匹克公园网球中心墙面

体育建筑的空间形态与结构体系紧密关联。一方面结构形式正确应用，是可使用的坚固空间的保证。因此要选择适宜的结构形式，熟悉结构的受力特点和结构特征，关注结构材料的力学性能和物理特征。另一方面，表达结构形态美是体育建筑美感的一个重要方向，研究结构体系的技术美学，用结构的技术美表达运动美，诠释现代体育精神。

外露的结构构件的形态引起人们在心理上的反应，不同的结构体系可以产生不同的审美趣味，构成不同的视觉符号和美学语言体系，传达出不同的含义。体育建筑采用的大跨度结构，由于其巨大的尺度和夸张的形状，会让人失去正常的心理判断力，被其宏伟的气度所折服。

①桅式斜拉索结构

随着钢索、钢绞线生产、加工技术和计算技术的发展，索结构运用也越来越广泛。桅式结构运用于体育建筑，高耸的桅杆可以成为建筑造型的标志。

直到 21 世纪初期，我国钢结构的规范和规程仅限于网架和网壳，而桥梁斜拉索结构，对体育场馆设计起到很大的借鉴和启发作用。

2001 年 10 月竣工的浙江义乌体育会展中心体育场（梅湖体育场），总建筑面积 35000 平方米，设看台观众席 35260 个。东西侧罩棚采用索膜拉张结构，罩棚最大悬挑 51 米，为控制钢桁架悬挑端的位移变化，体育场设置四根 65 米高的钢桅杆，每个钢桅杆通过 6 根吊索连接钢桁架悬挑端，并用 3 根外拉稳定吊索与地面的锚接装置（图 4–2–39）。

2002 年竣工的长春经济开发区体育场，建筑面积 32218 平方米，看台座位 2.5 万个，主体建筑为南北通透，东西半屋面式样，采用塔柱式钢架拉索结构。罩棚采用“塔柱—斜拉索—钢桁架”结构体系，屋面后沿支撑于钢筋混凝土柱上，前沿桁架跨度 176 米，每边采用 5 根斜拉索改善桁架受力，并设 2 根平衡索。前沿桁架支撑在 20 米高的钢筋混凝土柱上，上再立 50 米高桁架塔柱。高耸的塔柱，成为建筑独特的标志。

2000 年建成的杭州黄龙体育场，看台座位 5.1 万座。罩棚外挑 50 米，采用拉索结构，斜拉索一端的锚固定在混凝土吊塔中，一端锚固定在内环钢箱梁中，通过斜拉索将荷载传递至吊塔（图 4–2–40）。

②大跨结构

2005 年 5 月竣工交付使用的南京奥体中心体育场，建筑面积约 13.6 万平方米，观众席 62000 座。方案设计中，计划采用两条跨度 361.58 米、向外倾斜 45 度的巨拱作为罩棚前沿桁架的支撑，巨拱外包“金陵红”红色铝板，成为奥体中心最大的亮点和最显著的标志。实际施工，巨拱跨度 372.4 米、矢高 64 米、单根重达 1400 吨、共分成 21 段，最高处距地面 67 米，结构作用远小于装饰效果（图 4–2–41）。

2008 年 3 月竣工的国家体育场（鸟巢）位于北京奥林匹克公园中心区南部，为

图 4-2-39　浙江义乌梅湖体育场

图 4-2-40　杭州黄龙体育场

图 4-2-41　南京奥体中心体育场鸟瞰

2008 年北京奥运会的主体育场。工程总占地面积 21 公顷，总建筑面积 25.8 万平方米，场内观众座席约为 91000 个。建筑顶面长轴 332.3 米，短轴 296.4 米，建筑高度最高 68.5 米。屋盖结构采用 24 榀巨型空间马鞍形门式桁架，柱距为 37.96 米，最大跨度 343 米。主桁架围绕碗装座席、屋盖中间的开口呈放射形布置，有 22 榀主桁架直通或接近直通。整个体育场结构的组件相互支撑，形成网格状的构架，钢结构总重 4.2 万吨。外观看上去如同用树枝织成的鸟巢，设计新颖、结构独特（图 4-2-42）。

③开闭式屋盖

2005 年 10 月建成的旗忠森林体育城网球中心，位于上海闵行区马桥镇，是职业网球联合会（ATP）世界巡回赛的九站 ATP1000 大师赛之一的上海大师赛举办场地。中央赛场建筑面积 30649 平方米，建筑物高度约 40 米，地上 4 层，拥有 15000 个座位，是当时亚洲最大、并列世界第三大的网球场。

中心球场拥有独特的“白玉兰花瓣”造型的可开启屋盖。可开启屋盖由 8 片花瓣状的屋盖组成，单片最长处 71 米，最宽处 46 米，最高处 7 米，呈网状的桁架结构。“花瓣”每片面积近 2000 平方米，重量近 200 吨。8 片屋盖可由驱动装置同时开启和关闭，运作模式好似相机的快门开合，巨大的屋顶运行开启的过程，是个极度具有视觉冲击力和令人激动的场景，开启一次的时间约为 7 分 30 秒。屋顶合拢时成为全封闭的室内比赛馆，开启时形同上海市市花白玉兰盛开，蔚为壮观（图 4-2-43、图 4-2-44）。

④结构创新

2011 年竣工的深圳宝安体育场，占地面积 119735 平方米，总建筑面积 97712 平方米，建筑总高度为 55 米，观众座席 4 万个。场馆设计灵感来源于华南地区附近的竹林场景。结构采用轮毂式张拉索膜结构，大跨度屋盖的结构支撑和混凝土看台结构分开，采用倾斜角度不一的“V”形柱和斜柱，钢柱长度 32 米左右，直径 550~800 毫米不等。修长的钢柱在光影中交错，如同抽象放大的竹枝，赋予建筑竹林的意象（图 4-2-45）。

图 4-2-42　国家体育场（施工中）

图 4-2-43　上海旗忠网球中心夜景

图 4-2-44　上海旗忠网球中心比赛场地

图 4-2-45　深圳宝安体育场

（3）表皮

建筑表皮，是指建筑和建筑外部空间直接接触的界面及其展示的形象和构成方式，它是建筑的名片。传统建筑的表皮一般与建筑承重结构紧密结合，到了20世纪上半叶，建筑表皮彻底与建筑结构脱开，随着对材料的非传统性选择和创新技术的使用，建筑表面已变得越发重要，建筑表皮也呈现多元化倾向。

2009年4月竣工的济南奥林匹克体育中心，占地81公顷，建筑面积35万平方米，包括6万座席体育场、1万座席体育馆、4000座席网球馆、4000座席游泳馆以及6万平方米中心区平台广场，是2009年第十一届全国运动会主场馆。建筑表皮在设计理念上，吸收市树“柳树”，市花“荷花”的视觉元素，形成了“东荷西柳”气势恢宏的建筑景观。建筑立面设计，从尊重城市文脉的角度出发，寻找文化元素中的暗喻，并将其通过表皮设计浪漫地表达出来。西区的主体育场，用荷叶造型作为母题，轻柔飘逸，连续排布形成有力的韵律。东区以荷花造型为母题，三个馆形成一个组团，层叠关系、表皮肌理与西区整体造型平衡统一（图4-2-46、图4-2-47）。

2010年竣工的惠州奥林匹克体育场，俗称围屋体育场，是2010年广东省运动会的主场馆。建筑总面积65000平方米，建筑高度35米，座席规模为40000人。

图4-2-46　济南奥体中心体育场

图4-2-47　济南奥体中心体育馆

惠州素有“粤东重镇”“岭南名郡”之誉，是我国客家人比较集中的城市之一，也是著名的侨乡，有着独特的传统文化、习俗、语言和审美标准。设计创意受客家围屋、凉帽的启发，结合体育场的功能需要，以“客家围屋，盛世舞台”为理念。

建筑表皮采用半透明的网眼膜材矩形模块和扭转矩形模块组合而成，简单但富有规律和变化，创造出类似“窗帘”的围护作用，使半室外空间在保证自然通风、采光的前提下保持凉爽的状态，提高人在里面行走和停留的舒适性。外立面围护材料采用带网眼、孔率为 50% 的 PTFE 膜材，达到半透明的“帷幕”效果。屋面同样采用轻质的 PTFE 膜材和聚碳酸酯阳光板采光带相结合的材料，与墙面膜材相协调。建筑体型形成一个纱质的白盒子，犹如当地人常用遮蔽强烈阳光的凉帽，又仿佛岭南客家围屋和客家斗笠的形式，体现人文、绿色、和谐的主题和惠州本土的文化气息，成为新的“惠州围屋”（图 4-2-48）。

2011 年 3 月竣工的深圳世界大学生运动会体育中心，包括主体育场、主体育馆、游泳馆以及全民健身广场、体育综合服务区等体育设施，总占地面积 52.05 万平方米，总建筑面积 29 万平方米，总体规划以中国水墨画“山水石”为设计元素，力图营造中国传统意境的湖光山色，主体育场、体育馆和游泳馆表皮采用单层折面空间网格结构的玻璃幕墙，仿佛 3 颗水晶石镶嵌在湖面上（图 4-2-49）。

图 4-2-48　惠州奥林匹克体育场

图 4-2-49　深圳大运体育中心

5. 复杂建筑空间

参数化设计、BIM 技术和功能强大的高级建模软件的出现，让建筑设计方法突破传统的平面、立面和剖面二维的思考方式，让复杂空间、复杂体型的建筑的设计和建造得以实现。

参数化设计是将工程本身编写为函数的过程，通过修改初始条件并经计算机计算得到工程结果的设计过程，实现设计过程的自动化。参数化修改引擎提供的参数更改技术使用户对建筑设计或文档部分作的任何改动都可以自动在其他关联部分反映出来，采用智能建筑构件、视图和注释符号，使每一个构件都通过一个变更传播引擎互相关联。参数化设计可以大大提高模型生成和修改的速度，更适合于三维实体或曲面模型。

2010 年 10 月竣工的广州亚运馆，位于广州市亚运城南部莲花湾，是一个包含体操馆、综合馆、亚运历史展览馆等的综合场馆组群，用地面积 101086 平方米，总建筑面积 65315 平方米。

建筑造型设计创作灵感来自广州亚运馆的比赛项目艺术体操，表达艺术体操运动具有的灵巧、优美、动感、韵律，并将这种艺术美抽象为有节奏、连续跃动的曲线组合，最终转化为飘动起伏的屋面曲线。广州亚运馆设计了多维异形复杂的曲面屋顶，以及多种形态、层次丰富、连续流动的非均质灰空间。随着参观者的行为和视线的变化，建筑也仿佛流动起来，带来全新的建筑体验，达到移步换景的戏剧性效果。多种形态、层次丰富、连续流动的非均质灰空间，以创新的方式重新演绎传统檐下空间。

这样的设计，常规的二维设计已经无法实现所需要的造型及空间需求，全程设计及施工均采用三维模拟技术，通过计算机辅助设计多专业协同完成（图 4–2–50~图 4–2–53）。

图 4–2–50　广州亚运馆鸟瞰图

（亚运画册：广场城市新貌 [J]. 城市导刊，2010（5）：4.）

图 4-2-51　广州亚运馆外景

图 4-2-52　广州亚运馆入口

图 4-2-53　广州亚运馆局部

第五章

体育建筑发展新趋势

第一节　可变空间的体育建筑

空间是从无限延伸的自然空间（原空间）中通过限定性要素限定出来，满足使用功能。体育建筑的发展历程，也是人们不断利用新技术创造更大、更舒适的运动空间的过程。

早在公元前2000—3000年前，地中海东部的克里特岛和希腊等地区，在宗教仪式上就有了竞技运动，当时都是在户外进行。

公元前776年，举办古希腊第一届奥林匹克运动会的奥林匹克体育场和古罗马的竞技场，也都是室外运动空间。1896年，第一届现代奥运会在室外运动场举行。

体育运动空间，从室外空间逐步转变为室内空间，经历了漫长的过程。世界上最早的室内运动空间，尚不可考证。

我国早期的体育运动空间也基本是户外空间，例如汉代的蹴鞠场地和唐代的马球场地等。

1848年，上海租界出现了室内保龄球和室内手球运动，这应该是我国有据可查的最早的室内运动场所。1887年，广州出现我国第一个室内游泳池。1935年竣工的上海江湾体育馆，是国内第一个大型体育馆。

室内运动场馆，满足了人们全天候进行运动的要求，免除恶劣天气的影响。但室内运动场馆，隔绝了人们和自然的紧密联系，在春、夏、秋、冬四季都要通过空调方式来维持空气温度。

因此，人们设计了可开合屋盖的体育场馆，开合屋盖结构是一种根据使用需求可使部分或全部屋盖结构开合移动的结构形式，它使建筑物在屋顶开启和关闭两个状态下都可以正常使用，人们可以根据气候的变化而开闭屋顶，实现了“晴天在室外，雨天在室内”的梦想，也能够满足人们对阳光、空气的需要。

开合屋盖也称移动屋顶，起源于西文现代艺术中的动态建筑。

动态建筑改变了传统建筑固定的空间形态，在三维空间中引入了运动，通过主体结构构件的运动，使建筑可以根据使用功能和使用要求的变化而提供变化的空间，可以称其为“四维建筑”。

开合屋盖是动态建筑的一种，综合了建筑、结构、机械、自动控制等多学科技术，拓宽了建筑技术和建筑审美的新视野，在体育场馆中运用较多。马国馨院士把开合屋盖式的体育建筑称为“第三代体育建筑”。[①]

---

① 马国馨．第三代体育场的开发和建设[J]. 建筑学报，1995（5）：49-55.

全世界从 20 世纪 60 年代至今已建成 200 余座开合结构，早期的开启结构都属于中小型建筑，主要用于游泳馆、网球场等体育建筑。

1989 年建成，加拿大多伦多天空穹顶（Sky Dome）多功能体育场，直径 208 米，建筑高度 86 米，开合面积 31525 平方米，关闭时间 20 分钟。它是世界上第一座采用现代驱动技术的大型开合金属屋顶，引起全世界的轰动，至今仍作为多伦多申办奥运会的主场馆。

1993 年建成的日本福冈棒球场（Fukuoka Dome），直径为 218 米，表明大跨度开合屋盖技术已经发展得比较完善。

1999 年建成的美国西雅图新太平洋西北棒球场（New PacificNorthwest Baceball Park），跨度 200 米，屋顶面积 40470 平方米。2000 年建成的澳大利亚墨尔本市民体育场（Melbourne Colomial Sladium），平面呈椭圆形，245 米 ×215 米。2001 年建成的日本大分县体育场，直径达 274 米，作为 2002 年世界杯足球赛的比赛场馆。

开合屋盖有一种特殊的结构，就是系留浮空结构。巨型气囊内填充比空气轻的气体，系留悬浮在场地上空，起到屋盖的作用。

2001 年建成的西班牙马德里的 Vista Alegre，是一座集斗牛、剧场等多功能于一体的体育建筑。屋顶开口处有直径 50 米、高 12 米的 ETFE 膜气囊，内充氦气，可沿 12 根柱升高 11.4 米，开合时间 2 分钟。

2010 年 10 月 3 日，印度新德里尼赫鲁体育场第 19 届英联邦运动会开幕式，耗资 4 亿卢比（约 9000 万美元）的长 80 米、宽 40 米、高 12 米的椭圆形气囊，内充氦气，拴在体育场中心 25 米高空，作为 360 度大屏幕，投影出现场镜头，并成为演出的重要背景和开幕式的一大亮点。

2002 年，北京国家体育场方案竞赛中，有方案提出采用直径 90 米的充气囊作为开合屋顶。

我国的开合屋盖体育建筑，早期主要用于网球场。

2001 年改建的上海仙霞网球中心中央赛场开合屋盖，总建筑面积 4000 平方米，开合方式采用水平移动。

2005 年建成的上海旗忠网球中心总建筑面积 15000 平方米，檐口高度 34.8 米，屋盖平面最大直径 123 米，开合方式采用水平旋转，屋盖有 8 片花瓣状开启部分，花边单片结构自重 200 吨，长 71 米，宽 46 米，高 7 米。

浙江黄龙体育中心网球馆，观众席 5000 座，平面为半径 39 米的圆形，屋顶开合部分 34 米 ×35 米，开合时间 20 分钟。开合屋盖轨道布置在两个大拱桁架顶部的中央，两块可动屋面沿大拱方向开合。

2010 年 8 月建成的国家网球中心钻石球场，位于北京奥林匹克公园北区，观众座席 13520 座，总体建筑为地下 1 层，地上 8 层，建筑高度最高点约为 45.3 米。平面为直径 140 米的圆形，球形屋盖中央设 70 米 ×70 米的可开启屋盖。屋盖固定部分采用三层网壳结构，可开启部分分为 4 片，上下 2 层，采用弓式预应力桁架结构。屋盖可在 12 分钟内完成闭合或开启，迅速实现“场”与“馆”之间的便捷转换，成为名副其实的 24 小时场地（图 5-1-1~ 图 5-1-3）。

2006 年建成的南通市体育会展中心体育场，是国内第一个采用巨型活动开启式屋盖的体育场，占地 13 公顷，建筑面积 4.8 万平方米，拥有 2 万个固定座位，1 万个活动座位，总投资 4 亿元。开启式屋盖钢结构主体部分由主拱桁架、副拱桁架和斜拱组成，主拱桁架最大跨度 262 米，矢高 55.4 米。整个屋盖钢结构用量 1.1 万吨，活动屋盖每片约 1130 吨。活动屋盖靠设在其下面的每边 22 台，共 44 台台车，及设置在两侧地下室

图 5-1-1　国家网球中心钻石球场比赛场地

图 5-1-2　国家网球中心钻石球场

图 5-1-3　国家网球中心钻石球场夜景

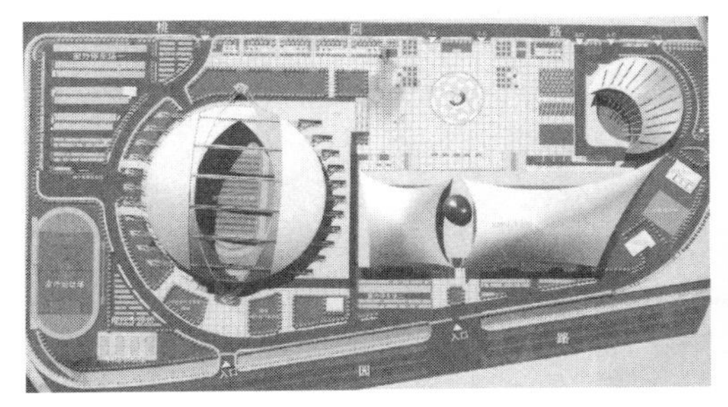

图 5-1-4　南通体育会展中心总平面图（左上）

图 5-1-5　南通体育会展中心体育场（右上）

图 5-1-6　南通体育会展中心体育场屋盖（右下）

机房内的 8 台卷扬机在六根主拱架的轨道上共同牵引来进行开闭的运行。完整开闭需移动距离约 120 米，移动时间大约 25 分钟。活动屋盖材料采用带玻璃纤维涂层的 PTEF 膜材料，活动屋盖覆盖的投影面积为 1.83 万平方米（图 5-1-4~ 图 5-1-6）。

2011 年建成的内蒙古鄂尔多斯东胜体育中心体育场，总建筑面积 10 万平方米，拥有 4 万座看台，其中 5000 座为活动看台。屋盖平面为圆形，直径 359.5 米。沿活动屋盖轨道方向布置主桁架，主桁架采用 46 根拉索与管桁架巨拱连接，巨拱跨度 320 米，最高点 129 米。可开启投影面积 11.5 米 ×88.8 米，开合屋盖 10076.2 平方米（图 5-1-7~ 图 5-1-10）。

2014 年投入使用的绍兴县体育场，位于绍兴市西北的柯北新城，总建筑面积 77500 平方米，观众座位 40000 席。屋盖采用开合结构，开启面积 12350 平方米，是国内目前

图 5-1-7　鄂尔多斯东胜体育场鸟瞰图

范重，胡纯炀，刘先明，等 . 鄂尔多斯东胜体育场看台结构设计 [J]. 建筑结构 . 2013（9）：10–18.

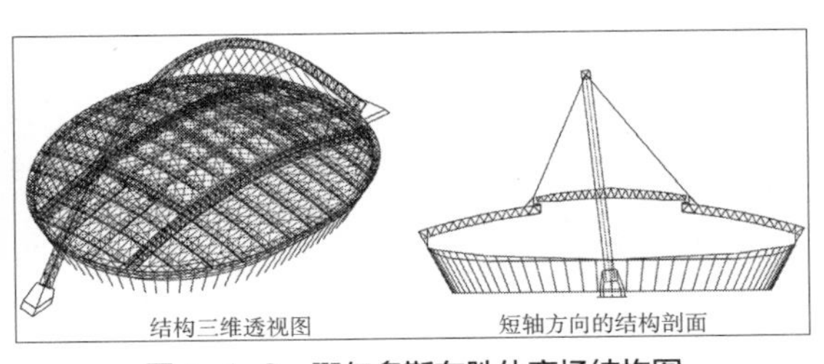

图 5-1-8　鄂尔多斯东胜体育场结构图

范重，胡纯炀，刘先明，等 . 鄂尔多斯东胜体育场看台结构设计 [J]. 建筑结构 . 2013（9）：10–18.

可容纳观众数最多的开合式体育场。绍兴体育场屋盖部分长轴 260 米，短轴 200 米，水平投影总面积为 41878 平方米，其中固定部分 31690 平方米，开口面积 10188 平方米，活动屋盖分为两块，水平投影面积总计 12660 平方米（图 5-1-11~ 图 5-1-13）。

开合屋盖工程由于技术难度高，投资较大，目前国内已经建成的项目还不多，但由于其独特的优势，将来一定有很大的发展空间。

图 5-1-9　鄂尔多斯东胜体育场入口

图 5-1-10　鄂尔多斯东胜体育场内景

图 5-1-11　绍兴县体育场（屋盖闭合）

绍兴马拉松户外运动搜狐号 . 健身福利 . 周六“毅腾”邀请绍兴主场球迷免费领票去观看！ [EB/OL].[2019-05-23]. http：//www.sohu.com/a/316076630_505523.

图 5-1-12　绍兴县体育场（屋盖开启）

绍兴网搜狐号 . 燃烧你的卡路里！绍兴这 10 个体育场馆将免费或低收费开放 [EB/OL].[2020-01-06].http：//www/sohu.com/a/365079200_267582.

图 5-1-13　绍兴县体育场

第二节　可拆卸可移动的体育设施与体育建筑

可移动建筑并非新鲜事物，在人类700万年的历史中，定居的历史只有40万年左右。绝大部分时间，由于生产力水平低下，资源匮乏，人类的居住点都随着季节、气候、经济等原因而迁移。游牧民族常用的帐篷、大篷车是可移动建筑的最初原型。

自旧石器时代，人类逐步定居，开始修建固定建筑物。第二次社会大分工，产生商品交换，出现城市的雏形。城市是人类文明发展的物质标志，也是建筑的聚集地。社会、经济、文化等不断变化的外在因素和功能等内在因素，需要建筑去调整和适应，导致建筑兴建、改建、拆除、重建。过多的建筑物陷入不必要的拆除、废弃、重建的恶性循环，引起了人们的反思。

固定不变的传统建筑面对环境、功能的变化，无法较快作出相应的改变，而可移动的建筑和设施，灵活可变，对基地影响小，对环境和功能适应性强，引起人们的关注。可移动建筑是一种为适应多种活动和场地而设计的建筑，其特征是基地可变。荷兰著名建筑师科恩·奥色斯甚至提出了“移动城市”的概念。

可移动建筑和设施分为可拆卸式、半拆卸式、整体移动式三种。

可拆卸式建筑和设施，先被拆卸成一定数量的构件，在使用地点进行组装，使用结束后再拆卸运走。可拆卸性是绿色设计的重要组成部分。

半拆卸式建筑和设施分为几个模块，在现场拼装后使用。

整体移动式，整体运输到现场可立即投入使用。

可拆卸、可移动设施在体育建筑中早就有广泛的运用。体育馆常用的有移动式篮球架、移动式看台、拆装式看台等，实现比赛场地不同功能和尺寸要求的转换。不同类型的可移动和拼装的运动地板适用于篮球、网球、羽毛球等多项运动，甚至可用于轮滑场地，实现场地功能的转换，如NBA球馆的冰场和篮球场的转换。

室外场地也可以用拆装式看台，如高尔夫比赛、马术、沙排比赛、流行音乐会等。

随着我国城市化进程的发展，经济发达城市的空间日渐紧张，永久性场地设施的建设逐步放缓，临时性体育设施建筑的需求量越来越大。

利用闲置地块，利用社会力量建设临时性体育设施，既优化城市环境，消除治安死角，同时缓解运动场地的不足。

临时性体育设施可设置在旅游景区、公园、户外基地、产业园区等区域，融入和强化健身休闲元素和功能，打造形式多样的特色健身休闲设施，达到体育与旅游共同发展的目的。

有些比赛项目，也可以临时搭建。沙滩排球起源于20世纪20年代的美国加利福尼亚，最初是在真正的沙滩上运动，1996年正式成为奥运会比赛项目，现在已经风靡全世界。由于沙滩排球运动的特点，比赛设施大部分临时搭建，有的在城市广场或公园举办，场地和设施都是临时搭建。

高效建成并可以随时移动、可拆装、可移动的体育设施，在临时性体育设施建设中优势开始凸显，而且运用更加广泛。

可拆卸、可移动体育设施，可以用于多功能的体育场馆，也可以在城市公共场所如商业设施、广场进行快速搭建、快速移除。

可拆装式游泳池主要由池体和全套水处理消毒设备组成，池体采用钢结构框架，寿命长达15年。可拆装泳池最大的特点就是经济、方便、灵活和安全，可根据场地实际情况量身定做，移动拼装，重复使用。

可拆装式游泳池，可以组装在体育馆内，用于游泳比赛。有些国际性游泳比赛，需要1万座观众席。如果建设这样规模的游泳馆，利用率非常低，而高大空间造成日常运营能耗很高，可以考虑在体育馆内搭建游泳池，是比较经济的做法。

2001年世界游泳锦标赛上，国际泳联首次在重大国际赛事上使用可拆装游泳池。这种新兴的游泳池设施，完全克服了普通游泳场馆在专业审批、建设周期、投资规模、土地需求等方面严苛的限制条件，具有造价经济、安装简便、施工快捷、合理利用一般平整场地的原生系统优势，发展迅猛。2014年，拆装式游泳池项目被国家体育总局列入推广项目，在全国范围内进行推广。杭州2018年第14届FINA世界游泳锦标赛比赛，就在杭州奥体博览城体育中心网球馆内搭建游泳池，用于比赛。

上海东方体育中心紧邻2010年世博园区，占地面积为34.75公顷，建筑面积18.8万平方米，主要由体育馆、游泳馆、室外跳水池、东方体育大厦四座大型建筑，以及一个标高为11米的大平台和一些辅助设施组成。体育馆场地使用灵活性高，既可搭建临时泳池，又可随时制冰或铺设活动大地板。场内可搭建一座50米 ×25米 ×3米的标准泳池，可制60米 ×30米的冰场，可搭建78米 ×47米大地板，场地转换一般在24~72小时内就可完成。

2011年7月举办了第14届国际泳联世界锦标赛。世游赛期间，综合体育馆内搭建1个标准游泳池、1个热身池进行游泳和花样游泳比赛。场馆设计固定和活动座位总数达18000个，搭建泳池后，固定座位12000个。游泳馆内包含10条泳道标准池、热身训练池、跳水池和戏水池各一个，设置座位5000个，承担水球项目比赛。室外跳水池包含1个跳水池和1个10条泳道标准游泳池，设置座位5000个，举行跳水比赛（图5-2-1、图5-2-2）。

图 5-2-1　东方体育中心

图 5-2-2　东方体育中心体育馆内搭建的泳池

图 5-2-3　杭州奥体博览城网球中心场馆
（九堡发布搜狐号 . 倒计时 8 天！世游赛（25m）开幕式剧透，多位杭州籍奥运冠军世界冠军将亮相 [EB/OL].）

图 5-2-4　杭州奥体博览城网球中心场馆内搭建的泳池
（择道观行 . 择道观行助力杭州世界游泳锦标赛视觉景观设计 [EB/OL].[2018-12-21].）

为承办国际泳联世界锦标赛而建造如此规模的专业等级赛事场馆，在国际泳联的历史上还是第一次。

2018 年世界短池游泳锦标赛临时泳池的搭建在尚未完全竣工的杭州奥体博览城的网球中心场馆“小莲花”内，临时搭建泳池 25 米 ×25 米，高度 2.2 米。网球馆屋顶为可开闭屋盖，座席数 10177 席。因为临时泳池池岸搭建，需部分拆除观众席位，可利用的观众席位有 8767 席（图 5-2-3、图 5-2-4）。

未来若条件允许，一些群众性、娱乐性的游泳比赛也可以在文化、商业设施或城市广场中搭建，提高市民参与度。

在世界轮滑锦标赛期间，南京青奥体育公园体育馆利用连接体下的宽敞空间，搭建轮滑临时比赛场地及看台，效果显著（图 5-2-5）。

20 世纪 50、60 年代的美国，是“狂妄放肆”的年代，被规则所束缚的职业篮球比赛无法满足大多数人的生活热情，篮球运动融入年轻的街头文化。街头篮球的出现，在比赛场面上更注重各种花哨的动作表演。3×3 篮球比赛把街头篮球与职业篮球相结合，在引入完善的规则和胜负机制的同时，保留街头文化和自由的表演性质。因为

图 5-2-5　南京青奥体育公园体育馆临时搭建轮滑比赛场地

图 5-2-6　南京 3×3 街头篮球赛临时搭建比赛场地

3×3 篮球与传统五人制篮球相比，表演性质更高，很受年轻人的喜爱，逐渐发展成现在的规模。

由于源于街头篮球，3×3 篮球比赛一般在城市广场而不是专业的体育馆进行，且赛事会在城市间巡回。例如新浪 3×3 篮球黄金联赛覆盖 16 个城市，超过 2000 支球队参赛，每个城市的城市赛进行两天，第一天是预赛，第二天是城市决赛。因此，可拆卸可移动的比赛设施是合理选择（图 5-2-6）。

从近几年体博会上日渐增多的可拆装体育设施的出现，反映出“从固定到移动”已成为场馆设施领域未来的一个发展趋势之一。如今，可快速拼装的运动地板、可拆装的笼式足球、可拆卸泳池等，这些易于搭建、拆卸和运输的体育设施设备正越来越多地受到市场的青睐。

第三节　巨型体育馆

随着科技的发展以及经济和文化的需要，人们不断追求更大的空间。因此，近四十年来大跨空间结构发展很快，采用了许多新材料和新技术，发展了许多新的空间结构形式，结构形式越来越丰富多彩，建筑物的跨度和规模越来越大。目前，尺度达 150 米以上的超大规模建筑已非个别，300 米以上的超大跨度空间结构也已经出现。

大跨结构的发展，使得人们可以建设一个又一个巨大的室内体育场馆，体育场能容纳的观众很多，10 万座以上的体育场比比皆是。建成于 1934 年的捷克共和国布拉格斯特拉沃夫体育场，是世界上最大的体育场，可容纳观众 24 万人。当体育馆规模达到一定程度后，甚至开始模糊体育场和体育馆的界限。自 1965 年美国休斯敦的阿斯特罗巨馆问世以来，各国陆续建成了容量各不相同的巨型体育馆。

1975 年建成的美国新奥尔良“超级穹顶”，占地面积达 21 万平方米，直径 207 米，高 83.2 米，有 97365 个座位，耗资 17300 万美元，是当时世界上最大的球面网壳结构。

1993 年 5 月建成的美国德克萨斯州阿拉莫穹顶，坐落于圣安东尼奥市，耗资 1.86 亿美元，可容纳 6.5 万名观众，主要用来作为足球和篮球的比赛场地。阿拉莫穹顶是 1993—2002 年 NBA 圣安东尼奥马刺队的主场球馆，1995 年作为加拿大足球联盟圣安东尼奥德州人队的主场球馆。

1983 年建成的加拿大卡尔加里体育馆，是 1988 年冬季奥运会的主场馆，底面直径 135 米，可容纳观众 2 万人。采用双曲抛物面索网屋盖，外形极为美观，其结构曾经是世界上最大的索网结构。

1983 年落成的加拿大不列颠哥伦比亚体育馆，位于加拿大不列颠哥伦比亚省温哥华，为一个多用途体育馆，其屋顶当时为具有弹性的薄膜，由气压支撑。是加拿大足球联赛不列颠哥伦比亚雄狮队的主场馆，曾举办过 1986 年世界博览会和 2010 年冬季奥运会的开幕及闭幕仪式，以及 2010 年冬季残奥会的开幕仪式。

1988 年建成的东京“后乐园”棒球馆，近似圆形的平面直径为 204 米，采用索—膜结构，是一座有 55000 个座位的体育馆，同时是日本职业棒球球队读卖巨人的主场，也举办篮球与美式足球比赛，还有职业摔角、综合武术、K–1 赛事或音乐表演（图 5–3–1、图 5–3–2）。

1992 年建成的美国亚特兰大“佐治亚穹顶”，采用整体张拉式索—膜结构，其近乎椭圆的平面的轮廓尺寸达 192 米 ×241 米。该馆是一座有 71000 个座位的多功能体育馆，1996 年奥运会场馆，也是美国橄榄球联盟亚特兰大猎鹰队的主场，曾经举办过篮球比赛。

1997 年落成的名古屋巨蛋球场，是日本职业棒球重要的棒球场之一，座席数 40500 座（图 5–3–3）。

2000 年竣工的日本琦玉超级体育馆，2002 年 9 月正式开馆，在日本常简称为埼玉竞技场、SSA 等，最大观众席容量 36500 座，主要功能有篮球赛、排球赛、体操赛、足球赛、美式足球赛、音乐会、集会等。

1997 年竣工的大阪“巨蛋”，是日本职业棒球赛重要的棒球场之一，观众席数 4.8 万座（图 5–3–4）。

图 5-3-1　东京巨蛋

图 5-3-2　东京巨蛋入口门厅

图 5-3-3　名古屋巨蛋内景

图 5-3-4　大阪“巨蛋”

这些巨型馆，融合了体育场和体育馆的功能，可以进行传统的田径项目运动，如足球、橄榄球等，也可以进行传统的体育馆运动的项目如球类、体操、冰上运动等。有些只能进行传统的田径运动项目，可以看作是体育场增加全封闭顶棚，这些巨馆可以称之为“第二代体育场”①，即室内体育场。

我国兴建了数座可开启屋盖的体育场，如南通体育场、绍兴县体育场、鄂尔多斯东胜体育场，这些体育建筑也可以归为巨型室内体育场。

目前我国绝大部分特大型体育馆规模不超过 1.8 万座，主要原因是：

第一是防火规范的原因，如《建筑设计防火规范》（GB 50016—2014）中第 5.5.20 条，对剧场、电影院、礼堂、体育馆等场所的疏散走道、疏散楼梯、疏散门、安全出口的各自总净宽度的要求中，体育馆的疏散宽度要求仅覆盖 2 万座以下。

第二是这些特大型体育馆，基本都满足 NBA 比赛的要求。NBA 要求体育馆观众席数最低为：美国本土球馆 1.8 万座以上，海外球馆 1.6 万以上，包厢至少 60 个，俱乐部 /VIP 座席至少 1000 个。

① 马国馨 . 第三代体育场的开发和建设 [J]. 建筑学报，1995（5）：49-55.

国内现有 1.8 万座左右的特大型体育馆主要有北京五棵松体育馆、上海奔驰文化中心、广州国际体育演艺中心、东莞篮球中心、大连市体育中心体育馆、南京青奥体育公园体育馆、杭州奥体中心体育馆等。

南京青奥体育公园体育馆，总座席数 21736 座，是我国第一座 2 万座以上的室内体育馆。其建成和投入使用，可能对我国体育建筑产生划时代的影响。可以通过这座体育馆的建造和运营，尤其是消防疏散等关键问题的解决积累相关经验，为建造更大规模的体育馆打下基础（图 5-3-5~ 图 5-3-7）。

图 5-3-5 南京青奥体育公园体育馆鸟瞰图

图 5-3-6 南京青奥体育公园体育馆举办世界男篮锦标赛

图 5-3-7 南京青奥体育公园体育馆举办演唱会

第四节　智慧体育建筑

随着人类社会的不断发展，物联网、云计算、下一代互联网等新技术将得到广泛应用，城市智能水平将不断提高，建设智慧城市已成为当今世界城市发展不可逆转的潮流。

智慧城市就是运用信息和通信技术手段感测、分析、整合城市运行核心系统的各项关键信息，统筹业务应用系统，加强城市规划、建设和管理，实现城市智慧式管理和运行，促进城市的和谐、可持续成长。

同时，建筑的发展经过了由传统建筑到智能建筑，由智能建筑继续向智慧建筑发展。

智能建筑是指通过将建筑物的结构、系统、服务和管理根据用户的需求进行最优化组合，从而为用户提供一个高效、舒适、便利的人性化建筑环境。1984 年建成的美国康涅狄格州汉特福德市“城市广场”大厦，是世界上第一座智能大厦。1989 年，中国第一座大型智能建筑——北京发展大厦建成，此后几年，国内又陆续建成北京西客站、深圳地王大厦等高标准智能建筑。

阿里巴巴集团发布的《智慧建筑白皮书》认为，利用大数据、云计算、人工智能、物联网技术，智慧建筑将成为一个具有感知和永远在线的“生命体”、一个拥有“大脑”的自进化智慧平台、一个人机物深度融合的开放生态系统，可以集成一切为人类服务的创新技术和产品。相较于传统的智能建筑，智慧建筑更像是一个会思考的“生命体”，能够分析和学习大量的数据，并进行自我成长。

在智慧建筑的平台上，普惠的人工智能将无处不在，虚拟现实和人工智能成为人、建筑、服务、环境等交流互动的主要方式，交流互动形成智慧、建筑思考和快速响应的数据。基于 BIM 技术的基础模型，综合了各类信息数据，云计算基础设施实现大数据处理和智慧城市云端的服务共享，物联网技术全面激活智慧建筑的感知能力。

体育也日益智慧化。智慧体育应该是基于大数据、云计算及物联网技术于一体，以竞技体育、全民健身、体育产业等为基本架构，整合教育、医疗、旅游、文化等“体育 +”资源的一种较高级的生态系统。

体育建筑是城市建设的重要组成部分，也是体育活动的空间载体。在这样的背景下，智慧体育建筑孕育而生，并迅速发展。

智慧体育场馆主要目标是为人提供更好的服务，包含观众、健身人群以及场馆的经营管理者和政府主管机构。

智慧体育建筑，目前还处在探索阶段，不同的公司、学者提出了不同的方案，有些场馆已经开始进行有益的尝试。创造沉浸式体验感的 AR、VR 技术、智能传感器、智能无人机、人机交互技术、智能视频身份识别、智能机器人、生物识别系统、室内导航系统、精细化气象服务、大数据、云计算等，基于这些创新技术都有可能是未来智慧场馆的发展方向。

例如，通过全链路数据监控，线上和线下全链路数采集与整合，实现对人群、建筑、舆情、车辆、内容、票房以及周边配套设施的实时监控追踪，并基于大数据场馆运维，全渠道分析关联数据，建立一站式指挥平台，预警潜在风险。

基于差分定位技术，实现室内，观众通过扫描票面上的二维码，即可关联专用座席导航应用，基于 WiFi 定位的方式，在匹配合理的通行权限和路线的前提下，引导观众快速到达票面座席。

在体育场馆建立气象站点，进行精细化预报，尤其室外场地（如滑雪场、高尔夫球场等）进行立体多维度、小时级天气预报，并通过移动互联技术（如 APP、微信公众号等）及时发布并精准送达。

综合 AR/VR 技术、LED 照明、动感机械装置、音频系统、物联网传感器、云端数据存储、信息管理平台多项技术，体育场馆声光秀可以反映场馆内比赛状态，实现与人群的互动（图 5-4-1）。

人脸识别技术，识别高危人员，实时位置跟踪，实现智能反恐。

2018 年韩国平昌冬奥会，整合场馆摄像头、WiFi 和出入卡口数据，通过生物识别系统实现安全管理，将馆内人群分布热力图实时展示在三维场馆模型上；配合人流预测算法，将 30 分钟后的人群分布情况也一并展现。若紧急事件发生，智能疏散方案即时启动，大屏上会标识出不同区域人群最高效的疏散路径，帮助安保人员在最短时间内疏散参会者。通过 AR、VR 技术创造沉浸式体验感，配备机器人翻译，通过智能机器人解放劳动力。

2022 年北京冬奥会场馆，国家速度滑冰馆，是冬奥会的新建场馆，俗称“冰丝带”。

图 5-4-1 智慧体育场馆示意图

图 5-4-2　国家速度滑冰馆施工中

这将是一座智慧型体育场馆，实现智通化观赛服务、智能化场馆管理、智慧化赛事组织。观众通过手机 APP 能实现无纸化入场检票、智能导引至停车位和场馆座席、了解赛事特点解析和精彩片段回放。设有智能化人脸识别安保门禁、智能消防控制、供配电控制，场地照明调节、温度湿度控制、物品存取柜等也将实现智能化（图 5-4-2）。

第五节　体育建筑与新媒体

人，或者是人的组织和团体，需要通过媒介传播信息，以期发生相应变化的活动。人类传播时代经历了口语传播时代、文字传播时代、印刷传播时代和电子传播时代。传播的范围包括自身传播、人际传播和大众传播。

媒体是传播信息的媒介，是人们用来传递信息与获取信息的工具、渠道、载体、中介物或技术手段，是实现信息从信息源传递到受众的技术手段。媒体有两层含义，一是承载信息的物体，二是指储存、呈现、处理、传递信息的实体。

媒体的发展经历了三个阶段：精英媒体、大众媒体和个人媒体，这三个阶段分别代表着传播发展的农业时代、工业时代和信息时代。

报纸、杂志得益于印刷术，使消息不再依靠口口相传而通过文字广为流传。留声机和无线电技术的应用，使信息可以通过广播将声音触动人们的听觉感官。成像技术的突破和传输技术的不断发展，信息传递的内容给人们带来视听感受，内容更加丰富。

信息革命和互联网技术，进一步拓宽了信息获取的渠道，为社会的发展注入强劲动力。随着移动通信技术的不断演进，移动互联网使信息获取不再局限于地点，增加了信息获取的便利性。

传统媒体有报纸、杂志、广播、电视。新媒体是指以新的技术为支撑而产生的一种新的媒体形态，主要包括数字电视和电影、电子杂志、电子报纸、数字广播、触摸媒体、移动电视、手机短信、网络等。

新媒体是新的技术支撑体系下出现的媒体形态，如数字杂志、数字报纸、数字广播、移动电视、网络、桌面视窗、数字电视、数字电影、触摸媒体等。相对于报纸、杂志、广播、电视四大传统意义上的媒体，新媒体被形象地称为“第五媒体”。

媒体是文化传播的工具，为文化的传承、革新和创造提供了多方面的可能，特别是进入 20 世纪 90 年代后，随着媒体的数量、种类和规模的迅猛发展，当代文化对媒体的依赖性不断增强。同时，文化为传媒提供了最广阔、最丰富的源泉，媒体已经成为文化的一部分。

建筑与社会文化、价值观念、科技发展是互动的，一方面建筑会反映社会文化价值，要体现先进的科技水平，另一方面，建筑也体现了人们对艺术的追求，建筑的功能与形态，尤其是大型公共建筑，也会对社会生活、文化价值产生影响。

体育具有倡导新的生活方式、生活观念的作用，体育建筑，尤其是大型体育场馆，在多元化的文化浪潮中，如何对多元文化和个性进行表达，一直是建筑师关注的重点，媒体文化对体育建筑产生深远的影响。

1896 年到第二次世界大战前，早期的体育场馆设施相对简陋，功能单一，体育的传播主要依靠报纸、杂志和广播，媒体对体育场馆的建设没有本质的影响。电视的出现，开始影响体育建筑。

20 世纪 50 年代，电视机进入千家万户，成为社会文化重要的组成部分。电视是人类最伟大的发明之一，是在网络出现前最有效的传播媒体。从那时候起，大量的体育赛事就开始尝试电视转播，其中最著名的就是 NBA 篮球赛，到 20 世纪 60 年代就已经取得很好的效益。20 世纪 70 至 80 年代，电视实现了多路传播和卫星传播。美国率先发射“同步静止卫星”，电视实现全球同步转播。从此，体育场馆与媒体的关系开始变得越来越紧密，多功能的体育场馆开始出现。

1973 年，美国哥伦比亚广播公司以 2700 万美元买下了 NBA 比赛三年的播映权，当时还不能实况转播，只能播放录像，但这对 NBA 来说，通过电视传媒使体育比赛走进千家万户，这是 NBA 迈向世界的开端。NBA 电视转播的国际化，使全球数十亿人直接观看到 NBA 比赛，仅 1996 年全明星决赛，全球就有两亿观众同时观看比赛，电视造就了 NBA 的辉煌（图 5-5-1）。

电视媒体带来的广告效应，使体育部门可以依靠电视获得体育转播权的销售收入，通过插播广告收取巨额广告费用。在 1960 年，美国加州举行的冬季奥运会上，

图 5-5-1　美国 NBA 球馆洛杉矶斯台普斯中心电视转播

电视转播权第一次用于商业性销售，美国哥伦比亚广播公司仅用 5 万美元就购得转播权。1984 年夏季奥运会和冬季奥运会，美国广播公司以 2.75 亿美元和 9000 万美元买下转播权，转播期间广告费每分钟高达 50 万美元。1994 年利勒哈默尔冬奥会转播权的费用高达 3 亿美元，1996 年亚特兰大奥运会出售电视转播权的收入已达到 7 亿美元。2000 年悉尼奥运会的 290 场比赛电视转播时间达到 3000 小时，全世界的电视观众超过 170 亿人次。

中国的体育电视报道虽然起步晚，但其发展速度非常快。

1958 年 6 月 19 日，北京电视台实况转播了北京男女篮球队和八一男女篮球队的比赛，这是我国第一次进行体育实况转播。20 世纪 60 年代，北京电视台（现中央电视台）设立了第一个体育知识类节目《体育爱好者》。

1973 年 10 月，中央电视台和湖北电视台合作，第一次成功利用微波干线把全国乒乓球锦标赛的视频、音频信号从湖北传到北京，进行全国实况播出。

1978 年 6 月，第 11 届世界杯足球赛，中央电视台通过国际通信卫星将图像和声音从阿根廷接收回来，配音播出。

1990 年北京亚运会期间，总共有 80 家电视机构的 1102 名广播记者云集北京，14 个卫星通道向其他国家和地区传送亚运会信号。

2008 年，经过了精心的准备，转播人才的培养、技术硬件准备，我国已经能够全面组织奥运会电视信号的制作和转播工作。开幕式 4 个多小时内，全国共有 8.42 亿观众通过电视实时收看奥运会，占到全国电视总人口的 68.8%，创下国内有收视调查以来电视收视率的最高纪录，全球有超过 45 亿人同时观看奥运会开幕式转播，这也是奥运会有史以来的收视之最。

早在20世纪80年代，我国电视机构就开始按国际统一的规则，向国际体育组织购买高水平国际赛事的电视转播权。1997年上海举行的第八届全运会，首次综合性运动会电视转播权有偿转让。2001年第九届全国运动会，第一次用货币形式实现电视转播权的转让。2005年十运会，电视转播权收益近1200万元。

电视，让更多的人可以观看比赛。实况转播与现场观赛是两种完全不同的体验，电视可以给受众提供更多的观赛角度，还会辅以回放、数据等。电视和电视转播，对体育场馆建设也产生了很大的影响。

电视时代，观赛可以看实况转播或现场观赛，这是两种完全不同的体验，大多情况下不能同时获得。电视可以提供更多的观赛角度，还会辅以回放、数据等补充工具，这给现场观赛提出了很多新的挑战。现场感，是体育场馆能够提供的很多在家里无法享受到的视听感受，观众将成为实时比赛的一部分，这也是体育场馆的一个核心价值。

为满足比赛时电视转播的需要，体育场馆应具备现场电视转播的条件，要有足够的摄影机位、评论员席、媒体看台，户外需预留电视转播车位置。

电视转播对体育场馆照明的功能性要求很高，为了满足彩色摄像的要求，体育场馆的灯光照明需要高照度、高均匀度、高光源显色性等，除了要求有好的照明产品，还要合理的马道设置和高水平的照明设计（图5-5-2）。

体育场罩棚和体育馆屋顶设计需要考虑转播的需要，体育场罩棚最好是透光材料以避免阴影，如果考虑白天转播的需要和灯光效果，体育馆屋顶采光顶和侧面采光窗应考虑可以遮挡。

图5-5-2　南京青奥体育公园体育馆篮球世锦赛媒体席位布置

座椅的布置和色彩、观众的安排要十分讲究，因为他们将是电视节目的背景。

信息技术的迅猛发展正催生着整个社会结构的根本性变革，信息技术已经直接关乎人类的日常生活状态和方式，随着网络技术的发展，媒体也发生了根本性的革命。1967年，美国哥伦比亚广播电视网率先提出新媒体概念，它是以数字信息技术为基础，以互动传播为特点，具有创新形态的媒体。

新媒体利用数字技术、网络技术，通过互联网、宽带局域网、无线通信网、卫星等渠道，以及电脑、手机、数字电视机等终端，向用户提供信息和娱乐服务的传播形态。

新媒体涵盖了所有数字化的媒体形式，包括所有数字化的传统媒体、网络媒体、移动端媒体、数字电视、数字报纸/杂志等，因此，新媒体也称为数字化媒体。新媒体以数字技术为核心，整合了视频、音频、文字等功能，实现信息资源的兼容、共享与开放。

随着新媒体的出现，电信业、信息业和大众传媒三者联合，改变了信息的传播方式，传播范围更广泛，信息内容更完整、更安全。

新媒体对体育行业起颠覆性的作用，其在推动数字消费的同时，也在改变着观众的观赛习惯，对体育场馆的建设也影响逐步显现。马国馨院士在《体育场设计刍议》一文中指出，进入信息时代后，更为信息化数字化网络化，将成为第四代体育场的重要特征。

体育赛事的终极目标是观众，新媒体正在对体育行业起着颠覆性的作用，新媒体丰富了观众的观赛渠道。

新媒体时代的体育场馆，通过互联网技术和移动终端，观众可以随时随地获取信息，除了能够获得现场体验外，还可以获取媒体传播的体验。体育场馆的控制室可以配备功能强大的广播系统，回放、现场花絮、实时数据以及广告等内容都由控制室统一调配，这相当于在场馆内部设置了一个电视直播体系。在多处设置多个显示屏，甚至可能有一整面墙是由LED视频板构成的，观众可以在场馆的任何地方观看比赛实况，VR以及AR技术也将可能被应用到观赛体验中。

新媒体时代，对转播的要求更高，新媒体视域下的体育传播呈现了新的特点：多媒体联动；超真实性表达；泛娱乐化呈现；类媒介事件集聚；交互性增强等。2010年南非世界杯的转播机位达到30个，其中有16台摄像机进行细节追踪，包括场边移动式摄像机和高空摄像机，可谓无缝覆盖。遇到重要比赛还会再增加3个机位，其中包括一架直升机的航拍，3D技术也首次在转播过程中应用。

新媒体时代的体育场馆，不仅通过现场氛围吸引观众来观看比赛，通过移动互联还可以为更多人提供多种体验。通过新媒体，在场馆与观众之间建立一种便捷的联系，让观赛体验尽可能地舒适，吸引更多人加入到现场观赛的行列中来。

分众传媒可以根据不同的客户需求定制不同的信息获取途径，获得个性化的体验。北京申奥报告中提出四个“any”，即基本实现任何人在任何时间、任何相关场所使用任何信息终端设备，都能够安全、快捷地获取可支付得起的无语言障碍的个性化的信息服务。

建立体育场馆公众号，让观众在第一时间获取需要的比赛和场馆的详细信息。可以建立场馆室内导航系统，引导观众入座和疏散。可以通过控制中心将厕所位、车位的分布和使用情况及时传达给观众，以实现分流的目的，减少排队等候和交通拥堵的现象。

互动性，是新媒体的一个重要特征，传播的过程中，接收体和信息源可以产生互动。因此，新媒体时代的体育建筑，人不仅仅是被动地观赛，还可以是整个比赛氛围的营造者。所有进出场馆涉及的动作信息，可以经过统筹加工，形成完整的数据体系。观众可以通过新媒体和场内互动，例如可用建筑的灯光将观众兴奋的情绪直接反映出来。

未来体育场馆的每个座位都可能会接有光纤电缆，观众可以通过液晶显示器，享受一系列数字服务项目。这些服务项目包括高指向性话筒、个人虚拟现实设备、专业评论解说及翻译等，还可以用手柄下赌注买彩票、订餐饮。

如果人们来到体育建筑内进行健身活动，可以在网上查询自身健康信息、制定运动方案、交流运动经验等，还可以为商务活动、公关活动等提供相应的信息服务等。大型体育场馆已经朝一个庞大的综合体方向发展，体育场馆承载的责任越来越多，除了观看比赛，周边商品、小吃、高级会员俱乐部甚至米其林星级餐厅都可能出现在体育场馆的范围内，各个阶层的人都能找到满足自己需求的消费方式，这些功能都离不开自媒体的传播。

自媒体，是新媒体的另一个特征。自媒体（We Media）又称“公民媒体”或“个人媒体”，是指私人化、平民化、普泛化、自主化的传播者，以现代化、电子化的手段，向不特定的大多数或者特定的单个人传递规范性及非规范性信息的新媒体的总称。自媒体平台包括：博客、微博、微信、百度官方贴吧、论坛 /BBS 等网络社区。自媒体有别于由专业媒体机构主导的信息传播，它是由普通大众主导的信息传播活动，由传统的“点到面”的传播，转化为“点到点”的一种对等的传播概念。

新媒体时代，大型体育场馆作为城市活动的中心、人们聚集的公共空间，必然成为一个信息交换与传播的中心，成为自媒体关注的热点。因此，场馆本身可以是自媒体的关注点，场馆内的活动可以成为自媒体的关注点。当下的场馆设计，要考虑自媒体观众的需求，比赛的信息如成绩、球员、球队等应方便获取，方便传播。应该考虑自媒体拍摄的需要，可以人为制造很多摄影点，丰富观赛体验。

图 5-5-3　南京青奥体育公园体育馆临时直播台

要给观众创造更多的兴趣点，创造可以变化的兴趣点，持续成为自媒体的关注点，使这个建筑变得有流量，体育场馆可以承载更多，不限于赛事、演唱会、展览。比如利用余裕空间，变成民间体育和地下音乐的聚集点。

当新媒体引起体育活动的传播方式发生转变时，体育场馆的营销策略和方式也发生着改变。利用多种新媒体组合，信息反馈更加完整、及时，可以更科学地对场馆运营定位、场馆经营项目与服务选择、场馆活动、信息宣传推广、场馆客户关系的建立与维持等策略进行分析。依靠场馆网站实现场馆开发项目和经营内容的完整呈现，利用公众号进行营销活动、吸引公众主动参与，整合场馆活动信息宣传推广。通过自媒体互动，获取消费者评价、积极改进场馆服务质量等（图 5-5-3）。

第六节　新兴体育场馆

随着我国经济的迅速发展，各方面开始与国际接轨，各类体育项目也引进国内，其受欢迎程度呈现逐年上升趋势，出现了很多新兴体育项目。

新兴体育项目是指在国际上比较流行，国内开展不久或国内新创的，深受青少年喜爱的运动项目，如攀岩、轮滑、定向运动、野外生存、素质拓展、散打、电子竞技等。这些新兴体育运动项目的发展，也出现了与之配套的新兴体育场馆。

例如电子竞技运动，其由电子游戏发展而来，是电子游戏达到“竞技”层面的活动。电子竞技是以电竞游戏为基础，以信息技术为核心，以软硬件设备为器械，在信息技术营造的虚拟环境中，在统一的竞赛规则保障下公平进行的人与人之间的智力对抗性游戏比赛。通过运动，可以达到锻炼参与者的思维能力、反应能力、协调能力和意志力的目的，培养团队精神。

电竞运动发端于 1998 年，韩国人将电子竞技运动向职业化、产业化发展，推动国家经济向文化娱乐业转型。2016 年 4 月，在国际奥委会指导下，正式成立 IEGC 非营利组织——国际电子游戏委员会，并在巴西奥运会结束一个月后举办首届电子竞技奥运会。2017 年，国际奥委会发表公开声明，认可电竞是一项运动。2022 年的杭州亚运会，电竞将作为正式比赛项目出现。

2003 年，电子竞技被国家体育总局列为正式承认的第 99 个体育项目，成为一种全新的体育运动。把电子竞技列为一种体育项目，是互联网时代体育的一种新发展。

新的高科技体育项目如电竞深受广大青少年的喜爱。有数据显示，中国电竞爱好者占到了全球 45%，完全超过传统体育爱好者的占比。

电子竞技作为国家体育总局认可的正式比赛项目，职业化发展趋势迅速，有专业选手、职业教练、裁判和俱乐部等。

创立于 2000 年的世界电子竞技大赛（WCG）于 2009 年在中国成都举办 WCG 世界总决赛比赛，这也是第一次在中国的世界总决赛。2012 年，电竞游戏界的精英公司——暴雪娱乐在中国上海成功举办了战网世界杯。2012 年和 2013 年，连续两届 WCG 在中国昆山举办，这些赛事为中国电子竞技的发展起了举足轻重的作用。

农耕时代产生了田径比赛，工业时代产生了赛车比赛，信息时代产生了电子竞技比赛。电竞在观赏人群上已超过传统体育，《英雄联盟》年度大赛热度堪比 NBA。

2013 年 3 月 16 日，英雄联盟职业联赛诞生，中国占 LPL 和 LMS 两个赛区。LPL 成立是英雄联盟职业化和规范化的标志，也是网络游戏向电子竞技发展的里程碑。2018 年 5 月，中国 LPL 战队获得今年英雄联盟季中冠军赛的世界冠军，中国电竞迎来新的发展。

伽马数据发布的《2018 年电子竞技产业报告》显示，2018 年电子竞技产业市场规模将逾 880 亿元人民币，电竞产业距离千亿市场只有一步之遥，而电竞用户规模达到 2.6 亿，几乎占到全国总人口的 20%。中国拥有全球最大的电竞市场，并在此基础上了构建了一个逐步丰富的电竞生态。

既然是体育项目，就需要有运动场馆，像乒乓球、羽毛球、台球、游泳等项目一样，电子竞技也需要专业的比赛训练场所。

与中国电竞爱好者的规模成对比的是，由于区域赛落地难、赛事规范不足等原因，能参加线下赛事的爱好者还不到1%。

2013年，上海市宝山区高境镇挂牌成立上海电子竞技运动中心，这是全国首个永久性电子竞技专业场馆。场馆总建筑面积3000平方米，包含比赛大厅、训练基地、产品展示区、玩家互动区等多项功能区域，可举办WPC世界电竞职业精英赛。

2017年4月，由中国体育场馆协会组织编写的国家团体标准《电竞场馆建设标准》（征求意见稿）发布[①]。根据这个标准，电竞场馆分为四级（表5-6-1）。

电竞场馆等级划分 表5-6-1

等级	主要用途	建筑面积（平方米）	比赛区净高（米）	座位数	
				内场（活动座位）	外场（固定座位）
A	举办国际级比赛	>5000	>8	>500	>1500
B	举办国家级和单项国际性比赛	3000~5000	>6	300~500	1000~1500
C	举办地区性和单项全国性比赛	1000~3000	>4	300~500	
D	主要承担训练和赛事选拔功能	500~1000	根据实际需要	<300	

主要功能区包括比赛区、训练区、运动员区、观众区、展示交易区、新闻媒体区、主播区、互动体验区、休闲娱乐区、场馆运营区、赛事管理区。

2018年建成的《英雄联盟》WE战队主场馆，位于西安市曲江新区，有观赛座位共1000个，舞台机械、观众席、后台以及技术配套等均为甲级演播剧场系统配置。

2018年6月17日，首届LPL（《英雄联盟》职业联赛）的参赛队伍之一，RNG战队的新主场馆，全称RNG电子竞技中心，落户北京市海淀区复兴路69号“华熙LIVE”、五棵松HI-UP商圈。

RNG场馆原计划总建筑面积4500平方米，共三层。一层为演播大厅，面积1366平方米，挑高12米，可以容纳1500人同时观看比赛，配备专业的灯光音响和高清大屏，满足当前顶级电竞赛事的要求。二层为小剧场，面积355平方米，挑高6米，能容纳500多人。可以用来举办各种类型的发布会、颁奖会、粉丝见面会等。三层为主赛场，拥有60个互动电子屏幕，可容纳3000余人，能整体同步现场演出，为现场观众提供随时随地的精彩互动。场馆内还配备酒吧台、VIP包厢、衍生品陈列馆等。门厅采用多屏设施，屏幕墙宽21米，高2.9米，观众可以在门厅内无缝体验现场视

① 中国体育场馆协会. 中华人民共和国团体标准 T/CSVA 0101-2017- 电竞场馆建设标准 [S]. 2017，4.

频、弹幕，还可以边看边买，体验实时触屏购物，互动感十足。场馆外，是商业街区和面积近 20000 平方米的下沉广场与商业区，充分满足粉丝方方面面的休闲娱乐需求。RNG 是首个在北京建立主场的电竞俱乐部。

实际仅建设小剧场，可容纳观众约 750 人（图 5-6-1）。

2018 年 8 月《电子竞技场馆运营服务规范》出台，依此标准建造的首家电竞馆——联盟电竞天津馆完成落地。该场馆建筑面积近 4000 平方米，配置专业，能够满足绝大多数不同种类竞技赛事的需求，还设有大型游艺区、VR 体验区，并能承载戏剧演出、教育培训、餐饮服务等功能。

目前电竞场馆的盈利模式主要有：

①会员运营：销售不同等级的会员卡，利用会员制度保证稳定的顾客群体。

②活动策划：通过策划组织赛事、节日活动、团建包场、社交场景的搭建等项目获取一部分收益。

③电竞陪练：采用健身房模式提供陪练服务。

④租赁售卖：提供租赁或销售游戏周边产品。

⑤餐饮美食：提供美食、饮品及小吃等，开设休闲场所供大家交流、小憩。

电竞运动可以在普通的体育馆内临时搭建，尤其是大型电竞比赛，由于国内目前还没有大型的专业电竞比赛场馆，一般都在大型体育馆内进行。例如，2017《英雄联盟》职业联赛（简称：LPL）春季赛总决赛在南京奥体中心体育馆进行。2018 年 9 月，

图 5-6-1　北京五棵松体育中心 RNG 电竞馆

图 5-6-2　南京青奥体育公园体育馆英雄联盟总决赛

为期 4 天的英雄联盟七周年狂欢盛典，在座位数达 2.1 万座的南京青奥体育馆举办，包括 LPL 夏季总决赛、2018 全球总决赛 LPL 赛区选拔赛等。现场搭建从全景到细节，都独具匠心，南京青奥体育公园体育馆变成《英雄联盟》游戏的实物载体，"召唤师峡谷"实景舞台全球首次呈现，配合 AR 成像技术，外加根据比赛走势而配置的动态光影系统，为每一位来到现场的"召唤师"带来身临其境的沉浸式观赛体验。虚拟世界与现实世界的高度融合，将让每位前来现场观赛的"召唤师"不虚此行，为玩家带来了更加紧凑、丰富的赛事、表演以及线上、线下福利活动（图 5-6-2）。

电竞业作为新兴行业发展迅速，电竞场馆也拔地而起，具有巨大的商业潜质，在不久的将来，随着电竞俱乐部主场化的推进，电竞场馆不仅会成为当地的电竞中心，更会成为多元化的商业娱乐中心。

第七节　体育快闪社区

体育快闪社区可分为：

（1）快闪和快闪社区

快闪本来是"快闪行动"的简称，是新近在国际流行起来的一种嬉皮行为，可视为一种短暂的行为艺术。简单地说就是：许多人用网络或其他方式，在一个指定的地点，在明确指定的时间，出人意料的同时做一系列指定的歌舞或其他行为，然后迅速离开。“快闪行动”的成员均来自网络，彼此基本互不相识。

快闪并不是一个近年才兴起的概念，过去的农夫市集、跳蚤市场、百货花车都是符合快闪定义的形式。

城市中的很多活动，比如大型的体育比赛、展览、演唱会等，具有以下特点：

①准备周期长，一般布场需要 2~5 天时间，撤场需要 1~3 天时间；

②活动时间短，仅持续数日，甚至只有几个小时；

③短时间内集聚大量人群；

④活动地点经常位于城市的非中心区，平时人流量较少；

⑤活动的主办方，往往会在场馆周边或场馆内布置大量的临时设施，例如临时的安保、办公，还有餐饮、商业、休闲等。

在传统的城市规划中，设计关注场馆里举办的比赛、展览、演出等活动本身，考虑的重点是因人流的集聚而带来的交通和疏散问题，而对因为人流的短时间快速聚集、快速疏散而产生的行为关注不够。

因大型活动而产生的人流短时间快速集聚、快速疏散的现象，很类似“快闪行动”。因此，我们提出“快闪社区”的概念。

社区是在一定领域内相互关联的人群形成的共同体及其活动区域。一个社区包括一定数量的人口、一定范围的地域、一定规模的设施、一定特征的文化、一定类型的组织。传统建筑学意义上的社区，是城市中特定的区域，是经过一段时间发展起来的。

快闪社区，是因为某种活动或主题，快速聚集的人群及其活动区域，它具有以下特点：

①临时性

相对于城市传统社区，快闪社区无论是人员还是设施都是临时的。

②主题性

快闪社区都是因为特定的活动或者特定的主题而形成的。

③可变性

同一主题的快闪社区，其活动地点可以是不固定的。同一活动区域的活动主题，也不一定是固定的。

④移动性

快闪社区的建筑、设施都是可拆装的，可以快速、容易地安装，也可以快速、容易地拆卸，并可以运输和安装到其他适宜的位置。

因人流短时间快速聚集、快速疏散而形成快闪社区，如果我们关注快闪社区的人的活动，会涉及快闪公园、快闪店、快闪酒店、快闪停车场等，虽然这些在快闪社区概念产生之前就已经出现。

（2）快闪体育设施

因为举办大型体育活动如城市马拉松、大型体育赛事等，或者在体育场馆举办的大型活动如演唱会等，导致短时间内集聚人流而形成快闪社区，可以称之为体育快闪社区。体育快闪社区，可包含以下内容。

有些体育运动，不需要在专门的运动场地上进行，如马拉松、自行车等，举办地往往结合当地的人文、自然景观等特色，在已有的城市道路、公路上进行，因地制宜发展多样化赛事，推动运动与科技、旅游、健康、休闲、文化等产业融合发展。

有些本可以在体育场馆内进行的运动，如街头篮球，在城市广场或街边开阔地划出半个篮球场大小的平坦硬地，立一个篮球架，即可进行比赛。这样的运动条件宽松、形式简单、易于开展，更加吸引热爱时尚的年轻人，更具有娱乐性和观赏性。

为了适应这些体育运动的需要，临时的快闪体育设施出现，如临时场地、座椅、罩棚、围栏、临时用房等，国内已经开始有专业提供设施产品及安装、拆卸服务的公司。

（3）快闪公园

在大多数城市，公园是街区内的固定地点，设施及景观也基本固定，可以作为城市公认的地标。

快闪社区中的快闪公园，临时将空地快速改造为花园、公园等功能空间的形式，为人们提供休闲运动之用，甚至有很多艺术家可以在此进行艺术表演、创作。大型活动结束后，这里又恢复原有的景象。

快闪公园可以集合多元化的活动空间的需求，创建一个游乐的氛围，可以提供现场音乐表演、艺术展览、户外电影、烧烤等便利设施，并配以野餐风格的餐饮服务，成为一个有趣和富有刺激性的城市空间，创造社交生活的可能性与多样性，丰富人们的社交生活。

快闪公园还可以独立于一个特定的位置之外，设施的移动性可以适应任何地点。

体育中心、体育公园因为场地大、交通便利，是设置快闪公园的理想场所，实例如南京青奥体育公园内举办的森林音乐会（图 5–7–1）。

在体育场馆举办大型比赛期间，利用场馆周边的广场、公园设置主题性快闪公园，可以营造比赛期间的文化氛围，提高观众的参与性和娱乐性（图 5–7–2）。

（4）快闪店

快闪店在市中心街道、热门商场或城市人流聚集的广场设立临时的铺位，供品牌

图 5-7-1 南京青奥体育公园快闪商业设施

图 5-7-2 上海旗忠网球中心快闪街区

商在较短的时间（几天到几个月）推销其品牌，从而抓住因话题或感官刺激聚集起来的目标消费者们。

快闪店可位于室外，也可位于大型商场、场馆等室内。

快闪社区中的快闪店，主要利用短时间人流大量集聚的特点来经营，其目的可以是营销和品牌推广，也可以是快速获取利润。

快闪店可通过各种方式，吸引目标人群，强烈的第一印象是营造惊喜感最重要的部分。不同于常规门店，如何制造热点话题和抓住感官刺激让消费者停下来，是快闪店的最低诉求和第一要务。

视觉设计能让人们在短时间内对一间快闪店留下深刻记忆，因此店铺设计是需要考虑的首要问题，排在营销和销售方式之前。

运用新技术带来酷炫的视觉与互动效果，和 VR、灯光等新科技手段，制造让消费者过目不忘的效果，增强消费者的体验感。

快闪店可挖掘快闪社区潜在的社交功能，一般的方式是运用“社交参与”作为货币进行交换，即通过消费者现场拍照上传朋友圈或分享给好友等行动来换取快闪店中展示的商品或其他折扣。这种方式可以加速快闪店的传播，在信息碎片化、传播高速化的今天，能够保证话题有效的持续传播，并从与消费者的互动中，获得更多信息。

（5）快闪酒店

快闪酒店，是由一个个简易房间组成，即拆即建，客人聚集到哪儿就盖在哪儿，所以又称为即建即拆酒店，是从2010年左右发展起来的一种酒店。快闪酒店能提供一个开放的平台，供人们聚会并分享创意理念，这是其近年来快速发展的一个原因。

快闪酒店在一些大型活动、节日集会颇受欢迎。比如，2012年伦敦奥运会和英国格拉斯顿伯里音乐节（Glastonbury Music Festival）举行之际，快闪酒店都曾出现在附近，为人们提供方便的住宿。

以前，大多数参加格拉斯顿伯里音乐节的人们只能委身于帐篷、睡袋，而自从快闪酒店出现后，客人可以在条件较好的临时房间内，享受到亚麻材质的床单、蓬松的枕头、套房内独立的卫生间以及24小时不间断的电力供应。

2012年伦敦奥运会期间，伦敦北部的Hainault森林国家公园用集装箱搭建了一个临时酒店，320间客房为奥运会短期内涌入伦敦的大批游客提供了一种新的住宿选择。

快闪酒店可以是帐篷、小木屋、集装箱，甚至是颇具创意的季节性气泡酒店。快闪酒店具有很高的灵活性和性价比。传统酒店通常需要五六年的建设时间，快闪酒店可能只需要两到四周，甚至1~2天，并且快闪酒店的房价要比传统酒店低很多。

快闪酒店也并不意味着简陋，现代化酒店房间的所有物品，包括隔板、床铺、沙发、洗手间以及能够装饰酒吧、餐厅的配件，都可以统一“打包”。甚至，只要顾客需要，室内游泳池和临时运动场也能配备。现在已经出现了Snoozebox（瞌睡屋）这样的公司，为季节性热门场所提供短期奢华住宿的引领者。

（6）快闪停车场

大型活动的停车场，是一个值得研究的问题。如果大量配置停车场，平时会闲置。如果停车场配置较少，在举办活动的时候又不能满足要求。

快闪停车场的概念，利用人流较少可以临时封闭的道路，或者周边闲置的空地，布置临时停车场，解决停车问题。

第八节　体育小镇

据国际经验显示，当人均GDP超过8000美元时，体育健身将成为国民经济的支柱型产业。近年来，随着我国游客对多样化体育运动和旅游休闲需求日益增长，体育旅游已经成为重要的生活方式，产业发展也形成了较大的市场规模。国家旅游局公布的最新数据显示，2015年我国人均GDP达到7500美元，体育旅游实际完成投资791亿元，同比增长71.9%，预计未来几年我国体育消费将迎来爆发式增长。到2020年，我国体育旅游总人数将达到10亿人次，占旅游总人数的15%，体育旅游总的消费规模有望突破1万亿元。

2014年10月20日国务院颁布《关于加快发展体育产业促进体育消费的实施意见》，2016年7月1日，住建部、国家发改委、财政部联合下发《关于开展特色小城镇培育工作的通知》。在这两个政策的引导和影响下，旅游、文化、健康等项目元素融入体育产业，形成体育产业的新业态——体育特色小镇。

未来，体育特色小镇将成为我国体育产业发展的新动力。“体育+休闲小镇”为热门趋势，徒步、滑雪、潜水、滑翔、运动自行车、马拉松等新兴运动项目注入小镇，成为体育特色小镇建设的首要选择。

体育小镇可分为四类：休闲型体育小镇、康体型体育小镇、赛事型体育小镇、产业型体育小镇。

休闲型体育小镇一般依托景区，与旅游结合，以良好的生态环境为基础，聚集多种具有参与性与体验性的体育休闲运动如山地运动、水上运动、球类运动、冰雪运动、传统体育运动、特种运动等，形成以休闲为核心的多个参与型体育项目。面向大众消费，充分考虑家庭不同年龄段人群的体育需求，打造体育休闲、娱乐、教育等拥有完整体系的项目聚集区。

新西兰皇后镇，是旅游休闲与体育共生发展的典范。小镇依托新西兰第三大湖泊瓦卡蒂普湖和南阿尔卑斯山，以极限、探险为核心，蹦极、高空弹跳、喷射快艇等为特色，形成了数量众多的户外休闲运动项目，并提供高端住宿、特色餐饮等全方位的旅游度假服务，是新西兰最著名的户外活动地，被称作“极限运动的天堂”。

浙江绍兴柯桥酷玩小镇，位于鉴湖—柯岩旅游度假区内，建设面积3.7平方公里，有3个国家4A景区和众多大型项目，与浙江国际赛车场、鉴湖高尔夫场、乔波滑雪馆等体育休闲项目结合。

随着老龄化社会来临，人们对健康的需求越来越高，康体型体育小镇以温泉、负氧离子等自然资源或养身、禅修等人文资源为基础，以低运动量、低风险的体育运动为载体，打造以康体、养生、修心、教育等为核心的体育项目聚集区，消费较为高端。

康体型体育小镇营造的是一种全新的健康生活方式，其打造重点在于面向养生人群、亚健康人群、中老年人群不同的需求，提供具有针对性的、完善的健康硬件配套设施及健康服务。最终，形成一个以运动健康养生为主题，拥有养生环境、养生运动项目、养生服务及养生居住四大体系的度假综合体。

印度普纳奥修国际静心村，以瑜伽运动为核心，教授短期体验课程、长期居住研究学习班、治疗或团体课程、儿童青少年课程，提供特色购物、有机素食、静心住宿等一系列配套服务，形成以瑜伽运动为特色的小村镇。

赛事型体育小镇具备优越的场地条件，高标准的赛事场馆以及高水平的赛事服务能力，以有影响力的单项体育赛事为核心，延伸相关服务，辅以休闲体验活动。

上海浦东新区英伦体育小镇，以上海环球马术冠军赛为基础，以英国马术为最重要的展示环节，融合英国著名的本土品牌、工艺品和皇室用品，突出英伦文化特色。

浙江百丈时尚体育小镇，位于泰顺的飞云湖畔，成功举办全国露营大会、国际山地户外运动挑战赛、全国青少年皮划艇赛等各类国际、国内赛事，吸引国家赛艇青年队、辽宁省皮划艇队和曲棍球队等连年进驻冬训（图 5-8-1）。

浙江海宁马拉松小镇，位于钱塘观潮景区内，总规划面积 3.6 平方公里，依托景区 12 公里的生态绿道，沿途铺设一条绿色马拉松赛道，打造永久性的马拉松赛事。

南京利用南京市水上运动学校搬迁到卧龙湖的契机，计划将卧龙湖打造成集水上运动、比赛、培训、旅游、康养居住为一体的健康体育小镇（图 5-8-2、图 5-8-3）。

产业型体育产业小镇一般分布在大中城市周边，以体育用品或设备的生产制造为基础，形成第二产业、第三产业融合发展的产业聚集区。

意大利北部蒙特贝卢纳镇位于特雷维索省，有着悠久的手工制鞋历史，全球约 80% 的赛车靴、75% 的滑雪靴、65% 的冰刀鞋和 55% 的登山鞋等运动鞋均产自此镇。大量生产企业的聚集，促进了商业、居住及公共服务等城市功能的配套完善，形成了

图 5-8-1　浙江百丈时尚体育小镇
（https://www.sohu.com/a/238941628_776037.）

图 5-8-2 南京卧龙湖水上运动体育小镇总平面图

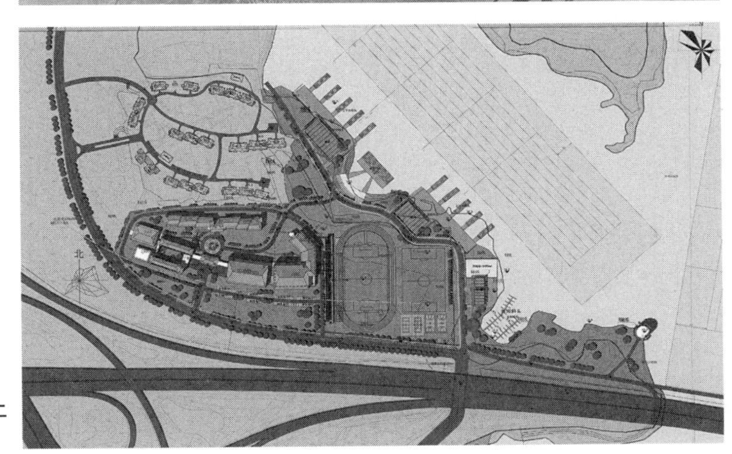

图 5-8-3 南京卧龙湖水上运动学校总平面图

“运动鞋生产集群 + 城市服务功能”的小镇。

浙江德清莫干山裸心体育小镇，拥有以泰普森等企业为龙头，主营健身休闲、场馆服务及体育用品的销售和制造的 70 余家企业，将体育、健康、文化、旅游等产业有机融合，力求打造“户外运动赛事集散地、山地训练理想地、体育文化展示地、体育用品研发地、旅游休闲必经地和富裕民众宜居地”。

浙江富阳银湖智慧体育产业小镇，是中国球拍之乡、滑翔伞训练基地、龙舟器材研发中心、赛艇研发制造基地，规划面积 3 平方公里，建设面积 1 平方公里。依托体育产业基础，通过智慧产业的驱动，发展特色化体育休闲旅游，打造成智慧型产业和旅游相融合的体育小镇。

体育小镇是体育产业化发展的一个新趋势，是我国推动现代化城镇建设，实现城乡一体化发展，促进供给侧结构性改革的重要举措。2016 年，我国进入建设阶段的体育小镇已经超过 100 个，2017 年 8 月，国家体育总局公布首批国家级运动休闲特色小镇数量达 96 个。未来，还会有更大的发展。

第六章

体育场馆与应急管理体系

城市公共安全是城市可持续战略的重要组成部分。目前，中国还处于社会转型时期，建立一个行之有效的城市公共安全应急管理机制，应对突发性公共事件，是提高城市公共安全管理水平、构建和谐社会的必然需求。

在现代社会，城市公共安全已经不仅指传统的安全和公共安全秩序，还包括预防各种重大事件、事故和灾害的发生、保护人民生命财产安全、减少社会危害和经济损失的基础保障，尤其有效应对突发公共事件，使公众享有安全和谐的生活和工作环境以及良好的社会秩序，这是加强社会管理和公共服务的重要内容，是全面建设小康社会的基础。

突发公共事件是指突然发生，造成或者可能造成严重社会危害，需要采取应急处理措施予以应对的自然灾害、事故灾难、公共卫生事件和社会安全事件。

2005 年 1 月 26 日，国务院通过《国家突发公共事件总体应急预案》，明确各类突发公共事件分级分类和预案框架体系，规定了应对特别重大突发公共事件的组织体系、工作机制等。

第一节　应急避难场所

根据 2006 年 1 月国务院颁布的《国家突发公共事件总体应急预案》的规定，根据突发公共事件的发生过程、性质和机理，要指定或建立与人口密度、城市规模相适应的应急避险场所，保证人员防护安全。

应急避难场所是指为应对突发事件，具有应急避难生活服务设施，在突发性灾害发生时快速、有序疏散安置人员、可供临时生活的安全场所，为避难人员提供基本生活环境、保证避难人员安全的空间，也是应急救援、医疗救助、伤员转运和物资分配的必要场所。建设完善的避难场所体系对提高城镇防灾能力，保证灾后社会稳定和正常运行至关重要，最大限度地减少人员财产损失。

美国作为发达国家，其避难场所的设置也较为完善，很早就建立了各类避难所，包括飓风避难所、生物和化学灾难避难所、核辐射避难所、地震避难所、爆炸避难所、火灾避难所、暴风雨避难所等。

日本是较早注重防灾规划建设的国家之一，早在江户时代（1603—1867 年），日本就建立了第一个防灾避难所——御救小屋。日本根据空间特性，把避难场所分为三类：

①公园型：利用城市公园、公共绿地、广场以及大型室外停车场等大面积室外开敞空间作为避难场所。

②学校型：日本《建筑基准法施行令》要求学校必须成为抗震"第一避难所"。

③体育馆型：分为中心型、固定型和临时型三种类型。

我国应急避难场所起步较晚，1976年唐山地震后，才对防灾避难场所有所认识。2003年，建成第一个应急避难场所，北京元大都城垣遗址公园应急避难场所。为了举办2008年北京奥运会，北京在城市中心建立了29处应急避难场所。

2008年12月颁布的《中华人民共和国防震减灾法》规定，"城乡规划应当根据地震应急避难的需要，合理确定应急疏散通道和应急避难场所，统筹安排地震应急避难所必需的交通、供水、供电、排污等基础设施建设。"

2016年12月，国家发改委和中国地震局发布《防震减灾规划（2016—2020年）》，强调"加强城市大型综合应急避难场所和多灾易灾县（市、区）应急避难场所建设"，在省会和百万人口以上城市将应急避难场所和紧急疏散通道、避震公园等内容纳入城市总体规划，拓展城市广场、绿地、公园、学校和体育场馆等公共场所的应急避难功能。

2017年1月，住建部和国家发改委联合颁布了《城市社区应急避难场所建设标准》，加强和规范城市社区应急避难场所建设，满足城市社区防灾减灾的需要。

应急避难场所主要包括：

①应急指挥中心

②应急住宿

③应急物资储备

④应急医疗中心

应急避难场所建设可采取以下几种方式：

①体育馆式应急避难场所，指赋予城市内的大型体育馆和闲置大型库房、展馆等应急避难场所功能。

②人防工程应急避难场所，指改造利用城市人防工程，完善相应的生活设施。

③公园式应急避难场所，指改造利用城市内的各种公园、绿地、学校、广场等公共场所，加建相应的生活设施。

④林地式应急避难场所，指利用符合疏散、避难和战时防空要求的林地。

⑤专门的应急避难场所。可作为避难场所的用地和设施包括公园、绿地、广场、体育场、大型室内公共建筑和人防地下室。选址要充分考虑场地的安全问题，注意所选场地的地质情况，避开地震断裂带，洪涝、山体滑坡、泥石流等自然灾害易发地段；选择地势较高且平坦空旷、易于排水、适宜搭建帐篷的地形；选择在高层建筑物、高

耸构筑物的跨塌范围距离之外的地段；选择在有毒气体储放地、易燃易爆物或核放射物储放地、高压输变电线路等设施影响范围之外的地段。应急避难场所附近还应有方向不同的两条以上通畅快捷的疏散通道。

第二节　体育馆与应急避难场所

目前我国已建的防灾避难场所大多以现有公园、绿地、广场、体育场地和中小学操场等开放空间为主，此类场所需要大量的救灾物资且防寒、防风雨能力不足，并且在人员密集的地区仅靠城市中的开放空间往往难以满足避难需求，所以利用学校、体育馆等暨有建筑兼做避难场所是今后防灾避难场所建设的发展方向之一。

在应急避难场所中，体育馆建设量大、覆盖面积广，是一种很好的开敞空间，且具有周边交通便利、体量较大、空间划分灵活、配套设施全面等特点，在城市防灾避难过程中能够发挥较大作用。

体育馆建筑是城市重要的公共活动设施之一，我国大部分县和县级市均已建设体育馆。2008 年，江苏省绝大部分县（市、区）都已建成 3000 座以上体育馆。

体育馆一般占地面积较大，与周边其他功能区及建筑有较大距离，相互干扰少；室外场地比较宽敞；给水排水、供配电、通讯等市政配套设施相对齐全；对外交通便捷，内部联系顺畅，停车及回车场地相对充足。

体育馆具有典型的高大空间特点，体育馆比赛场地尺寸类型少、基本相似；内部功能分区明确，各分区出入口和流线相对独立，又联系便捷；各功能区配套设施齐全且相对独立；具有良好的消防、安全疏散、结构、设备、无障碍等设施和基础条件。

体育馆建筑的上述特点，有利于多功能利用。在城市突发公共事件等状况下，有利于救援车辆、救护车等车辆的快速进出；有利于在室外场地进行临时分区与临时搭建、安排各类临时停车和物资周转；室内比赛场地能容纳较多的床位，与比赛场地相邻的功能区适于改造为既独立又有联系的相关功能用房。

应对突发性公共卫生事件，以及应对地震、大型火灾、战争等其他公共安全事件，体育场馆快速、高效地转换为临时避难场所，具有重要的战略意义。

日本，城市防灾避难系统将体育场馆作为重要组成部分，已达到城市应急避难标准的大型体育场馆、学校体育场馆和社区体育场馆有序分布，共同参与形成广泛分布、层级结构合理的防灾网络，大大提升了城市在应对突发状况时的反应速度和组织的有效性。

体育场馆在国内城市应急中的作用越来越显著。2008 年 5 月 7 日发布的国家标准《地震应急避难场所场址及配套设施》，规定应急避难场所的场址选择包括体育场、室内公共的场、馆、所。“5·12”汶川大地震时，都江堰体育场、绵阳九洲体育馆不仅成为受灾人民的落脚点，还是救灾临时应急指挥中心的最佳选择和抢险救灾物资集中和中转的最佳场所。近年来，在提升城市应急管理水平的总要求下，不少城市也将体育场馆纳入整体应急管理体系当中。

第三节　体育馆与应急医疗中心

应对突发公共卫生事件的应急医疗中心，是城市应急管理的重要组成部分。

突发公共卫生事件是指突然发生，造成或者可能造成严重损害社会公众健康的重大传染病疫情、群体性不明原因疾病、重大食物和职业中毒以及其他严重影响公众健康的事件。

传染病主要分为呼吸道传染病、消化道传染病、虫媒传染病、动物源传染病、接触传播传染病等。

自 2003 年以来，SARS、甲型 H1N1、“新冠”肺炎等呼吸道传染病在世界范围内大规模爆发，这给人类社会的稳定和经济的发展带来了巨大的威胁。在突发公共卫生事件下，完善传染病防控体系，提高传染病防控应对能力成为当下我们面临的严峻课题。

我国医疗设施的配建一般考虑综合城镇化、交通环境、人口分布等因素，按各区市原则上设立一所传染病院，县级市一般没有传染病院的设置要求。由于医院、传染病院不能按突发灾害时期的需求和容量进行建设，因此，在重大灾害时医疗资源极易严重短缺。2003 年 SARS 疫情和 2019 年底开始的新冠肺炎疫情发生时，都出现过大量病人不能及时收治的情况。

面对突发性公共卫生事件，习近平总书记要求，“完善重大疫情防控体制机制，健全国家公共卫生应急管理体系”。我国《突发公共卫生事件应急条例》指出“预防为主、常备不懈”的方针和“统一领导、分级负责、反应及时、措施果断、依靠科学、加强合作”的原则。

2019 年末暴发“新冠”肺炎疫情，2020 年 2 月 3 日，武汉将洪山体育馆、武汉客厅、武汉国际会展中心、武汉体育中心体育馆等改造成方舱医院。此后，武汉又建设 11 家方舱医院，共可提供万余张床位。其中 5 座利用体育馆快速改造，可提供床位 4000 余张，用于收治确诊轻症病人，取得了很好的效果。

武汉洪山体育馆方舱医院是新冠疫情暴发后最早的一批方舱医院之一，共有约 800 张床位（图 6-3-1、图 6-3-2）。

武汉体育中心包括 6 万座体育场、1.3 万座体育馆、3200 座游泳馆。武汉体育中心“方舱医院”分为体育馆 600 个床位和训练馆 400 个床位。

体育馆总占地面积 228830 平方米，总建筑面积 50736 平方米。体育馆“方舱医院”设置有 6 个大病区，每个大病区下设置若干中病区，中病区下设置若干小病区，每个小病区以 4 个床位为单位呈四方形围合墙面隔离（图 6-3-3~ 图 6-3-5）。

图 6-3-1　武汉洪山体育馆比赛场地

图 6-3-2　武汉洪山体育馆改造为方舱医院

图 6-3-3　武汉体育中心体育馆改造为方舱医院

图 6-3-4　武汉体育中心体育馆方舱医院病床区

图 6-3-5　武汉体育中心体育馆方舱医院搭建

1. 体育馆转换为应急医疗中心的优势

由于体育比赛的需要，除内场比赛场地外，一般体育馆一层主要有运动员区、裁判区、媒体区、办公区、贵宾区 5 个功能区，每个功能区的上下水、空调等配套设施齐全且相对独立。不同的功能区为相关人员设计了相对独立、流线不交叉又具有一定联系的不同出入口。

由于体育馆从城市分布、空间使用特点、功能配置、结构和消防的安全性能等方面具有转换为临时应急医疗场所的兼容性，大多数体育馆在城市突发公共卫生事件等状况下，利用原有设施和功能用房，比较容易转换成符合"三区两通道"要求的临时医疗中心。

利用体育馆改造成临时应急医疗场所，具有以下优点：

①可容纳床位数多，一般中小型体育馆就可以容纳 300~500 张床位。

②使用效率高，需要医护人员少。

③很多体育馆占地面积大，四周空旷，距离其他建筑较远，相互干扰少。

④对外交通便捷，内部联系通畅，有充足的停车及回车场地，能满足救护及其他医疗车辆的快速抵达及快速撤离。

⑤给排水、供配电、通讯等市政设施齐备，安防、无障碍等设施齐全，建筑周边有宽敞的室外空间。

⑥比赛大厅为大跨度结构的高大无柱空间，且对外出入口便利，在其内部临时搭建拆改都很方便。

我国大部分县和县级市均已建设体育馆或体育中心，但普遍没有配备传染病医院。为加强应对突发性公共卫生事件，以及应对地震、大型火灾、战争等其他公共安全事件，研究体育场馆快速、高效地转换为临时应急医疗中心，提高设计和建设预案的科学性和有效性，具有重要的战略意义。例如，江苏省宝应县体育馆，改造为临时应急医疗中心，可安置符合规范要求的床位 496 床，优势非常明显（图 6-3-6）。

利用体育馆改造为临时应急医疗中心，需要遵守以下原则：

①应急性原则：应在功能布局、设备设施及运维等方面体现应急特征；应充分利用工业化建造技术，如采用装配式、模块化、成品等技术措施，就地取材，优先采用当地成熟的施工技术，满足应急防控的需要。

②安全性原则：应遵循安全至上的原则，保障建筑结构安全、设施设备运行安全、消防安全和环境安全，确保医护人员和患者的安全。

③合理性原则：应选择在选址条件、建筑空间结构、机电系统等方面具备应急快

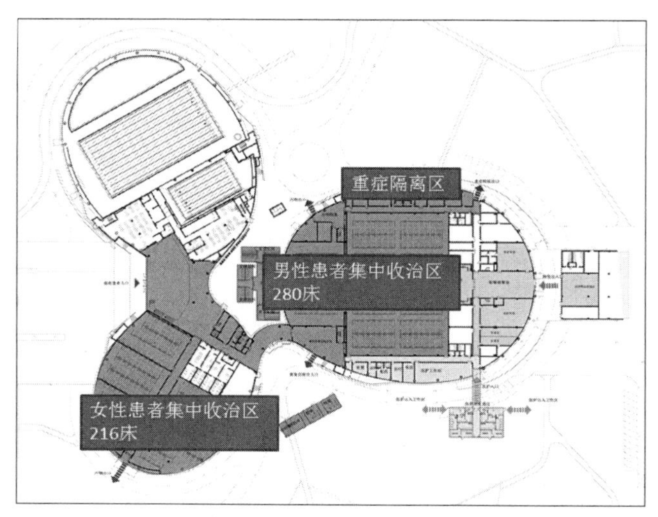

图 6-3-6　江苏省宝应县体育馆改造为方舱医院平面图

速改造条件的体育馆，妥善落实医疗流程和使用要求，制定合理改造方案，确保临时医疗设施有效运行。

④可逆性原则：应充分结合与利用现有空间划分、建筑结构、设备设施、机电系统等，尽量不改动或少改动，制定适宜的改造方案，为后续恢复原使用功能提供便利条件。

⑤实操性原则：改造设计应结合当地气候、经济、社会条件，充分考虑设施储备、经费投入、使用效率、施工条件、部门协同等因素，便于快速组织实施。

2019 年末暴发“新冠”肺炎疫情，2020 年 2 月 3 日，武汉利用洪山体育馆、武汉客厅、武汉国际会展中心改造成方舱医院。此后，武汉又建设 11 家方舱医院，总共将可提供万余张床位。其中 5 座利用体育馆快速改造，可提供床位 4000 余张，用于收治确诊轻症病人，取得了很好的效果。方舱医院配置的设备只有体温计、血氧饱和度测试仪、血压计、吸氧机等最基础的医疗物资。2%~5% 由轻症转重症的患者转入定点医院诊治。

2020 年 2 月 5 日，湖北省住房和城乡建设厅发布《方舱医院设计和改建的有关技术要求》。

2020 年 2 月 23 日，江苏省住房和城乡建设厅发布《公共卫生事件下体育馆应急改造为临时医疗中心设计指南》，江苏省若干县市开展体育馆应急改造为临时医疗中心的设计工作，作为应急预案和技术储备。

“新冠”肺炎疫情在全世界暴发后，美国版方舱医院则收治非病毒感染的病人，这样可以避免交叉感染，也减轻常规医院的压力，让常规医院集中资源收治病毒阳性的病人。

2. 体育馆转换为应急医疗中心的设计策略

在突发公共卫生事件时，根据城市医疗设施和疫情情况，防控体系会有不同的需求。作为防控体系的一个子系统，体育馆转换的临时医疗设施的功能定位和其可实现的救护能力相关。

根据疫情特点及发生的地区，在特定地区防控体系下，分析重大疫情下现有防控体系的待完善之处和体育馆建筑的特点，研究体育馆转换为临时医疗设施的准确定位，明晰收治对象、诊疗手段和设计策略。在突发公共卫生事件时，防控体系需要应对疑似病人、确诊轻症病人、确诊重症病人。同时分流轻症非传染病人、可以节约医疗资源也在考虑的范围之内。

具体对医疗设施的要求见表 6–3–1：

应急医疗中心医疗设施要求 表6–3–1

	疑似病人	确诊轻症病人	确诊重症病人	轻症非传染病人
交叉感染风险	高	低	低	低
医疗设施需要“三区两通道”布局	是	是	是	否
医疗设施需要病床隔间	是	否	是	否
诊疗要求	低	低	高	低

我国传统的传染病防治医疗机构主要有：综合医院传染科、传染病医院、疾控中心等。在突发公共卫生事件、医疗设施不能满足要求时，需要通过改造、新建、扩建临时医疗设施（表 6–3–2）。

改造、新建、扩建临时医疗设施基本情况可行性统计表 表6–3–2

	旅馆宿舍转换应急医疗设施	野战方舱医院	新建应急传染病医院	改建既有综合医院	大空间建筑转换应急医疗设施
防范交叉感染风险能力	高	低	高	高	低
可实现“三区两通道”布局	是	是	是	是	是
病床隔间	是	否	是	是	否
诊疗条件	低	低	高	高	低
床位数	中	低	低	中	高
医护效率	低	低	低	低	高
建造、转换成本	低	低	高	低	低
建造、转换时间	快	低	慢	快	快
需要充足的物资储备	否	是	否	否	否

正因为如此，新冠疫情暴发的时候，我国主要利用旅馆建筑作为隔离和收治疑似病人的场所，大空间建筑转换为应急医疗设施收治确诊轻症病人，新建应急传染病医院和改建既有综合医院收治确诊重症病人。而在美国，则利用大空间建筑收治非传染性轻症病人。

可以转换为临时应急医疗设施的大空间建筑，主要有公共体育馆、展览馆、大空间厂房、仓库等，他们的特点如表 6–3–3。

大空间建筑特点 表6–3–3

	公共体育馆	展览馆	大空间厂房、仓库
数量、分布	多	少	多
交通便利情况	是	是	否
设施、设备配套齐全	是	是	否
结构安全等级	高	高	低
消防设施配备齐全	是	是	否

收治不同病人的要求如表 6–3–4。

收治病人要求 表6–3–4

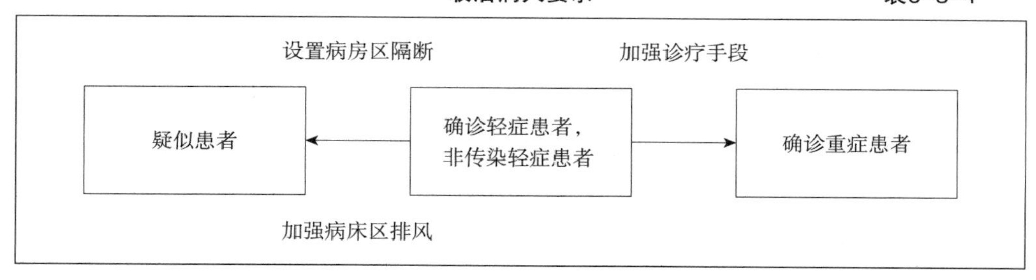

呼吸性传染病防治，核心问题是建筑环境的感染风险控制，防止医护人员被感染以及病人的交叉感染。

传染病医院的清洁区、污染区、半污染区设置独立的空调系统，并形成梯级负压，保证气流从清洁区→半污染区→污染区方向流动，是防止病毒扩散、保证医护人员安全的有效手段。

但体育馆高大空间能否有效形成负压尚存争议，也有人认为，体育馆转换为临时医疗中心，可以按照“清洁区—隔离区”进行划分，或者认为在保证清洁区安全的前提下，隔离区可以不强求负压。

因此，需要明晰空间环境与医疗安全之间的作用机制，对建筑室内环境的感染风险进行识别和选择，对风险要素的等级分布进行分析，并根据风险要素的风险等级，确立每类问题的控制要点和控制策略（表 6–3–5、表 6–3–6）。

不同建筑设施感染风险情况　　表6-3-5

	诊疗功能		感染风险控制		环境污染控制	
	病房区病床布置	大型诊疗设备	病房区空调排风	医护人员卫生通过	病人卫生间	污水处理
采用固定设施对体育功能的影响	大	大	中	小	小	小
采用临时设施的建设时间	快	快	快	中	中	慢
采用临时设施时，建议预留主要固定配套	安装接口	进出通道、基础、用电接口	风管接口、过滤装置接口	基础、给水排水接口	基础、给水排水接口	三格化粪池等

应急病房功能定位、风险控制、设计策略图示　　表6-3-6

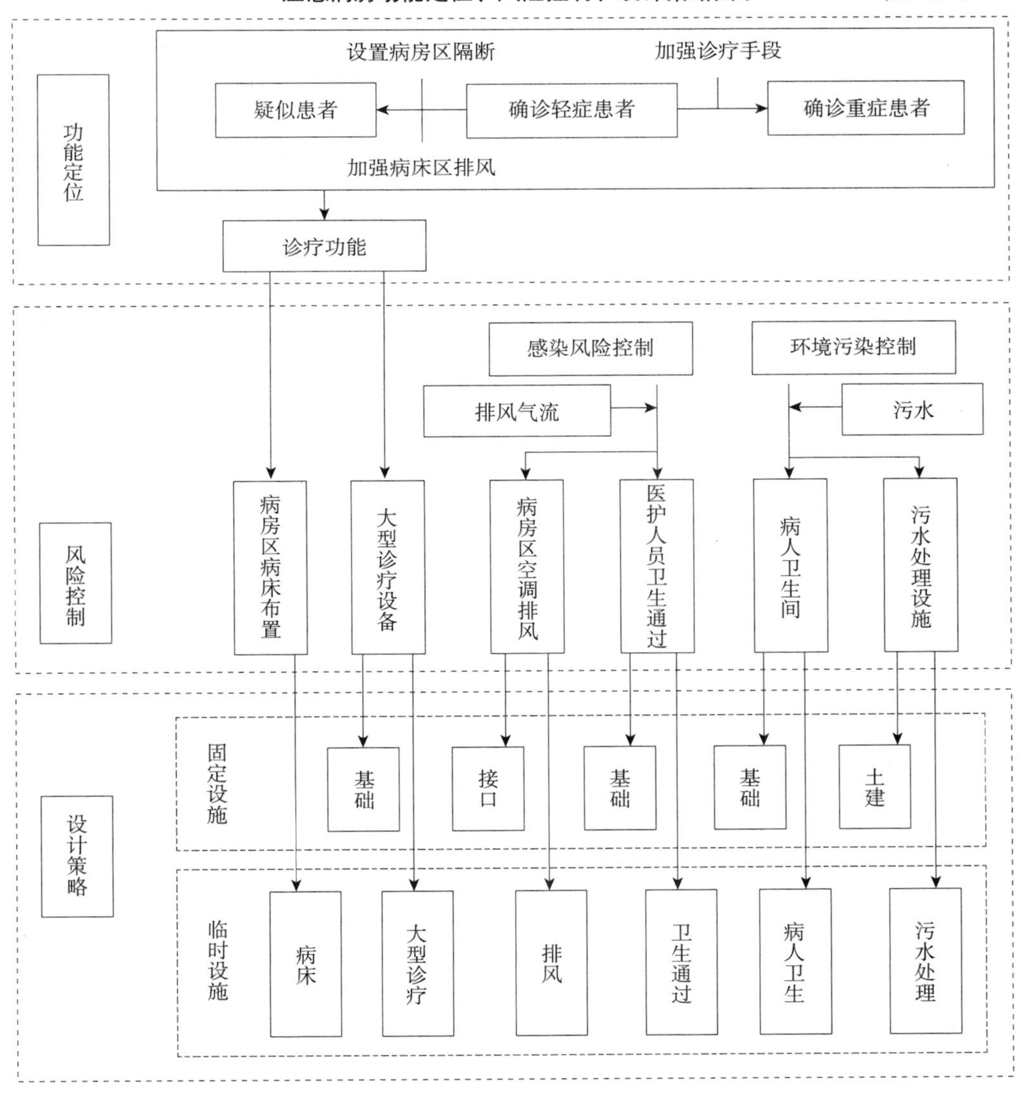

体育馆高大空间内形成有效负压区，需要合理设置体育馆空调系统及分区，在转换为临时医疗中心时，通过开启和关闭不同区域的相关空调设备，实现合理的气流组织方式。

传染病医院病房区，需要通过科学的排风方式，将病人呼出的病毒很好地控制在床体范围内，而不会进一步扩散，从而有效地保护医护人员的安全。临时医疗中心的病房区在体育馆比赛大厅内临时搭建，如果临时设置病床排风系统，需要根据开敞、半开敞病房区的气流特点设计。

传染病医院的污水，含有大量的细菌、病毒等致病病原体，还含有有毒、有害的化学药剂，具有空间污染、急性传染和潜伏性传染的特征，危害性很大，因而对医院污水进行无害化处理是非常重要的问题。

病人卫生间污水，可以收集后集中运送到专门的地点处理，集中收集以及运输要考虑安全性和可靠性，如果可能最好就地处理。

其他污废水可以利用体育馆排水系统就地处理后排入城市排水管网。

3. 体育馆临时转换为应急医疗中心案例

（1）总平面规划与建筑设计

总平面规划应合理利用现有场地的各出入口，有效进行功能分区，洁污、医患、人车等流线组织应清晰，避免交叉感染。妥善处理废水、废弃物，满足环境安全和卫生防护要求。

改造设计应严格符合“三区两通道”的要求。污染区和半污染区均为隔离区。清洁区与隔离区之间应严密分隔，并设置相应的卫生通过和缓冲间。清洁区、半污染区、污染区宜分别布置在原体育馆的不同防火分区内，以减少改造工作量。

严格遵循医护人员与患者流线分设、清洁物流和污染物流分设的原则，严防交叉感染。结合医护人员工作流程，应按清洁区→半污染区→污染区顺序，合理组织流线；患者入院与出院流线应分设，重症患者转运出口应独立设置。

根据国家卫健委和住建部联合印发的《新型冠状病毒肺炎应急救治设施设计导则（试行）》和《方舱医院设计和改建的有关技术要求》，临时应急医疗中心参照传染病医院的流程进行布局，建筑平面结合卫生安全等级分为清洁区、隔离区（半污染区和污染区），采用“三区两通道”（污染区、半污染区、清洁区；医务人员通道、患者通道）的格局、实施医患分区，医务人员与患者的交通流线，清洁物流和污染物流分设专用路线，严防交叉感染。

清洁区包括更衣室、配餐室、值班室及库房，半污染区指位于清洁区与污染区之间、有可能被患者血液、体液等污染病毒的区域，包括医务人员的办公室、治疗室、护士站、患者用后的物品、医疗器械等处理室、内走廊等。不同区域可以用不同色彩标识区分，相邻区域之间设置相应的卫生通过或缓冲间。

（2）气流组织与排风设计

①办公等清洁区开启新风装置（适当增加新风量），污染区、半污染区开启独立的排风装置使其形成梯级负压。体育馆的排风机一般位于建筑屋顶，如体育馆距离其他建筑距离较远，可直接利用体育馆排风系统。如体育馆距离其他建筑较近，需临时设置排风装置，并在排出口安装消毒、过滤设施。

②排风系统考虑室内风量，平衡进风通道，进风通道的布置应考虑各区域形成有效的梯级负压，即污染区负压最大，半污染区次之、清洁区正压。同时，进风通道的进风口应位于室外清洁区。

③医护人员通过“一次更衣—二次更衣—缓冲间”后，从清洁区进入污染区，在“一次更衣”临时设置不小于 30 次 / 小时的送风，各相邻隔间设置 D300 通风短管，气流流向从清洁区至隔离区。医护人员通过“缓冲间—脱隔离服间—脱防护服间—脱制服间—淋浴间— 一次更衣”后，从隔离区返回清洁区，在“缓冲间—脱隔离服间”设置不小于 30 次 / 小时的排风，各相邻隔间设置 D300 通风短管，气流流向从清洁区至污染区。

④临时卫生间位于室内的，设置临时排风系统，满足换气次数 12 次 / 时，排风机入口加装高效过滤器。

⑤严寒和寒冷地区可采用电暖气片、电热毯采暖。

⑥每个隔离病房区域，设置具有杀菌消毒功能的空气过滤器。

⑦病床区设置为有顶的分隔小间，每个隔间需设置独立的排风系统。

设置临时检测设备，随时监测送、排风机故障报警信号，保证风机正常运行；随时监测送排、风系统的各级空气过滤器的压差报警，及时更换堵塞的空气过滤器，保证送、排风风量。

（3）污水处理与给排水设计

①临时卫生间的污水消毒后运出处理；设置于室内的临时卫生间，通过污水提升器提升至室外，集中收集消毒后运出处理。

②医护人员及病房区应单独设置饮用水供水点，可以采用瓶装水或饮水机供给。

③在车辆停放处，临时设冲洗和消毒设施。

（4）方案示例

江苏南部某县级体育中心，位于城南开发区。体育馆为乙级体育建筑，总建筑面积 1.5 万平方米，固定座席数 2597 座。内场尺寸 53 米 ×38 米，满足省级运动会的篮球、手球等单项比赛（图 6-3-7）。

①洁污分流、医患分流、人物分流的总平面规划

体育中心位于城市南部正在开发的新区，周边大部分地块尚未建设。而且交通便捷，方便人员转移和应急物资的运输。

由于体育公园用地大，绿化率高，体育馆与周边的建筑相距较远，距离最近的建筑也在 100 米以上，体育馆转换为临时医疗中心后，排风均经过消毒过滤处理后高空排放，可以有效防止对周边建筑的影响和污染。

由于体育中心具有四个出入口，多条交通线路，且普通观众和内部管理及持证人员车辆可以有效分流。临时应急医疗中心外部流线，按照“洁污分流、医患分流、人物分流”的原则设计，可实行全封闭管理，各分区之间利用现有道路可实现物理分隔，各种流线互不交叉（图 6-3-8）。

利用体育馆周边停车场，设置临时车辆清洗消毒设置。

②参照传染病医院的流程，严格采用“三区两通道”布局。

为了满足呼吸道传染病诊治的要求，临时医疗中心按照“三区两通道”布局，建筑平面结合卫生安全等级分为污染区、半污染区、清洁区，医患分区。医务人员与患者的交通流线，清洁物流和污染物流分设专用路线，严防交叉感染。区域划分明确，标识清楚。医护人员按“清洁区—半污染区—污染区”的工作流程布置工作区域，为医护工作者提供安全可靠的工作环境（图 6-3-9、图 6-3-10）。

设计利用比赛场地、训练场布置病床区（污染区），并且男女分区。分组团护理，

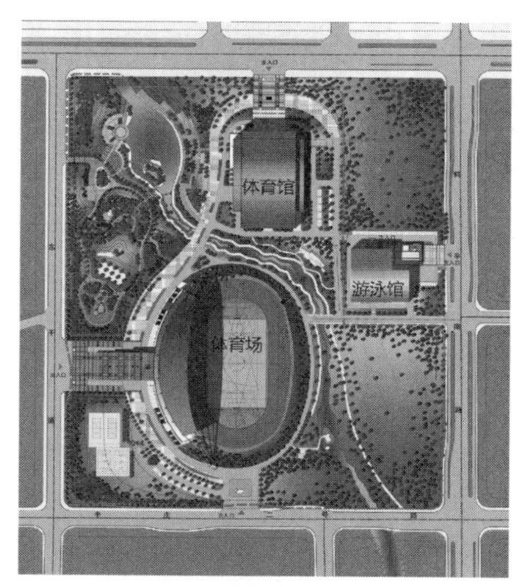

图 6-3-7　江苏南部某县级体育中心总平面图

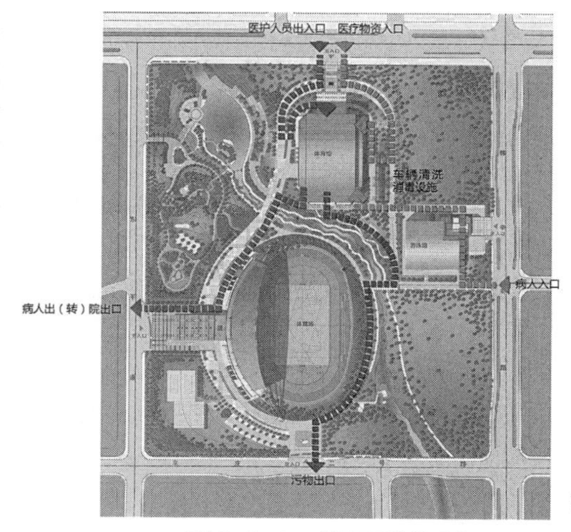

图 6-3-8　总平面流线分析

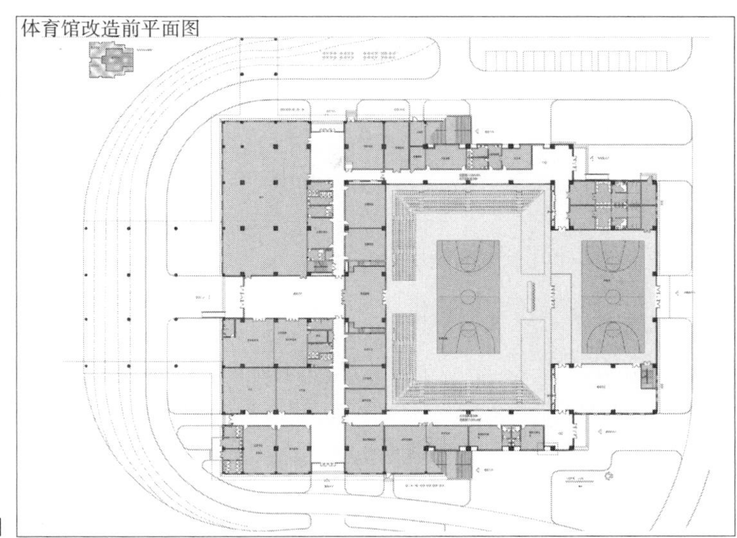

图 6-3-9　体育馆原平面图

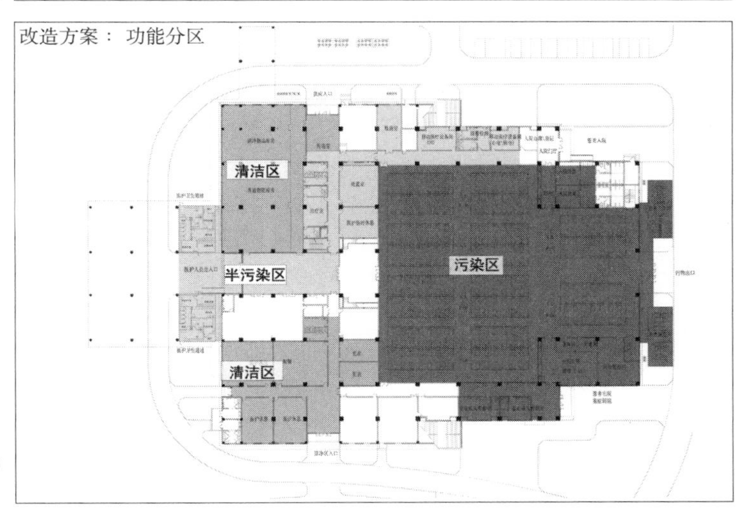

图 6-3-10　体育馆改造为临时应急医疗中心平面图

每个组团少于 42 床；通过智能化的管理措施进行床位安排，老弱人群临近内院卫生间。

这座 38 米 ×53 米的小型体育馆比赛场地和训练场地，可布置病床 264 床，效率非常高。

病人卫生间需在室外临时设置，洗漱及淋浴可以利用运动员更衣室。裁判员区设置重症病人留观和转院等候区，利用器材库设置消毒间和垃圾临时储存间。

力量训练房、兴奋剂室等运动员用房布置护士站、值班室、治疗处置室（半污染区）。利用进入内场的通道作为医护人员进入污染区的入口，并临时搭建缓冲区。

在办公区设置更衣、配餐、医护休息、库房等用房，利用贵宾休息室设置医护人员值班室（清洁区）。

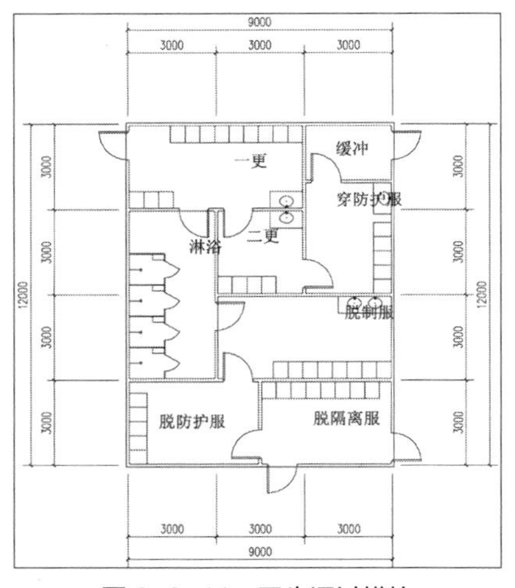

图 6-3-11 卫生通过模块

病人从运动员入口进入，在运动员门厅完成安检、消毒、登记，进入病房区。康复病人在器材库打包、消毒、办理出院手续后离开。重症转院病人可从裁判员出入口离开。

媒体用房等，可设置医护人员临时隔离生活区、办公等用房。

卫生通过设置于体育馆外，采用临时搭建。医护卫生通过分为进入限制区卫生通过和返回清洁区卫生通过。进入限制区卫生通过按照感控流程，按顺序设置工作服—一次更衣间—防护服二次更衣间—缓冲间。返回清洁区卫生通过应按照感控流程，按顺序设置缓冲间—脱隔离服更衣间—脱防护服更衣间—脱制服更衣间—男女卫生间、淋浴间— 一次更衣间（图 6-3-11）。

临时医疗中心的诊疗设施一般比较简单，可以根据治疗的需要，外接 DR、检验、核酸检验的临时诊疗模块，提高诊疗手段（图 6-3-12）。

③分类别的污水、废水收集与处理

传染病医院的污水，含有大量的细菌、病毒等致病病原体，还含有有毒、有害的化学药剂，具有空间污染、急性传染和潜伏性传染的特征，危害性很大，因而对医院污水进行无害化处理是非常重要的问题。

临时应急医疗中心的污水、废水也必须得到有效处理，防止污染城市市政管网。

病人盥洗卫生间临时搭建，设盥洗区、男女卫生间、男女淋浴间。男厕每 20 人

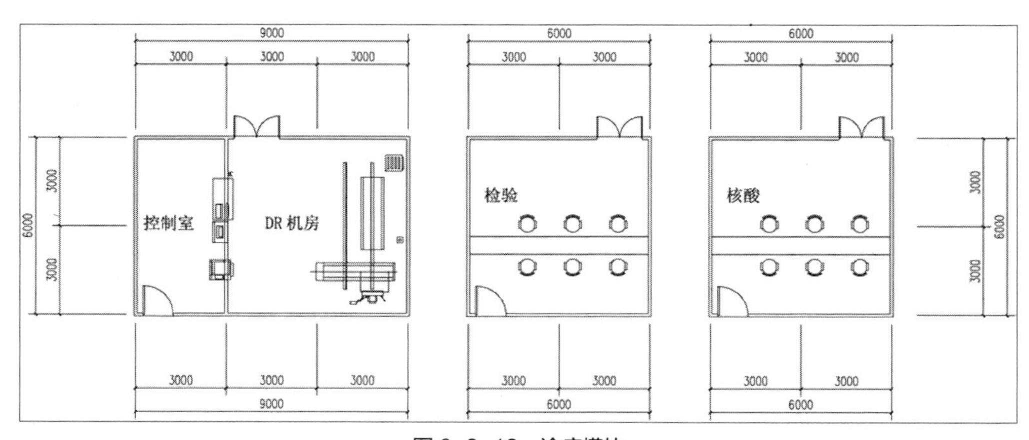

图 6-3-12 诊疗模块

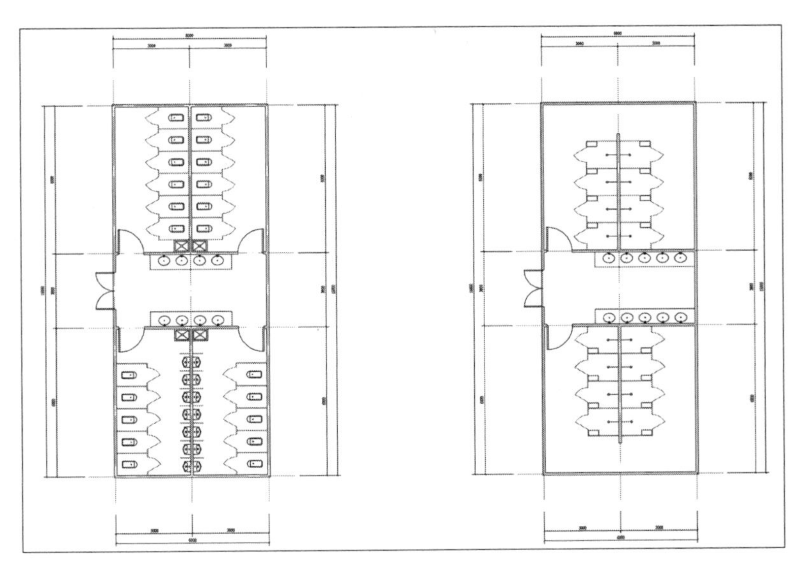

图 6-3-13　病人盥洗间、卫生间模块

配备一个蹲位和一个小便斗，女厕每 10 人配备一个蹲位。病人临时卫生间污水、病区废水集中收集消毒后，运送至有条件的地方再处理（图 6-3-13）。

其他污水、废水利用现有管网排入化粪池，对于有条件进行现场消杀的，消毒杀菌达标后方可排入市政污水管网。若没有条件，一次杀毒后，集中收集处理。清空原有化粪池，封堵未用室外排水管网，末端切断与市政污水管网接口，污水消毒后储存于化粪池中外运处理。污水处理在化粪池前设置预消毒工艺，预消毒池的水力停留时间不宜小于 1 小时。

④排风系统

由于体育馆的不同区域，新风、空调设施相对独立，可独立控制，可以按照传染病医院的特点组织送排风系统。不同污染等级区域的压力梯度设置，保证气流从清洁区—半污染区—污染区方向流动。

清洁区利用原有新风系统，关闭排风系统，保证室内正压。

半污染区通过控制新风系统和排风系统，保持室内微负压。

污染区设临时排风系统，排风口位于各区床位下部，通过风管连接至原有排风机高空排放，如果原排风机不能便捷利用，可以考虑临时设置。风管采用塑料管或成品软管，安装方便、快捷。排风总管上设置粗效、中效、高效三级过滤器处理，防止污染周围大气。病房区新风通过开启通往清洁区域的门窗自然进入。

第四节 平疫结合的体育馆

2019 年“新冠”疫情在全世界暴发后，武汉利用体育馆改建为方舱医院，收治确诊轻症病人。方舱医院配置的设备只有体温计、血氧饱和度测试仪、血压计、吸氧机等最基础的医疗物资。2%~5% 由轻症转重症的患者转入定点医院诊治。

和中国做法不同，美国的方舱医院则收治非病毒感染的病人，这样可以避免交叉感染，也减轻常规医院的压力，让常规医院集中资源收治病毒阳性的病人。

以上实践，存在以下问题：

①利用普通体育馆转换为临时医疗设施，由于缺乏“平疫结合”的预案，转换成本高、速度慢、效率低。疫情过后，拆除和恢复体育馆功能的成本也比较高。

②作为应急机制之一，体育馆转换为临时医疗设施，和整个公共卫生防疫体系的耦合关系缺乏研究，启动时间、收治对象、诊疗方式、医疗设备配置模式和城市的社会经济发展水平、疫情特点等缺乏科学严谨的对应关系。

③对体育馆大空间建筑在转换为应对呼吸道传染病临时医疗设施后，建筑空间环境、设施设备特点和感染风险控制机制研究不足，医护流线、功能分区等借鉴传染病医院的“三区两通道”模式，实现难度大；医护流线长；位于开敞大空间下的病房区病床之间没有分割，交叉感染问题存在争议。

武汉建设方舱医院，借鉴野战机动医院的理念，体育馆设置病房单元，体育馆外设医疗方舱、技术保障方舱、生活保障单元等，依托成套的装备保障完成救治等任务。这种方式，医护人员流线相对较长。

对临时医疗设施的余污水特点和处理缺乏研究，除病人卫生间外的污废水就地消杀处理，可能存在氯残余超标的问题。病人卫生间的污水，收集后运至有条件的地点集中处理，可能存在漏出风险。

为了更高效、更有力地应对未来可能的突发事件和疫情，新建县级以上体育馆，可综合考虑快速转换临时应急传染病医院的预留，部分已建体育馆也可改建完善。这样就可以实现“平疫结合”型体育馆，在需要转换为临时医疗中心时，尽量不改造或少改造体育馆现有功能空间。而且具有较完备的医疗条件，针对不同的疫情具有合理的诊疗手段。病房区可以有效防止交叉感染。在完成救治任务之后，体育馆也可以快速恢复原有功能。

平疫结合的体育馆，需要考虑以下几个问题：

1. 卫生通过设置

体育馆各功能区布局应考虑转换应急医疗中心的功能分区、出入口、功能用房、通道及分隔、对不便于临时搭建的部分，应按永久设施设置。

卫生通过室是医护人员进入和撤离隔离区的重要通道，是保证医护人员安全的重要措施。武汉目前大部分体育馆改建为方舱医院的卫生通过室，采用在体育馆外临时搭建的方法，造价高、速度慢，同时也使得医院功能分区和流线不够合理。

可利用体育馆卫生间，疫情时转换为卫生通过室。淋浴间利用卫生间，临时加装电热水器及淋浴头，其他用房临时隔断，并设置预留卫生通过区送排风系统。

由于卫生通过位于清洁区和隔离区之间，诊疗流程更加合理，整个医院的分区也更加合理。

以上面的案例为例，可以将卫生通过、病人盥洗间等设置于体育馆内（图 6-4-1~图 6-4-3）。

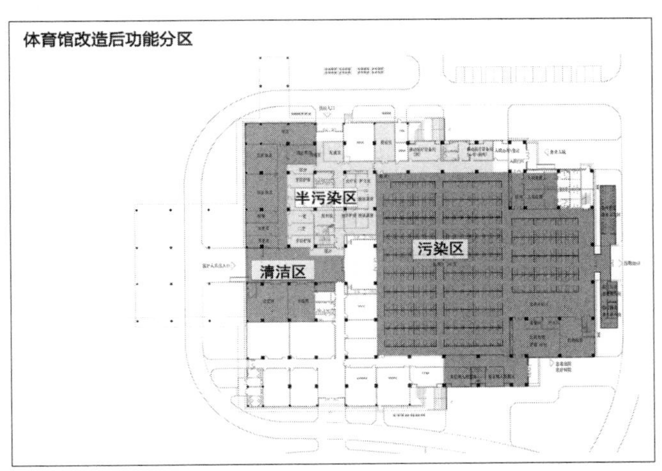

图 6-4-1　平疫结合的体育馆平面图

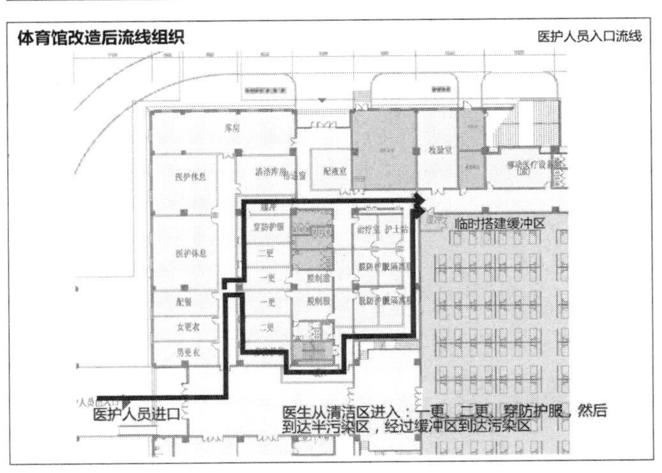

图 6-4-2　平疫结合的体育馆医护人员卫生通过进入流线

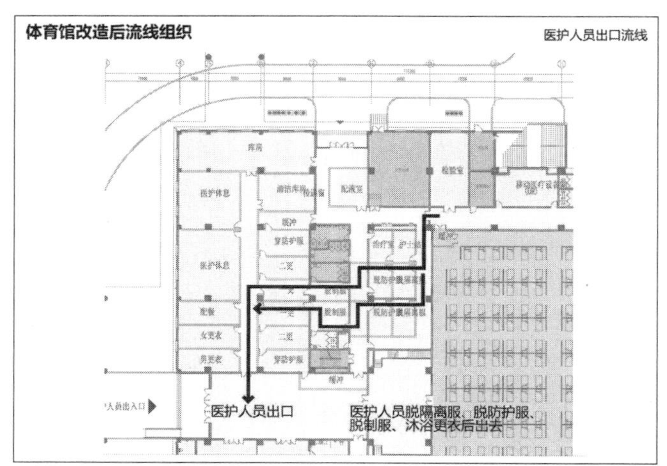

图 6-4-3　平疫结合的医护人员卫生通过撤离流线

这样的设计，医护人员从贵宾入口进入，在卫生通过室一次更衣、二次更衣，进入缓冲区，穿防护装备后进入隔离区。医护人员离开隔离区，在卫生通过区缓冲间脱防隔离服、脱防护服、脱制服、淋浴、一次更衣后，到达清洁区。

2. 污水处理

体育馆转换为临时医疗中心后，需要根据不同类别的污废水的性质，设置不同的处理系统。因此，平疫结合的体育馆，可以设置完备的污水处理设施和管线，在疫情期间可通过阀门转换等简单操作，转换为符合传染病医院的污水处理系统。

设置固定的卫生间，在疫情期间转换为患者卫生间。患者卫生间产生的污水，尽可能设置固定的处理设施，或预留移动式污水处理的接口。如需要运至专门场所处理，可设置独立的可切断与市政管网联系的化粪池。

3. 暖通设计

传染病医院的清洁区、污染区、半污染区设置独立的空调系统，并形成梯级负压，保证气流从清洁区→半污染区→污染区方向流动，是防止病毒扩散、保证医护人员安全的有效手段。

但体育馆的高大空间能否有效形成负压尚存争议，也有人认为，体育馆转换为临时医疗中心，可以按照“清洁区—隔离区”进行划分，或者认为在保证清洁区安全的前提下，隔离区可以不强求负压。这方面的问题需要进一步研究，将对平疫结合的体育馆的空调系统设计产生一定的影响。

应预留三级过滤装置的安装接口，方便疫情发生时快速安装。

目前的方舱医院的病床区位于开敞的高大空间下，相互干扰大，且存在交叉感染的隐患。可设置三面围合一面开敞的带顶病床隔间，私密性和卫生条件改善很多。开敞面朝向走道，方便医护人员查房巡视。

病房区隔断通常可采用装饰板材，为了快速拆装，选择利用成品 3 米 ×3 米 ×2.5 米的标准展位布置病房隔间，轻质板材或膜材吊顶，搭建速度快，可重复利用。标准展位是最常见的展览用品，库存多，生产厂家多，不会出现材料供应困难的情况（图 6–4–4）。

传染病医院病房区，需要通过科学的排风方式，将病人呼出的病毒很好地控制在床体范围内，而不会进一步扩散，从而有效地保护医护人员的安全。临时医疗中心的病房区在体育馆比赛大厅内临时搭建，需要研究开敞、半开敞病房区的气流特点，临时设置病床排风系统。

采用 3 个标准展位布置的病房区隔间，可布置床位 4 张，可设置具有独立的排风系统，排风口高度位于病床之下，有效防止交叉感染。风管可采用软管等，设置病床排风系统，需要预留排风管安装接口和吊挂点，并事先考虑安装条件（图 6–4–5）。

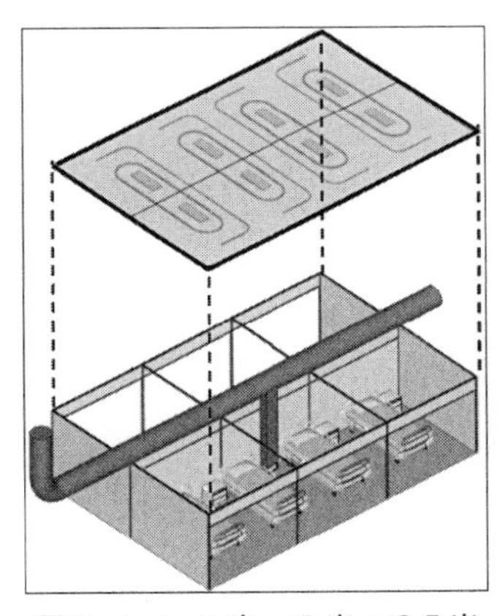

图 6–4–4　3 米 ×3 米 ×2.5 米标准展位布置病房隔间

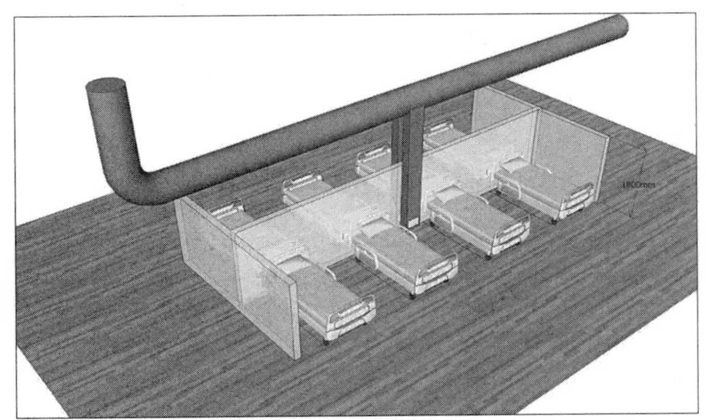

图 6–4–5　病房隔间临时排风

参考文献

[1] 人民体育出版社．中华人民共和国体育运动文件汇编（一）[M]. 北京：人民体育出版社，1955.

[2] 国家体委政策研究室．体育运动文件选编：1949 ～ 1981[M]. 北京：人民体育出版社，1982.

[3] 国家体委体育场地普查办公室．全国体育场地普查资料汇编 [M]. 中华人民共和国体育运动委员会，1984.

[4] 张鲁雅．中华体育之最 [M]. 北京：人民出版社，1990.

[5] 国家体育总局．中国体育年鉴（1996）[M]. 北京：中国体育年鉴社，1999.

[6] 国家体育总局．改革开放 30 年的中国体育 [M]. 北京：人民体育出版社，2008.

[7] 北京建筑设计院．体育建筑设计 [M]. 北京：中国建筑工业出版社，1981.

[8] 曾涛．体育建筑设计手册 [M]. 北京：中国建筑工业出版社，2000.

[9] 李玲玲，杨凌．当代建筑创作理论与创新实践系列——体育建筑 [M]. 哈尔滨：黑龙江科学技术出版社，2000.

[10] 梅季魁．大跨建筑结构构思与结构选型 [M]. 北京：中国建筑工业出版社，2002.

[11] 梅季魁．现代体育馆建筑设计 [M]. 哈尔滨：黑龙江科学技术出版社，2002.

[12] 杨永生．中国四代建筑师 [M]. 北京：中国建筑工业出版社，2002.

[13] 北京市规划委员会．2008 北京奥林匹克公园及五棵松文化体育中心规划设计方案征集 [M]. 北京：中国建筑工业出版社，2003.

[14] 北京市规划委员会．2008 北京奥运：北京奥林匹克公园森林公园及中心区景观规划设计方案征集 [M]. 北京：中国建筑工业出版社，2004.

[15] 服部纪和．体育设施 [M]. 北京：中国建筑工业出版社，2004.

[16] 江苏省建设厅，江苏省体育局，江苏省土木建筑学会．江苏体育建筑 [M]. 北京：中国建筑工业出版社，2007.

[17] 马国馨．体育建筑论稿——从亚运到奥运 [M]. 天津：天津大学出版社，2007.

[18] 北京市规划委员会 .2008 奥运・城市 [M]. 北京：中国建筑工业出版社，2008.

[19] 建筑创作 . 北京市建筑设计院 2008 奥运建筑设计作品集 [M]. 天津：天津大学出版社，2008.

[20] 李相如，凌平，卢峰．休闲体育概论 [M]. 北京：高等教育出版社，2008.

[21] 梅季魁，奥运建筑——从古希腊文明到现代东方神韵 [M]. 长沙：湖南科学技术出版社，2008.

[22] 梅季魁 . 体育建筑设计研究 [M]. 北京：中国建筑工业出版社，2010.

[23] 李玲玲 . 体育建筑创作新发展 [M]. 北京：中国建筑工业出版社，2011.

[24] 徐亚尼 . 体育产业与现代城市发展 [M]. 兰州：甘肃文化出版社，2011.

[25] 龙固新 . 大型都市综合体开发研究与实践 [M]. 南京：东南大学出版社，2011.

[26] 金坤 . 综合・高效・专业・多元——公共体育场馆建筑设计特征研究 [M]. 杭州：浙江大学出版社，2015.

[27] 刘伟，钱锋 . 真实与诗意的构筑——当代体育建筑的材料运用 [M]. 北京：人民交通出版社，2016.

[28] 中国体育场馆协会 . 中华人民共和国团体标准 T/CSVA 0101–2017– 电竞场馆建设标准 [S]. 2017.

[29] 杰兰特・约翰，罗德・希尔德，本・维克多 . 体育场馆设计指南 [M]. 北京：中国建筑工业出版社，2017.

[30] 李南，杜长亮 . 城市社区体育设施规划与服务质量研究 [M]. 北京：科学出版社，2018.

[31] 孙一民 . 精明营建：可持续的体育建筑 [M]. 北京：中国建筑工业出版社，2019.

[32] 中国体育科学学会,中国建筑学会体育建筑分会 . 新中国体育建筑 70 年 [M]. 北京：中国建筑工业出版社，2019.

[33] 徐长玉 . 中国经济改革 30 年：历程、成就与问题 [J]. 延安大学学报，2008，30（6）.

[34] 王红茹 . 奥运收益有多大 [J]. 中国经济周刊，2008，34.

[35] 韩本毅 . 中国城市化发展进程及展望 [J]. 西安交通大学学报（社会科学版），2011，31（3）.

[36] 周娟 . 蹴鞠二十五篇在后世文献中的分类及存佚考证 [J]. 齐齐哈尔示范高等专科学校学报，2016，3.

[37] 江小涓 . 中国体育产业发展趋势及支柱地位 [J]. 管理世界，2018，5.

[38] 韩学明，申海军，郑兵 . 建国 60 年中国竞技体育发展研究 [J]. 体育文化导刊，2009，8.

[39] 史国生 . 对民国时期中央体育场建筑的考证 [J]. 体育文化导刊，2005，8.
[40] 李显国 . 我国近代体育竞赛表演市场发展研究 [J]. 体育文化导刊，2014，4.
[41] 周新民 . 我国古代体育建筑研究 [J]. 体育文化导刊，2015，2.
[42] 何超，施翔 . 中国近代体育建筑研究 [J]. 体育文化导刊，2017，10.
[43] 王少宁，毋江波 . 空间与文化视野下的我国古代体育建筑研究 [J]. 体育文化导刊，2018，3.
[44] 邱光标，陈伟霖 . 在社会主义市场经济体制下，我国体育商业化的思路和走向 [J]. 福州大学学报（社会科学版），1996，10（1）.
[45] 田夏，龚明波 . 举办大型体育比赛对城市发展的影响 [J]. 北京体育大学学报，2002，25（3）.
[46] 卢元镇，于永慧 . 改革开放以来北京市体育场馆发展研究 [J]. 广州体育学院学报，2006，26（2）.
[47] 王忠杰，崔瑞华 . 全民健身场馆产品属性、配置及优化策略 [J]. 武汉体育学院学报，2012，46（8）.
[48] 肖谋文 . 新中国群众体育政策的历史演进 [J]. 体育科学，2009，4.
[49] 杨青松 . 我国体育政策研究述评 [J]. 武汉体育学院学报，2011，45（1）.
[50] 金世斌 . 改革开放以来我国体育政策演进与价值嬗变 [J]. 体育与科学，2013，34（1）.
[51] 袁守龙 . 从"举国机制"到政府、市场和社会的协同——对中国竞技体育发展的思考 [J]. 体育科学，2018，38（7）.
[52] 黄薇 . 第四代体育场 [J]. 建筑创作，2002，7.
[53] 林娜 . 建筑中国 60 年：建筑创作发展历程分析（一）[J]. 建筑创作，2009，6.
[54] 曾坚 . 中国建筑师的分代问题及其他 [J]. 建筑师，1995，12.
[55] 李萍萍，王鹰翅，林隽 . 广东奥林匹克体育中心规划 [J]. 规划师，2003，19（5）. 王西波，魏敦山 . 大型体育场馆的规划选址 [J]. 规划师，2008，2.
[56] 胡家浩 . 2008 年奥运会提升北京竞争力的反窥 [J]. 南京体育学院学报，2011，25（1）.
[57] 罗彦，周春山 . 50 年来广州人口分布与城市规划的互动分析 [J]. 城市规划，2006，30（7）.
[58] 广州新城规划发展的再思考——亚运村规划建设与新城开发 [J]. 城市规划学刊，2009，2.
[59] 卫兆骥，杜顺宝 . 体育馆建筑设计的几个问题——从南京五台山体育馆谈起 [J]. 南京工学院学报，1978，3.

[60] 陈巍，胡孔国，王言诃 . 江苏省五台山体育中心体育馆抗震性能分析 [J]. 建筑结构，2010，40（S2）.
[61] 杨锡鏐 . 北京体育馆设计介绍 [J]. 建筑学报，1955，3.
[62] 尹淮 . 重庆市人民体育场 [J]. 建筑学报，1956，9.
[63] 林克明 . 广州体育馆 [J]. 建筑学报，1958，6.
[64] 北京市规划管理局设计院体育场设计组 . 北京工人体育场 [J]. 建筑学报，1959，Z1.
[65] 魏敦山 . 万人体育馆设计方案探讨 [J]. 建筑学报，1959，7.
[66] 北京市规划管理局设计院体育场设计组 . 北京工人体育场 [J]. 建筑学报，1959，Z1.
[67] 北京市建筑设计院北京工人体育馆场设计组 . 北京工人体育馆的设计 [J]. 建筑学报，1961，4.
[68] 浙江省工业设计院，浙江省基建局第一工程处，国家建委建筑科学研究院 . 采用鞍形悬索屋盖结构的浙江人民体育馆 [J]. 建筑学报，1974，3.
[69] 江苏省建筑设计院，南京工学院建筑系 . 南京五台山体育馆 [J]. 建筑学报，1976，1.
[70] 北京市建筑设计院首都体育馆设计组 . 首都体育馆 [J]. 建筑学报，1976，1.
[71] 上海市民用建筑设计院上海体育馆现场设计组 . 首都体育馆 [J]. 建筑学报，1976，1.
[72] 内蒙古体育馆比赛馆 [J]. 建筑学报，1977，3.
[73] 山东省建筑设计院体育馆设计组，山东体育馆 [J]. 建筑学报，1980，5.
[74] 梅季魁，郭恩章，张耀曾 . 多功能体育馆观众厅平面空间布局 [J]. 建筑学报，1981，2.
[75] 魏敦山，胡珊珊 . 上海游泳馆设计 [J]. 建筑学报，1984，6.
[76] 梅季魁 . 探索・创新・综合——全国中小型体育馆设计竞赛述评 [J]. 建筑学报，1984，7.
[77] 浙江省建筑设计院 . 西藏体育馆 [J]. 建筑学报，1986，1.
[78] 陆景兴 . 湖北省洪山体育馆简介 [J]. 建筑学报，1986，7.
[79] 丁先昕 . 西双版纳体育馆方案 [J]. 建筑学报，1986，7.
[80] 王正夫 . 国外体育建筑的设计思想 [J]. 建筑学报，1986，7.
[81] 广州市设计院 . 广州天河体育中心 [J]. 建筑学报，1987，12.
[82] 马国馨 . 环境设计与环境意识——北郊体育场馆创作笔记之一 [J]. 建筑学报，1988，5.
[83] 马国馨 . 国家奥林匹克体育中心总体规划 [J]. 建筑学报，1990，9.
[84] 单可民 . 奥林匹克体育中心体育场 [J]. 建筑学报，1990，9.
[85] 闵华瑛 . 马国馨 . 奥林匹克体育中心体育馆 [J]. 建筑学报，1990，9.
[86] 刘振秀 . 奥林匹克体育中心游泳馆 [J]. 建筑学报，1990，9.

[87] 黄星元 . 海淀体育馆 [J]. 建筑学报，1990，9.
[88] 马国馨 . 第三代体育场的开发和建设 [J]. 建筑学报，1995，5.
[89] 梅季魁 . 效率和品质的追求——黑龙江速滑馆设计 [J]. 建筑学报，1996，8.
[90] 钱锋 . 上海卢湾区体育馆的“本”与“魂”[J]. 建筑学报，1998，1.
[91] 蔡鹤年 . 北航体育馆简介 [J]. 建筑学报，2001，6.
[92] 郭明卓 . 建筑与环境——广州新体育馆设计的启示 [J]. 建筑学报，2002，2.
[93] 马国馨 . 奉献给北京奥运的创新理念 [J]. 建筑学报，2003，5.
[94] 梅季魁，罗鹏，陆诗亮 . 惠州体育馆设计 [J]. 建筑学报，2004，12.
[95] 罗鹏，梅季魁 . 大型体育场馆动态适应性设计框架研究 [J]. 建筑学报，2006，5.
[96] 魏敦山，赵晨 . 上海旗忠森林体育城网球中心 [J]. 建筑学报，2006，8.
[97] 孙一民 . 回归基本点：体育建筑设计的理性原则——中国农业大学体育馆设计 [J]. 建筑学报，2007，12.
[98] 潘伟江 . 佛山岭南明珠体育馆 [J]. 建筑学报，2007，5.
[99] 胡越 . 大型体育馆设计的三种模式——五棵松体育馆建筑设计 [J]. 建筑学报，2008，7.
[100] 李兴刚 . 国家体育场设计 [J]. 建筑学报，2008，8.
[101] 黄艳 . 在北京城市发展战略与规划下的北京奥运会场馆设施规划建设 [J]. 建筑学报，2008，10.
[102] 孙一民，王璐 . 重大体育赛事与新城建设发展——广州亚运村建设研究 [J]. 建筑学报，2009，2.
[103] 宗轩，钱锋 . 体育建筑中开合屋盖的应用探索——南通市体育会展中心体育场设计 [J]. 建筑学报，2009，3.
[104] 潘勇，陈雄 . 广州亚运馆设计 [J]. 建筑学报，2010，10.
[105] 斯特凡 · 胥茨，拉尔夫 · 齐伯 .2011 年深圳世界大学生运动会体育中心设计 [J]. 建筑学报，2011，9.
[106] 杨超英，谢少明 . 深圳湾体育中心 [J]. 建筑学报，2011，9.
[107] 张良君，徐晓梅 . 多功能游泳馆的三项新技术 [J]. 世界建筑，1983，5.
[108] 马国馨 . 第十一届亚运会工程北京北郊体育场馆 [J]. 世界建筑，1988，2.
[109] 赵大壮 . 多元与多向——国外体育建筑发展之启示 [J]. 世界建筑，1988，2.
[110] 房恩，铁灶 . 东京充气圆顶竞技馆 [J]. 世界建筑，1989，4.
[111] 祁斌 . 面向新世纪的“剧场空间”与“信息化”体育场—— 2002 年世界杯足球赛日本赛场一览 [J]. 世界建筑，1999，3.

[112] 马国馨 . 社会化产业化的体育及体育设施 [J]. 世界建筑，1999，3.

[113] 刘晓光，萧东，柯蕾 . 中轴路上的思考——北京国际展览体育中心规划设计竞赛方案 [J]. 世界建筑，2000，11.

[114] 李兴刚 . 由国家体育场的设计看建筑向本原回归的倾向 [J]. 世界建筑，2008，6.

[115] 朱文一，孙昊德 . 奥运主体育场与“白象综合症”——奥运场馆赛后利用问谈 [J]. 世界建筑，2013，8.

[116] 庄惟敏，李明扬 . 后奥运时代中国城市建设“大事件”应对态度转型的思考——以 2008 北京奥运柔道跆拳道馆赛后利用为例 [J]. 世界建筑，2013，8.

[117] 郑方，杨奇勇 . 从体育场馆到公共中心——水立方赛后设计与运营 [J]. 世界建筑，2013，8.

[118] 李兴钢，谭泽阳，邱涧冰 . 国家体育场的赛后利用 [J]. 世界建筑，2013，8.

[119] 刘碧波 . 体育场馆多功能化设计研究 [D]. 重庆大学硕士学位论文，2005.

[120] 郭雷 . 信息技术影响下的我国大型体育场馆设计问题初探 [D]. 华中科技大学硕士学位论文，2005.

[121] 傅方 . 北京奥运会体育场馆的适应性改造与赛后利用 [D]. 天津大学硕士学位论文，2007.

[122] 李斌 . 改革开放 30 年我国竞技体育发展的阶段特征研究 [D]. 南京师范大学硕士学位论文，2009.

[123] 池钧 . NBA 球馆研究 [D]. 华南理工大学硕士学位论文，2007.

[124] 侯宇鹏 . 基于一般均衡理论的北京奥运经济效应研究 [D]. 哈尔滨工业大学，2009.

[125] 黄燕 . 广东体育馆建筑功能模块的适应性研究 [D]. 华南理工大学硕士学位论文，2012.

[126] 袁倩 . 新媒体建筑的类型研究 [D]. 华中科技大学硕士学位论文，2012.

[127] 骆乐 . 城市空间视角下的体育中心设计研究 [D]. 华南理工大学硕士学位论文，2014.

[128] 胡国艳 . 改革开放以来我国体育场馆政策阶段特点的研究 [D]. 华中师范大学体育学院硕士论文，2014.

[129] 王一鸣 . 我国体育馆建筑造型设计研究 [D]. 上海交通大学硕士学位论文，2015.

[130] 戴夏 . 界面视角下的可变体育馆空间设计研究 [D]. 哈尔滨工业大学硕士学位论文，2015.

[131] 刘倩 . 新媒体环境下我国大型体育场馆运营的营销策略研究 [D]. 华中师范大学，

2015.

[132] 曾克 . 基于 ROT 运营模式的体育中心赛后改造策略研究——以深圳大运中心为例 [D]. 哈尔滨工业大学硕士学位论文，2015.

[133] 刘祝贺 . 兼顾城市体育赛事的高校体育馆比赛厅设计研究 [D]. 哈尔滨工业大学硕士学位论文，2016.

[134] 李雨楠 . 高密度城市环境下社区体育中心湖荷花设计研究 [D]. 重庆大学硕士学位论文，2018.

[135] 李杰 . 区县级体育中心设计策略研究——基于广东省建成案例的调研 [D]. 华南理工大学硕士学位论文，2019.

[136] 胡振宇 . 现代城市体育设施建设与城市发展研究 [D]. 东南大学博士学位论文，2006.

[137] 苏宏志 . 系统科学的建筑观与创作方法研究 [D]. 重庆大学博士学位论文，2007.

[138] 张小刚 . 体育场馆的经营管理博士与设计 [D]. 同济大学博士学位论文，2007.

[139] 孙澄 . 应对突发公共卫生事件的城市防灾空间系统研究 [D]. 哈尔滨工业大学博士学位论文，2007.

[140] 梁伟 . 我国竞技体育职业化发展主要影响因素的理论研究——以中国男足、男篮项目为例 [D]. 福建师范大学博士学位论文，2009.

[141] 阮伟 . 体育赛事与城市发展关系研究 [D]. 北京体育大学博士学位论文，2012.

[142] 景俊杰 . 二十一世纪以来日本体育政策运行研究 [D]. 上海体育学院博士学位论文，2013.

[143] 金坤 . 产业化进程中浙江省公共体育场馆的建筑设计特征研究 [D]. 浙江大学博士学位论文，2014.

[144] 岳乃华 . 基于多元需求的中小城市体育中心设计研究 [D]. 哈尔滨工业大学博士学位论文，2015.

[145] 中国社会科学网 .http：//www.cssn.cn[EB/OL].

[146] 百度文库 .https：//wenku.baidu.com[EB/OL].

[147] 中央政府 .www.gov.cn[EB/OL].

[148] 新华网 .http：//www.xinhuanet.com[EB/OL].

[149] 国家数据 .http：//data.stats.gov.cn[EB/OL].

[150] 国家体育总局 .http：//www.sport.gov.cn[EB/OL].

后 记

从事体育建筑设计工作近20年，参观了不少国内具有代表性的体育场馆，尤其系统阅读了《建筑学报》《世界建筑》等杂志刊登的相关文章，非常惊讶前人取得的伟大成就：1961年建成的北京工人体育馆座位规模达1.5万座，采用先进的轮辐索结构；1968年建成的首都体育馆，座位规模达1.8万座，场地内设置冰场，与国内最近几年才出现的NBA篮球馆类似。梅季魁、魏敦山等老一辈建筑师最早在20世纪50年代末就提出了体育建筑设计的相关数据、理论和方法，至今还为大家所用。

随着学习和实践经验的积累，开始感觉到新中国成立70年来，中国当代体育建筑经历了一个比较明显的建设与发展的历程，2014年提出的第五代体育建筑的概念，也得到了业内同行一定的认可。因此想，如果能把新中国成立70年来中国体育建筑发展历程梳理出来，并在此基础上探讨其未来发展的趋势，应该是一件非常有意义的事。

然而著书立说对于工作在一线的建筑师来说，是件非常痛苦的差事。自从动了写作的念头后，因为没有充足的写作时间，拖拖拉拉写了六、七年才得以完稿。感谢中国建筑工业出版社李成成编辑极其耐心负责的工作，感谢孟建民院士、仲德崑、季翔等老师的宝贵意见，感谢杨静同学辛苦的文字校对，感谢江苏省建筑设计研究院股份有限公司董事长卢中强的大力支持，以及创作所的同事们在资料收集、文献整理、插图绘制等方面的帮助，恕不一一提及，均在此表示衷心的感谢。